"十四五"职业教育国家规划教材

"十三五"职业教育国家规划教材

安徽省高等学校省级规划教材

高职高专机电类专业系列教材

自动化生产线拆装与调试

（三菱FX₃U机型）

主　编　王烈准

副主编　江玉才　孙吴松

参　编　徐巧玲　金　何

主　审　汪永华

U0190641

机械工业出版社

本书基于工作过程组织内容，以全国高职院校技能大赛用的 YL－335B 自动化生产线安装与调试设备为载体，将自动化生产线拆装与调试所需的理论知识与实践技能分解到各学习情境和任务中，旨在加强学生综合技术应用和实践技能的培养。主要内容包括供料单元的拆装与调试、加工单元的拆装与调试、装配单元的拆装与调试、分拣单元的拆装与调试、输送单元的拆装与调试及 YL－335B 自动化生产线联机调试。教材结构紧凑、图文并茂，既注重知识的应用、实践技能的提升，又强调职业素养、爱国情怀及工程思维的培养，具有很强的可读性、实用性和先进性。

本书可作为高职高专、技师学院电气自动化技术、机电一体化技术、工业机器人技术等专业及相关专业岗位核心课程的教学用书，也可作为职业技能竞赛以及工业自动化技术的相关培训教材，还可作为从事自动化领域相关工程技术人员的参考书。

为方便教学，本书配有电子课件、模拟试卷及答案等丰富的资源，凡选用本书作为教学用书的学校，均可来电索取。电话：010－88379375；电子邮箱：3206113689@qq.com。

图书在版编目（CIP）数据

自动化生产线拆装与调试：三菱 FX3U 机型/王烈准主编. —北京：机械工业出版社，2017.12（2025.1 重印）
高职高专机电类专业系列教材
ISBN 978-7-111-58413-1

Ⅰ.①自… Ⅱ.①王… Ⅲ.①自动生产线-安装-高等职业教育-教材
②自动生产线-调试方法-高等职业教育-教材 Ⅳ.①TP278

中国版本图书馆 CIP 数据核字（2017）第 270407 号

机械工业出版社（北京市百万庄大街 22 号 邮政编码 100037）
策划编辑：王宗锋 责任编辑：王宗锋 高亚云
责任校对：陈 越 封面设计：鞠 杨
责任印制：李 昂
河北宝昌佳彩印刷有限公司印刷
2025 年 1 月第 1 版第 16 次印刷
184mm×260mm ・18.25 印张 ・441 字
标准书号：ISBN 978-7-111-58413-1
定价：50.00 元

电话服务 网络服务
客服电话：010-88361066 机 工 官 网：www.cmpbook.com
010-88379833 机 工 官 博：weibo.com/cmp1952
010-68326294 金 书 网：www.golden-book.com
封底无防伪标均为盗版 机工教育服务网：www.cmpedu.com

关于"十四五"职业教育
国家规划教材的出版说明

为贯彻落实《中共中央关于认真学习宣传贯彻党的二十大精神的决定》《习近平新时代中国特色社会主义思想进课程教材指南》《职业院校教材管理办法》等文件精神，机械工业出版社与教材编写团队一道，认真执行思政内容进教材、进课堂、进头脑要求，尊重教育规律，遵循学科特点，对教材内容进行了更新，着力落实以下要求：

1.提升教材铸魂育人功能，培育、践行社会主义核心价值观，教育引导学生树立共产主义远大理想和中国特色社会主义共同理想，坚定"四个自信"，厚植爱国主义情怀，把爱国情、强国志、报国行自觉融入建设社会主义现代化强国、实现中华民族伟大复兴的奋斗之中。同时，弘扬中华优秀传统文化，深入开展宪法法治教育。

2.注重科学思维方法训练和科学伦理教育，培养学生探索未知、追求真理、勇攀科学高峰的责任感和使命感；强化学生工程伦理教育，培养学生精益求精的大国工匠精神，激发学生科技报国的家国情怀和使命担当。加快构建中国特色哲学社会科学学科体系、学术体系、话语体系。帮助学生了解相关专业和行业领域的国家战略、法律法规和相关政策，引导学生深入社会实践、关注现实问题，培育学生经世济民、诚信服务、德法兼修的职业素养。

3.教育引导学生深刻理解并自觉实践各行业的职业精神、职业规范，增强职业责任感，培养遵纪守法、爱岗敬业、无私奉献、诚实守信、公道办事、开拓创新的职业品格和行为习惯。

在此基础上，及时更新教材知识内容，体现产业发展的新技术、新工艺、新规范、新标准。加强教材数字化建设，丰富配套资源，形成可听、可视、可练、可互动的融媒体教材。

教材建设需要各方的共同努力，也欢迎相关教材使用院校的师生及时反馈意见和建议，我们将认真组织力量进行研究，在后续重印及再版时吸纳改进，不断推动高质量教材出版。

机械工业出版社

前言 Preface

本书以浙江亚龙教育装备股份有限公司 YL－335B 型自动化生产线实训考核装备为载体，依据全国高职院校技能大赛"自动化生产线安装与调试"竞赛项目的规程与安装技术规范要求，结合六安职业技术学院"自动生产线安装与调试"学习领域课程建设的成果及课程组老师多年来指导"自动化生产线安装与调试"技能大赛心得编写而成。

本书遵循高职学生的认知和学习特点，对基本理论和方法的描述力求简洁、易于理解，尽可能用图、表来表达相关信息，教材内容对接机电一体化技术、电气自动化技术等有关专业教学标准的要求，全面落实立德树人根本任务，注重专业精神、职业精神、工匠精神的培养，具有很强的可读性、实用性和先进性。本书具有以下特点：

1）基于工作过程组织内容，以典型的自动化生产线为载体，遵循从简单到复杂循序渐进的教学规律，每一学习情境均按照硬件部分的拆装与调试、程序编制与调试运行来组织，针对性强、目标明确，使学生易学、易懂、易上手。

2）内容充实，从基础的机械、气动、电气、传感检测技术到复杂的变频、伺服、联网通信、组态控制等相关内容均有涉及，知识覆盖面广。同时内容安排由浅入深，由易到难，既包含必需的理论知识，又体现极强的实用性和先进性。

3）按照"学中做、做中学"的教学理念组织每个教学任务，将学习、工作融于一个轻松快乐的环境，进一步提高学生的学习兴趣和效率；每一学习情境设有能力与知识目标，使学生明确学习内容，针对性强，从而提高学习效果。

4）分拣单元传送带变频调速部分分别介绍了使用模拟量适配器 $FX_{3U}-3A-ADP$ 和通信适配器 $FX_{3U}-485ADP$ 两种控制调速方法，进一步增强了使用的实用性和灵活性。

5）触摸屏与主站的通信部分介绍了使用通信适配器 $FX_{3U}-485ADP$ 实现的串口通信，很好地解决了过去使用编程口通信不能在主站运行时对 PLC 程序实时监控的缺点。

6）配套较为丰富的数字化教学资源，如课程设计、课程标准、电子课件、微课视频、源程序、试题库等资源包。安徽省网络课程学习中心"e 会学"平台（网址：http://www. ehuixue. cn/）配套完整的在线课程，读者可自行前往免费学习。

本书获 2017 年度安徽省高等学校质量工程项目规划教材（2017ghjc282）立项，是六安职业技术学院基于学习领域课程建设和混合式教学改革的特色教改教材，是六安职业技术学院与浙江亚龙教育装备股份有限公司合作开发编写的"岗课赛证"融通教材。本书由六安职业技术学院王烈准主编，江玉才、孙吴松担任副主编，安徽水利水电职业技术学院汪永华主审。其中王烈准编写学习情境一与学习情境三，金何编写学习情境二与附录，徐巧玲编写绪论与学习情境四，江玉才编写学习情境五，孙吴松编写学习情境六，配套资源由王烈准和江玉才制作。

本书在编写过程中，得到了浙江亚龙教育装备股份有限公司的大力支持，此外编者参考了近年来全国和安徽省职业院校技能大赛"自动化生产线安装与调试"项目的竞赛规则和赛题，并引用了其中的一些资料，在此一并表示感谢。

由于编者水平及经验有限，书中难免有不足与缺漏之处，恳请专家、读者批评指正。

编　者

目录 Contents

绪　　论

一、自动化生产线简介

（一）自动化生产线产生的背景

自动化生产线是现代工业的生命线。机械制造、电子信息、石油化工、轻工纺织、食品、制药、汽车制造以及军工生产等的发展都离不开自动化生产线的主导和支撑作用。

自动化生产线是在自动化专机的基础上发展起来的。自动化专机是单台的自动化设备，它所完成的功能是有限的，只能完成产品生产过程中单个或少数几个工序。在工序完成后，经常需要将已完成的半成品及生产过程信息采用人工方式传送到其他专机上继续新的生产工序。整个生产过程需要一系列不同功能的专机和人工参与才能完成，既降低了场地的利用率，又增加了人员和附件设备，还增加了生产成本，尤其是人工参与可能会给产品的生产质量带来各种隐患，不利于实现产品生产的高效率和高质量。

若将产品生产所需要的一系列不同的自动化专机按照生产工序的先后次序排列，并通过自动化输送系统将全部专机连接起来，即可省去专机之间的人工参与过程。一台专机完成相应工序操作后输送往下一工序，直到完成全部工序为止。这样不仅减轻了工人的劳动强度，降低了生产成本，提高了生产效率，增强了企业的竞争力，而且保证了产品质量。这就是自动化生产线产生的背景。

（二）自动化生产线的概念

自动化生产线是在流水线和自动化专机的基础上逐步发展形成的、自动工作的机电一体化装置系统。它通过自动控制系统及其他辅助设备，按照预定的生产工艺流程，将各种自动化设备组合为一个系统，并通过驱动单元、传动单元、信号检测单元和电气控制单元使各部分配合协调动作，使整个系统按照规定的程序自动、有序、可靠地运行。这种自动工作的机电一体化系统称为自动化生产线。

简言之，自动化生产线是由工件传送系统、执行系统和控制系统组成，按照一定的工艺要求连接起来，自动完成整体或局部功能的生产系统，简称自动线。自动化生产线即在非标自动化设备中能实现产品生产过程自动化的一种机器体系。

（三）自动化生产线的技术特点

自动化生产线最大的技术特点是它的系统性和综合性。技术系统性指的是自动化生产线上的检测与控制、驱动与执行、通信与处理等部件在可编程序控制器微处理单元的作用下有条不紊地工作，并通过一定的辅助设备构成一个完整的机电一体化系统，自动地完成预定的全部任务。而技术综合性指的是将机械、气动、传感检测、电动机驱动、可编程序控制器（PLC）、网络通信以及人机界面等多种技术有机结合，并综合应用到自动化生产线上，如图 0-1 所示。

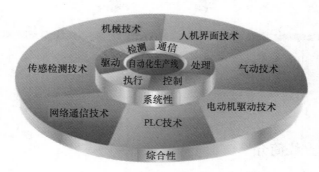

图 0-1　自动化生产线的技术特点

（四）自动化生产线的发展概况

自动化生产线涉及的技术领域非常广泛，它的完善和发展与其他相关技术的进步密切相连，各种技术的不断更新推动了它的迅速发展。自动化生产线与其他相关技术之间的关系见表 0-1。

表 0-1　自动化生产线与其他相关技术之间的关系

技　　术	关　　系
应用 PLC 技术	PLC 是一种以顺序控制为主，网络调节为辅的工业控制器。它不仅能完成逻辑判断、定时、记数、记忆和算术运算等功能，而且能大规模地控制开关量和模拟量。基于这些优点，可编程序控制器取代了传统的顺序控制器，开始广泛应用于自动化生产中的控制系统
应用机器人技术	由于微机的出现，内装的控制器被计算机代替而产生了工业机器人，以工业机械手最为普遍。各具特色的机器人和机械手在自动化生产中的装卸工件、定位夹紧、工件传输、包装等环节得到广泛使用。现在正在研制的新一代智能机器人不仅具有运动操作技能，而且有视觉、听觉、触觉等感觉的辨别能力，具有判断、决策能力。这种机器人的研制成功，将把自动化生产带入一个全新的领域
应用液压和气动技术	液压和气动技术，特别是气动技术，由于使用取之不尽的空气作为介质，具有传动反应快、动作迅速、气动元件制作容易、成本小及便于集中供应和长距离输送等优点，因而引起人们的普遍重视。气动技术已经发展成为一个独立的技术领域，在各行业，特别是自动化生产线中得到迅速发展和广泛使用
应用传感技术	传感技术随着材料科学的发展和固体效应的不断出现，形成了一个新型的科学技术领域。在应用上出现了带微处理器的"智能传感器"，它在自动化生产中监视各种复杂的自动控制程序，起着极其重要的作用
应用网络通信技术	网络通信技术的飞跃发展，无论是现场总线还是工业以太网，都将使得自动化生产线各控制单元构建一个和谐的整体。5G 技术使 PLC 控制更精确、更灵敏
应用触摸屏技术	人机界面和组态软件的出现，使得工程技术人员与控制设备对话交流变为现实，使自动化技术发展进入了一个新的阶段

二、自动化生产线的发展方向及应用领域

（一）自动化生产线的应用现状

自动化生产线在电力、冶金、机械制造、汽车、轻工纺织、食品加工、医药及化工等各行各业中得到应用，如药品自动化包装生产线、家具自动化包装生产线、电缆桥架自动化生产线、矿泉水自动化包装生产线、面包自动化生产线及汽车自动化生产线等。

我国工业控制自动化的发展，大多是在引进成套设备的同时进行消化吸收，然后进行二次开发和应用。目前我国工业控制自动化技术产业和应用都有了很大的发展，工业计算机系统已经形成，工业控制自动化技术正在向智能化、网络化和集成化方向发展。

近年来，我国GDP（Gross Domestic Product，国内生产总值）均保持在7%左右的增长率，特别是汽车工业保持15%以上的增长率，其原因之一是自动化生产线应用的普及。21世纪，我国提出发展经济应该着力于实现工业化和信息化，又进一步地提出信息化是我国加快实现工业化和现代化的必然选择。随着国家对工业自动化装备研究领域的投入，涌现出了一大批从事自动化生产线相关装备研究和开发的企业和人才，目前已经具备自主创新设计的能力，为现代化生产提供了大量各种功能的自动化生产线。

图0-2所示是某汽车公司的自动化汽车生产线。该公司拥有全球先进的冲压、焊装、树脂涂装及总装等整车制造总成的自动化生产线系统。通过该自动化生产线系统可实现汽车制造中高效率、高精度、低能耗冲压加工；借助生产线上配备的267个自动化机器人可实现车身更精密、柔性化的焊接，有力地确保了产品品质。

图0-2　某汽车公司的自动化汽车生产线

图0-3所示是某电子产品生产企业的自动化焊接生产线，包括丝印、贴装、固化、回流焊接、清洗、检测等工序单元。生产线上每个工序单元都有相应独立的控制与执行等功能，

通过工业网络技术将生产线构成一个完整的工业网络系统,确保整条生产线高效有序运行,实现大规模的自动化生产控制与管理。

图 0-3　某电子产品生产企业的自动化焊接生产线

　　图 0-4 所示是某电气设备生产企业的自动化装配线,该生产线是目前我国建成的国际开关行业第一条 252kV GIS 隔离开关自动化装配线。该生产线采用机器人、助力机械手、PLC、变频器、人机界面、电动力矩扳手和激光传感器等电动和气动设备组织生产,极大地提高了生产效率。

图 0-4　某电气设备生产企业的自动化装配线

图 0-5 所示是某工厂的自动灌装线。自动灌装线主要完成自动上料、灌装、封口、检测、打标、包装、码垛等多道生产工序，极大地提高了生产效率，降低了企业成本，保证了产品质量，实现了集约化大规模生产，增强了企业的竞争能力。

图 0-5　某工厂的自动灌装线

（二）自动化生产线的发展趋势

1. 以工业 PC 为基础的低成本工业控制自动化将成为主流

20 世纪 90 年代以来，工业计算机（简称工业 PC）快速发展，以工业 PC、I/O 装置、监控装置、控制网络组成的 PC－based（基于 PC）自动化系统得到了迅速普及，成为实现低成本工业控制自动化的重要途径。例如重庆钢铁（集团）有限责任公司，几乎全部大型加热炉拆除了原来的 DCS（Distributed Control System，集散控制系统）或单回路数字式调节器，改用工业 PC 来组成控制系统，并采用模糊控制算法，获得了良好效果。

2. 自动化向微型化、网络化、PC 化和开放化方向发展

长期以来，PLC 在工业控制自动化领域，为各种各样的自动化控制设备提供可靠的控制方案，与 DCS 和工业 PC 形成了三足鼎立之势。同时，PLC 也承受着其他技术产品的冲击，尤其是工业 PC 所带来的冲击。微型化、网络化、PC 化和开放化是 PLC 未来发展的主要方向。在基于 PLC 自动化的早期，PLC 体积大而且价格昂贵，但在最近几年，微型 PLC（I/O 点数小于 32）已经出现，价格只有几百元。随着软 PLC（Soft PLC）控制组态软件的进一步完善和发展，软 PLC 控制组态软件和 PC－based 控制的市场份额将逐步增长。

当前，过程控制领域最大的发展趋势之一是以太网（Ethernet）技术的扩展，PLC 也不例外。现在越来越多的 PLC 供应商开始提供 Ethernet 接口。可以预见，PLC 将继续向开放式控制系统方向发展，尤其是基于工业 PC 的控制系统。

3. 向测控管一体化设计的 DCS 方向发展

集散控制系统问世于 1975 年，生产厂家主要集中在美国、日本、德国等国。我国在 20 世纪 70 年代中后期，大型进口设备成套引入国外的 DCS，有化纤、乙烯、化肥等进口项目。当时，我国主要行业（如电力、石化、建材和冶金等）的 DCS 基本全部进口。20 世纪 80 年代初期在引进、消化和吸收的同时，开始了国产化 DCS 的技术攻关。

小型化、多样化、PC 化和开放化是未来 DCS 发展的主要方向。目前，小型 DCS 所占有的市场已逐步与 PLC、工业 PC、现场总线控制系统（Fieldbus Control System，FCS）相当。今后小型 DCS 可能首先与这三种系统融合，而且软 DCS 技术将首先在小型 DCS 中得到发展。PC - based 控制将更加广泛地应用于中小规模过程控制，各 DCS 厂商也将纷纷推出基于工业 PC 的小型 DCS。开放性的 DCS 将同时向上和向下双向延伸，使来自生产过程的现场数据在整个企业内部自由流动，实现信息技术与控制技术的无缝连接，向测控管一体化方向发展，控制系统正在向现场总线控制方向发展。

由于 3C（Computer，Control，Communication）技术的发展，过程控制系统将由 DCS 发展到 FCS，FCS 可以将 PID 控制彻底分散到现场设备（Field Device）中。基于现场总线的 FCS 是全分散、全数字化、全开放和可互操作的新一代生产过程自动化系统，它将取代现场一对一的模拟信号线，给传统的工业自动化控制系统体系结构带来很大变化。

三、YL - 335B 自动化生产线

亚龙 YL - 335B 自动化生产线实训考核装置由安装在铝合金导轨式实训台上的供料单元、加工单元、装配单元、分拣单元和输送单元组成，如图 0-6 所示。

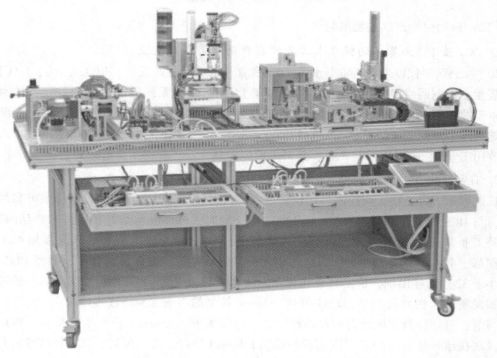

图 0-6　YL - 335B 自动化生产线实训考核装置

其中，每一工作单元（工作站）都可自成一个独立的系统，同时也都是一个机电一体化系统。各个单元的执行机构以气动执行机构为主，但输送单元的机械手装置的整体运动则采取伺服电动机驱动、精密定位的位置控制，其驱动系统具有行程长、定位点多的特点，是一个典型的一维位置控制系统。分拣单元的传送带驱动则采用了通用变频器驱动三相异步电动机的交流传动装置。位置控制和变频器技术是现代工业中应用广泛的电气控制技术。

在 YL-335B 设备上应用了多种类型的传感器，分别用于判断物体的运动位置、物体通过的状态、物体的颜色及材质等。传感器技术是机电一体化技术中的关键技术之一，是现代工业实现高度自动化的前提之一。

在控制方面，YL-335B 设备采用了基于 RS-485 串行通信的 PLC 网络控制方案，即采用每一工作单元由一台 PLC 承担其控制任务、各 PLC 之间通过 RS-485 串行通信实现互联的分布式控制方式。用户可根据需要选择不同厂家的 PLC 及其所支持的 RS-485 通信模式，组建成一个小型的 PLC 网络。小型 PLC 网络因其结构简单、价格低廉的优点在小型自动化生产线中仍然有着广泛的应用，在现代工业网络通信中仍占据相当的份额。另一方面，掌握基于 RS-485 串行通信的 PLC 网络技术，将为进一步学习现场总线技术、工业以太网技术等打下良好的基础。

（一）YL-335B 设备的基本功能

YL-335B 设备各工作单元在实训台上的分布如图 0-7 所示。

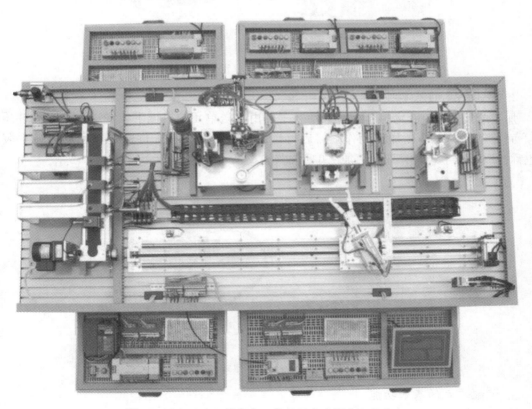

图 0-7　YL-335B 设备各工作单元在实训台上的分布

1. 供料单元的基本功能

供料单元是 YL-335B 设备的起始单元,在整个系统中,起着向系统中的其他单元提供原料的作用。具体的功能是:按照需要将放置在料仓中的待加工工件(原料)自动地推出到物料台(出料台)上,以便输送单元的机械手装置将其抓取并输送到其他单元上。供料单元如图 0-8 所示。

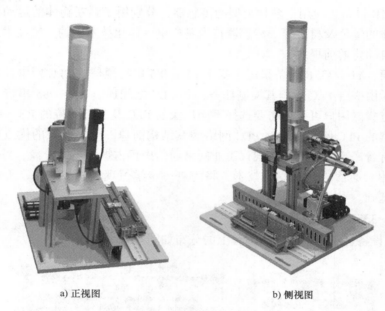

a) 正视图　　　　　　　　　　　b) 侧视图

图 0-8　供料单元

2. 加工单元的基本功能

加工单元把该单元物料台上的工件(工件由输送单元的机械手装置送来)送到冲压机构下面,完成一次冲压加工动作,然后再送回到物料台上,等待输送单元的机械手装置(也称抓取机械手装置)取出。加工单元如图 0-9 所示。

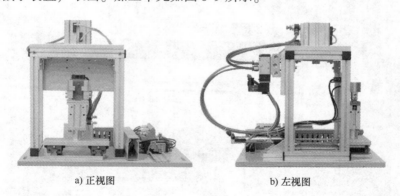

a) 正视图　　　　　　　　　　　b) 左视图

图 0-9　加工单元

3. 装配单元的基本功能

装配单元完成将该单元料仓内的金属、塑料黑色或白色小圆柱芯体嵌入到已加工的工件中的装配过程。装配单元如图 0-10 所示。

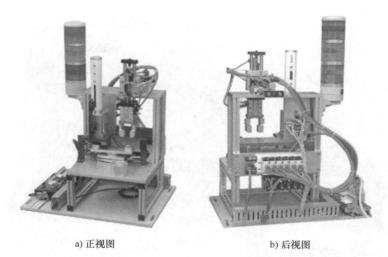

a) 正视图　　　　　　　　　　　b) 后视图

图 0-10　装配单元

4. 分拣单元的基本功能

分拣单元将上一单元送来的已加工、装配的工件进行分拣，实现不同属性（颜色、材料等）的工件从不同的料槽分流的功能。分拣单元外观图如图 0-11 所示。

图 0-11　分拣单元

5. 输送单元的基本功能

输送单元通过直线运动传动机构驱动机械手装置到指定单元的物料台上精确定位，并在该物料台上抓取工件，再把抓取到的工件输送到指定地点然后放下，实现传送工件的功能。输送单元如图 0-12 所示。

（二）YL–335B 设备的结构特点

YL–335B 设备中各工作单元的结构特点是机械装置和电气控制部分相对分离。每一工作单元机械装置整体安装在底板上，而控制工作单元生产过程的 PLC 装置则安装在工作台

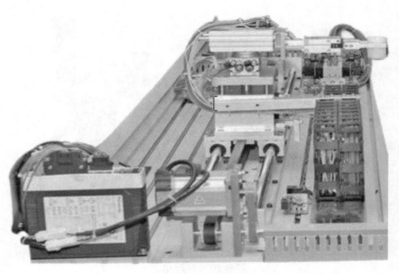

图 0-12　输送单元

两侧的抽屉板上。因此，工作单元机械装置与 PLC 装置之间的信息交换是一个关键的问题。YL－335B 设备的解决方案是：机械装置上的各电磁阀和传感器的引线均连接到装置侧的接线端口上。PLC 的 I/O 引出线则连接到 PLC 侧的接线端口上。两个接线端口间通过多芯信号电缆互连。图 0-13 和图 0-14 分别是装置侧的接线端口和 PLC 侧的接线端口。

图 0-13　装置侧接线端口

图 0-14　PLC 侧接线端口

装置侧接线端口的接线端子采用三层端子结构，上层端子连接 DC 24V 电源的 +24V 端，底层端子连接 DC 24V 电源的 0V 端，中间层端子连接各信号线。

PLC 侧接线端口的接线端子采用两层端子结构，上层端子连接各信号线，其端子号与装置侧接线端口的接线端子相对应。底层端子连接 DC 24V 电源的 +24V 端和 0V 端。

装置侧接线端口和 PLC 侧接线端口之间通过专用电缆连接。其中 25 针接头电缆连接 PLC 的输入信号，15 针接头电缆连接 PLC 的输出信号。

（三）YL－335B 设备的控制系统

YL－335B 设备的每一工作单元的工作都由一台 PLC 控制。各工作单元的 PLC 配置如下：

- 输送单元：FX_{3U}－48MT 主单元，共 24 点输入，24 点晶体管输出。
- 供料单元：FX_{3U}－32MR 主单元，共 16 点输入，16 点继电器输出。
- 加工单元：FX_{3U}－32MR 主单元，共 16 点输入，16 点继电器输出。
- 装配单元：FX_{3U}－48MR 主单元，共 24 点输入，24 点继电器输出。
- 分拣单元：FX_{3U}－32MR 主单元，共 16 点输入，16 点继电器输出。

每一工作单元都可自成一个独立的系统，同时也可以通过网络互连构成一个分布式的控制系统。

1）当工作单元自成一个独立系统时，其设备运行的主令信号以及运行过程中的状态显示信号来源于该工作单元的按钮指示灯模块。按钮指示灯模块如图 0-15 所示。模块上的指示灯和按钮的引脚全部引到端子排上。

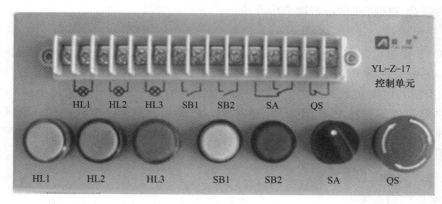

图 0-15　按钮指示灯模块

模块盒上器件包括：

① 指示灯（DC 24V）：黄色（HL1）、绿色（HL2）、红色（HL3）各一只。

② 主令器件：绿色常开按钮 SB1、红色常开按钮 SB2、选择开关 SA（一对转换触点）、急停开关 QS（一个常闭触点）。

2）当各工作单元通过网络互连构成一个分布式控制系统时，对于采用三菱 FX 系列 PLC 的设备，YL－335B 设备的标准配置是采用基于 RS－485 串行通信的 $N:N$ 通信方式。

YL－335B 的 PLC 网络分布式控制系统如图 0-16 所示。

3）系统运行的主令信号（复位、起动、停止等）通过触摸屏人机界面给出。同时，人机界面上也显示系统运行的各种状态信息。人机界面是操作人员和机器设备之间双向沟通的桥梁。使用人机界面能够明确指示并告知操作员机器设备目前的状况，使操作变得简单生动，并且可以减少操作上的失误，即使是新手也可以很轻松地操作整个机器设备。使用人机界面还可以使机器的配线标准化、简单化，同时也能减少 PLC 所需的 I/O 点数，降低生产成本，同时由于面板控制的小型化及高性能，相对地提高了整套设备的附加价值。

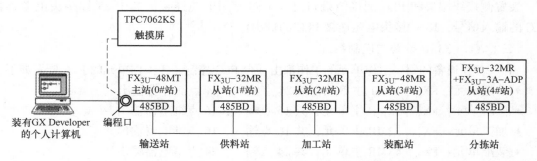

图 0-16　YL－335B 的 PLC 网络分布式控制系统

YL－335B 采用了昆仑通态（MCGS）TPC7062KS 触摸屏作为其人机界面。TPC7062KS 是一款以嵌入式低功耗 CPU 为核心（主频 400MHz）的高性能嵌入式一体化工控机。该产品设计采用了 7in（1in＝0.0254m）高亮度 TFT 液晶显示屏（分辨率为 800×480）、四线电阻式触摸屏（分辨率为 4096×4096），同时还预装了微软嵌入式实时多任务操作系统 WinCE. NET（中文版）和 MCGS 嵌入式组态软件（运行版）。TPC7062KS 触摸屏的使用、人机界面的组态方法将在学习情境六中介绍。

（四）供电电源

YL－335B 供电电源采用三相五线制 AC 380V/220V，图 0-17 为供电电源模块的一次回路原理图。图中，总电源开关选用 DZ47LE－32/C32 型三相四线剩余电流断路器（3P＋N 结构形式）。系统各主要负载通过断路器单独供电。其中，变频器电源通过 DZ47 C16/3P 三相断路器供电；各工作站 PLC 均采用 DZ47 C5/2P 单相断路器供电。此外，系统配置 4 台 DC 24V、6A 开关稳压电源分别用作供料、加工、分拣及输送单元的直流电源。配电箱设备安装图如图 0-18 所示。

（五）气源处理装置

1. 气源处理的必要性

从空压机输出的压缩空气中，含有大量的水分、油分和粉尘等级污染物。质量不良的压缩空气是气动系统出现故障的最主要因素，它会使气动系统的可靠性和使用寿命大大降低。因此，压缩空气进入气动系统前应进行二次过滤，以便滤除压缩空气中的水分、油分、粉尘以及其他杂质，以达到启动系统所需要的净化程度。

为确保系统压力的稳定性，减小因气源气压突变对阀门或执行器等硬件的损伤，进行空气过滤后，应调节或控制气压的变化，并保持降压后的压力值固定在需要的值上。实现方法是使用减压阀。

气压系统的机体运动部件需进行润滑。对不方便加润滑油的部件进行润滑，可以采用油雾器，它是气压系统中一种特殊的注油装置，其作用是把润滑油雾化后，经压缩空气携带进入系统各润滑部位，满足润滑的需要。

工业上的气动系统常常使用组合的气动三联件作为气源处理装置。气动三联件是指空气过滤器、减压阀和油雾器。各元件之间采用模块式组合的方式连接，如图 0-19 所示。这种方式安装简单，密封性好，易于实现标准化、系列化，可缩小外形尺寸，节省空间和配管，便于维修，也便于集中管理。

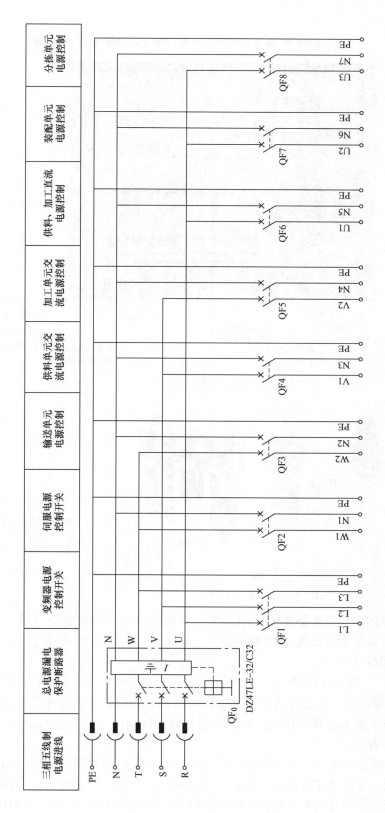

图0-17　供电电源模块一次回路原理图

注：QF1为DZ47 C16/3P；QF2～QF8为DZ47 C5/2P。

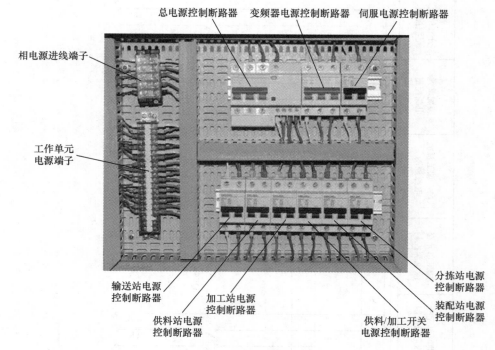

图 0-18　配电箱设备安装图

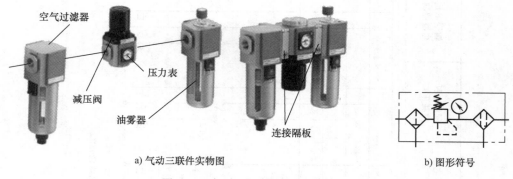

a) 气动三联件实物图　　　　　　　　　b) 图形符号

图 0-19　气动三联件实物与图形符号

　　有些品牌的电磁阀和气缸能够实现无油润滑（靠润滑脂实现润滑功能）时，便不需要使用油雾器。这时只需把空气过滤器和减压阀组合在一起，称为气动二联件。YL-335B 的所有气缸都是无油润滑气缸。

　　2. YL-335B 的气源处理组件

　　YL-335B 的气源处理组件及气动原理图如图 0-20 所示。气源处理组件是将空气过滤器和减压阀集装在一起的气动二联件结构。它的作用是除去压缩空气中所含的杂质及凝结水，调节并保持恒定的工作压力。

　　图中，气源处理组件的输入气源来自空气压缩机，所提供的压力要求为 0.6～1.0MPa。组件的气路入口处安装一个快速气路开关，用于启/闭气源。当把快速气路开关向左拔出时，气路接通气源，反之把快速气路开关向右推入时气路关闭。组件的输出压力为 0～0.8MPa 可调。

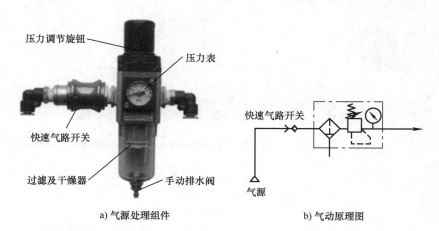

a) 气源处理组件　　　　　　　　b) 气动原理图

图 0-20　YL－335B 的气源处理组件及气动原理图

　　输出的压缩空气通过快速三通接头和气管输送到各工作单元。进行压力调节时，在转动旋钮前应先拉起，压下旋钮为定位。旋钮向右旋转为调高出口压力，向左旋转为调低出口压力。调节压力时应逐步均匀地调至所需压力值，不应一步调节到位。

　　本组件的空气过滤器采用手动排水方式。手动排水时，在水位达到滤芯下方水平之前必须排出。因此在使用时，应注意经常检查过滤器中凝结水的水位，在超过最高标线以前必须排放，以免被重新吸入。

供料单元的拆装与调试

教学目标	能力目标	1. 会分析供料单元的工作过程 2. 能进行本单元气路的连接及调整 3. 会进行本单元传感器的安装接线,并能正确调试 4. 能进行程序的离线和在线调试 5. 能在规定时间内完成供料单元的拆装与调整,根据控制要求完成程序的编制与调试,并能解决安装与运行过程中出现的问题
	知识目标	1. 熟悉供料单元的结构组成及工作过程 2. 掌握双作用气缸、单电控电磁换向阀等基本气动元件的功能、特性 3. 掌握磁性开关、电感式接近开关、光电式接近开关等传感器的结构、特点及电气接口特性 4. 掌握用步进指令编制顺序控制程序的方法 5. 掌握子程序调用指令的应用
教学重点		气路的调整、传感器的调试、供料控制程序的编制
教学难点		传感器的调试、控制程序的编制与调试运行
教学方法、手段建议		采用项目教学法、任务驱动法、理实一体化教学法等开展教学,在教学过程中,教师讲授与学生讨论相结合,传统教学与信息化技术相结合,充分利用云课堂教学平台、微课等教学手段,将教室与实训室有机融合,引导学生做中学、学中做,教、学、做合一
参考学时		12 学时

一、供料单元的组成及工作过程

供料单元是自动化生产线的起始站,在整个生产线中主要承担向其他单元(站)输出原材料的任务。其主要功能是将料仓的工件推到物料台(出料台)上,等待机械手装置将其抓取送到加工单元进行加工。

供料单元主要由管形料仓、工件推出装置、支撑架、电磁阀组、接线端口、传感器、PLC 模块及按钮指示灯模块等组成。其装置侧部分结构如图 1-1 所示。

其中,管形料仓和工件推出装置用于储存工件原料,并在需要时将料仓中最下层的工件

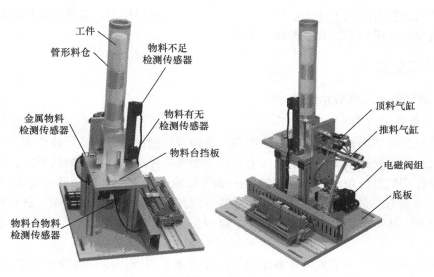

图 1-1　供料单元的装置侧部分结构

推出到物料台上。该部分主要由管形料仓、推料气缸、顶料气缸、磁感应式接近开关、漫反射式光电式接近开关组成。供料操作示意图如图 1-2 所示。

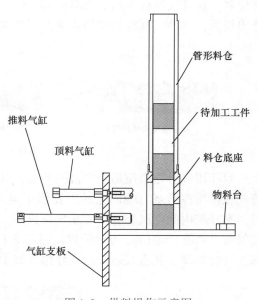

图 1-2　供料操作示意图

该部分的工作原理是：工件垂直叠放在料仓中，推料气缸处于料仓的底层并且其活塞杆可从料仓的底部通过。当活塞杆在退回位置时，它与最下层工件处于同一水平位置，而顶料气缸则与次下层工件处于同一水平位置。在需要将工件推出到物料台上时，首先使顶料气缸的活塞杆推出，压住次下层工件；然后使推料气缸活塞杆推出，从而把最下层工件推到物料台上。在推料气缸返回并从料仓底部抽出后，再使顶料气缸返回，松开次下层工件。这样，料仓中的工件在重力作用下，就自动向下移动一个工件，为下一次推出工件做好准备。

在料仓底座和管形料仓第 4 层工件位置，分别安装一个漫反射式光电式接近开关。它们的功能是检测料仓中有无储料或储料是否足够。若该部分机构内没有工件，则处于料仓底座和第 4 层工件位置的两个漫反射式光电式接近开关均处于常态；若从料仓底座起仅有 3 个工件，则料仓底座处漫反射式光电式接近开关动作而第 4 层工件位置处漫反射式光电式接近开关处于常态，表明工件已经快用完了。这样，料仓中有无储料或储料是否足够，就可用这两个漫反射式光电式接近开关的信号状态反映出来。

推料气缸把工件推出到物料台上。物料台面开有小孔，物料台下面设有一个圆柱形漫反射式光电式接近开关，工作时向上发出光线，从而透过小孔检测是否有工件存在，以便向系统提供本单元物料台有无工件的信号。在输送单元的控制程序中，就可以利用该信号状态来判断是否需要驱动机械手装置来抓取此工件。

二、知识链接

(一) 供料单元的气动元件

1. 标准双作用气缸

标准气缸是指功能和规格是普遍使用的、结构容易制造的、制造厂通常作为通用产品供应市场的气缸。在气缸运动的两个方向上，根据受气压控制的方向个数的不同，可分为单作用气缸和双作用气缸。单作用气缸在缸盖一端气口输入压缩空气使活塞杆伸出（或缩回），而另一端靠弹簧力、自重或其他外力等使活塞杆恢复到初始位置。单作用气缸只在动作方向需要压缩空气，故可节约一半压缩空气，主要用在夹紧、退料、阻挡、压入、举起和进给等操作上。

根据复位弹簧的位置不同可将单作用气缸分为预缩型单作用气缸和预伸型单作用气缸，如图1-3所示。当弹簧装在有杆腔内时，由于弹簧的作用力而使气缸活塞杆初始位置处于缩回位置，这种气缸称为预缩型单作用气缸；当弹簧装在无杆腔内时，气缸活塞杆初始位置为伸出位置，这种气缸称为预伸型单作用气缸。

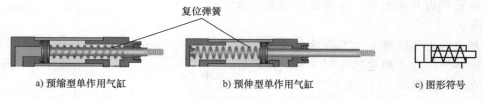

a) 预缩型单作用气缸　　b) 预伸型单作用气缸　　c) 图形符号

图1-3　单作用气缸示意图及图形符号

双作用气缸是应用最为广泛的气缸，其动作原理是：从无杆腔端的气口输入压缩气时，若气压作用在活塞右端面上的力克服了运动摩擦力、负载等各种反作用力，则当活塞前进时，有杆腔内的空气经有杆腔端气口排出，使活塞杆伸出。同样，当有杆腔端气口输入压缩空气时，活塞杆缩回至初始位置。通过无杆腔和有杆腔交替进气和排气，活塞杆伸出和缩回，气缸实现往复直线运动。双作用气缸示意图及图形符号如图1-4所示。

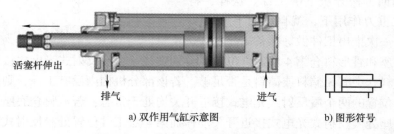

活塞杆伸出

排气　　　进气

a) 双作用气缸示意图　　b) 图形符号

图1-4　双作用气缸示意图及图形符号

双作用气缸具有结构简单、输出力稳定、行程可根据需要选择的优点，但由于是利用压缩空气交替作用于活塞上实现伸缩运动的，回缩时压缩空气的有效作用面积较小，所以产生的力要小于伸出时产生的推力。

为了使气缸的动作平稳可靠，应对气缸的运动速度加以控制，常用的方法是使用单向节流阀来实现。

单向节流阀是由单向阀和节流阀并联而成的流量控制阀，常用于控制气缸的运动速度，所以也称为速度控制阀。单向阀的功能是靠单向密封圈来实现的。排气节流方式的可调单向节流阀断面图如图 1-5 所示。当空气从气缸排气口排出时，单向密封圈在封堵状态，单向阀关闭，这时只能通过调节手轮，使节流阀杆上下移动，改变气流开度，从而达到节流作用。反之，在进气时，单向密封圈被气流冲开，单向阀开启，压缩空气直接进入气缸进气口，节流阀不起作用。因此，这种节流方式称为排气节流方式。

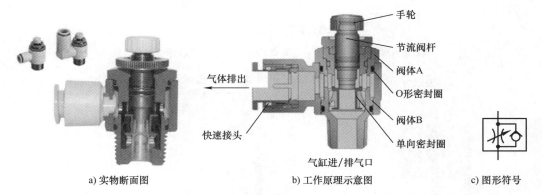

图 1-5 排气节流方式的可调单向节流阀断面图

图 1-6 给出了在双作用气缸装上两个排气节流方式的单向节流阀的连接示意图，当压缩空气从 A 端进气、从 B 端排气时，A 端的单向阀开启，向气缸无杆腔快速充气；由于 B 端的单向阀关闭，有杆腔的气体只能经节流阀排气，调节 B 端节流阀的开度，便可改变气缸伸出时的运动速度。反之，调节 A 端节流阀的开度则可改变气缸缩回时的运动速度。这种控制方式，活塞运行稳定，是最常用的方式。

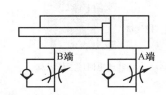

图 1-6 节流阀连接和调整原理示意图

节流阀上带有气管的快速接头，只要将合适外径的气管插到快速接头上就可以将管连接好了，使用十分方便。图 1-7 是安装了带快速接头的限出型气缸节流阀的气缸示意图。

2. 单电控电磁换向阀、电磁阀组

如前所述，顶料或推料气缸，其活塞的运动是依靠向气缸一端进气，并从另一端排气，再反过来，从另一端进气，一端排气来实现的。气体流动方向的改变则由能改变气体流动方向或通断的控制阀即方向控制阀加以控制。在自动控制中，方向控制阀常采用电磁控制方式实现方向控制，称为电磁换向阀。

电磁换向阀是利用其电磁线圈通电时，静铁心对动铁心产生电磁吸力使阀芯切换，达到改变气流方向的目的。图 1-8 所示是单电控二位三通电磁换向阀的工作原理示意图。

所谓"位"，指的是为了改变气体方向，阀芯相对于阀体所具有的不同的工作位置。"通"的含义则指换向阀与系统相连的通口，有几个通口即为几通。图 1-8 中，只有两个工

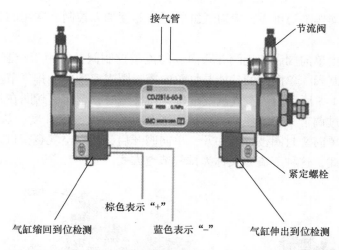

图1-7 安装了带快速接头的限出型气缸节流阀的气缸示意图

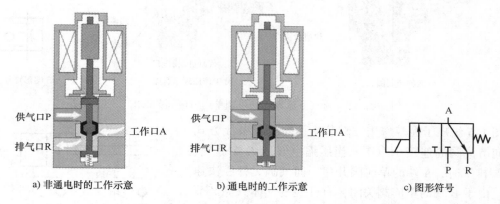

图1-8 单电控二位三通电磁换向阀的工作原理示意图

作位置,具有供气口P、工作口A和排气口R,故为二位三通阀。

图1-9分别给出二位三通、二位四通和二位五通单电控电磁换向阀的图形符号,图形中有几个方格就是几位,方格中的"⊤"和"⊥"符号表示各接口互不相通。

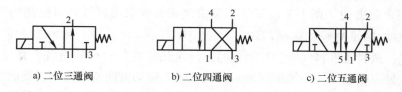

图1-9 部分单电控电磁换向阀的图形符号

YL-335B所有工作单元的执行气缸都是双作用气缸,控制它们工作的电磁换向阀需要有两个工作口、两个排气口以及一个供气口,故使用的电磁换向阀均为二位五通电磁换向阀。

供料单元用了两个二位五通的单电控电磁换向阀。这两个电磁换向阀带有手控开关和加锁钮,有锁定(LOCK)和开启(PUSH)两个位置。用小螺钉旋具把加锁钮旋到LOCK位置时，手控开关向下凹进去，不能进行手控操作。只有在 PUSH 位置时，可用工具向下按，信号为"1"，等同于该侧的电磁信号为"1"；常态时，手控开关的信号为"0"。在进行设备调试时，可以使用手控开关对阀进行控制，从而实现对相应气路的控制，以改变推料气缸等执行机构的动作，达到调试的目的。

两个电磁换向阀是集中安装在汇流板上的。汇流板中两个排气口末端均连接了消声器，消声器的作用是减少压缩空气向大气排放时的噪声。这种将多个阀与消声器、汇流板等集中在一起构成的一组控制阀的集成称为阀组，而每个阀的功能是彼此独立的。阀组的结构如图 1-10 所示。

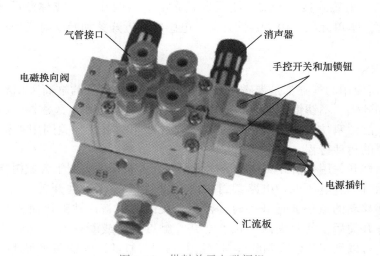

图 1-10　供料单元电磁阀组

3. 气动控制回路原理图

能传输压缩空气的，并使各种气动元件按照一定的规律动作的通道即为气动控制回路。气动控制回路的控制逻辑是由 PLC 实现的。

供料单元的气动系统主要由气源、气动汇流排、气缸、单电控二位五通电磁换向阀、单向节流阀、消声器、快速接头和气管等组成，它们的主要作用是完成顶料和工件的推出。供料单元气动控制回路原理图如图 1-11 所示。图中 1A 和 2A 分别为顶料气缸和推料气缸。1B1 和 1B2 为安装在顶料气缸的两个工作位置的磁性开关，2B1 和 2B2 为安装在推料气缸的两个工作位置的磁性开关。1YV 和 2YV 分别为控制顶料气缸和推料气缸的单电控二位五通电磁换向阀。通常，这两个气缸的初始位置均设定在缩回状态。

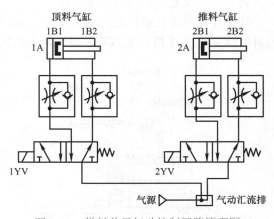

图 1-11　供料单元气动控制回路原理图

21

（二）供料单元使用的相关传感器

YL‐335B 各工作单元所使用的传感器都是接近传感器，它利用传感器对所接近的物体具有的敏感特性来识别物体的接近，并输出相应开关信号，因此，接近传感器通常也称为接近开关。尽管我国在传感器领域与美、德等发达国家在技术方面存在一定差距，但国内顶尖盾构机电气换盘手李刚研发的国产盾构机液位传感器打破国外技术封锁，令国外同行刮目相看。

接近传感器有多种检测方式，如利用电磁感应引起检测对象的金属体中产生电涡流的方式、捕捉检测体的接近引起的电气信号的容量变化的方式、利用磁体和引导开关的方式、利用光电效应和光电转换器件作为检测元件的方式等。YL‐335B 使用的是磁感应式接近开关（或称磁性开关）、电感式接近开关、漫反射式光电式接近开关（或称漫反射式光电开关）和光纤传感器等。本单元只使用了磁性开关、电感式接近开关和漫反射式光电开关，下面分别进行介绍。

1. 磁性开关

YL‐335B 所使用的气缸都是带磁性开关的气缸。这些气缸的缸筒采用导磁性弱、隔磁性强的材料，如硬铝、不锈钢等。在非磁性体的活塞上安装一个永久磁铁的磁环，这样就提供了一个反映气缸活塞位置的磁场。而安装在气缸外侧的磁性开关则用来检测气缸活塞位置，即检测活塞的运动行程。

有触点式磁性开关用舌簧开关作磁场检测元件。舌簧开关成型于合成树脂块内，并且一般还有动作指示灯、过电压保护电路塑封在内。图 1-12 是带磁性开关气缸的工作原理图。当气缸中随活塞移动的磁环靠近开关时，舌簧开关的两根簧片被磁化而相互吸引，触点闭合；当磁环移开开关后，簧片失磁，触点断开。触点闭合或断开时发出电控信号，在 PLC 的自动控制中，可以利用该信号判断推料气缸及顶料气缸的运动状态或所处的位置，以确定工件是否被推出或气缸是否返回。

在磁性开关上设置的 LED 用于显示其信号状态，供调试时使用。磁性开关动作时，输出信号"1"，LED 亮；磁性开关不动作时，输出信号"0"，LED 不亮。

磁性开关的安装位置可以调整，调整方法是松开它的紧定螺栓，让磁性开关顺着气缸滑动，到达指定位置后，再旋紧紧定螺栓。

磁性开关有蓝色和棕色两根引出线，使用时蓝色引出线应连接到 PLC 输入公共端，棕色引出线应连接到 PLC 输入端。磁性开关的内部电路如图 1-13 中点画线框内所示。

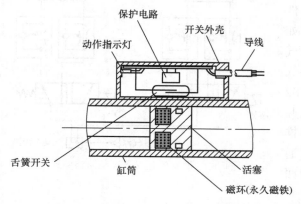

图 1-12　带磁性开关气缸的工作原理图

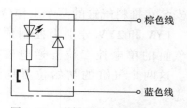

图 1-13　磁性开关的内部电路

2. 电感式接近开关（电感式传感器）

电感式接近开关是利用电涡流效应制造的传感器。电涡流效应是指，当金属物体处于一个交变的磁场中时，金属内部产生交变的电涡流，该涡流又会反作用于产生它的磁场的一种物理效应。如果这个交变的磁场是由一个电感线圈产生的，则这个电感线圈中的电流就会发生变化，用于平衡涡流产生的磁场。

利用这一原理，以高频振荡器（*LC*振荡器）中的电感线圈作为检测元件，当被测金属物体接近电感线圈时产生涡流效应，引起振荡器振幅或频率的变化，由传感器的信号调理电路（包括检波、放大、整形、输出等电路）将该变化转换成开关量输出，从而达到检测的目的。电感式接近开关的工作原理框图如图 1-14 所示。常见的电感式接近开关外形有圆柱形、螺纹形、长方体形和 U 形等几种，在供料单元中，为了检测待加工工件是否是金属材料，在管形料仓底座侧面安装了一个圆柱形电感式接近开关，如图 1-15 所示。

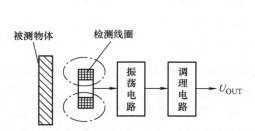

图 1-14 电感式接近开关工作原理框图

图 1-15 供料单元上的电感式接近开关

在选用和安装接近开关时，必须认真考虑检测距离、设定距离，保证生产线上的传感器可靠动作。安装距离如图 1-16 所示。

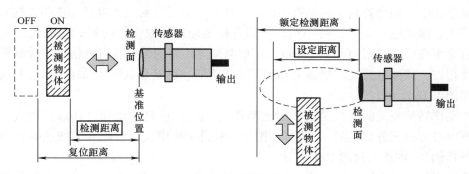

图 1-16 安装距离

3. 光电式接近开关（光电开关）

（1）光电式接近开关的类型 光电传感器是利用光的各种性质，检测物体的有无和表面状态的变化等的传感器。其中输出形式为开关量的光电传感器为光电式接近开关。

光电式接近开关主要由光发射器和光接收器构成。如果光发射器发射的光线因被测物体不同而被遮掩或反射，到达光接收器的量将会发生变化。光接收器的敏感元件将检测出这种变化，并转换为电气信号，进行输出。大多使用可见光（主要为红色，也用绿色、蓝色）和红外光。

按照光接收器接收光的方式不同，光电式接近开关可分为对射式、回归反射式和漫反射式三种，如图 1-17 所示。

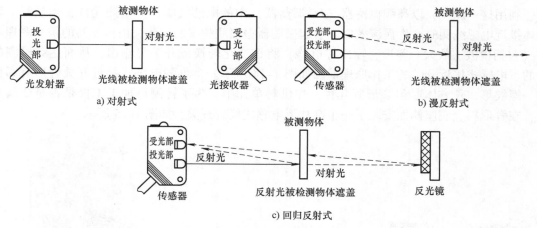

图 1-17　光电式接近开关的类型

（2）漫反射式光电开关　漫反射式光电开关是利用光照射到被测物体上后反射回来的光线而工作的，由于物体反射的光线为漫反射光，故称为漫反射式光电开关。它的光发射器与光接收器处于同一侧位置，且为一体化结构。在工作时，光发射器始终发射检测光，若接近开关前方一定距离内没有物体，则没有光被反射到光接收器，接近开关处于常态而不动作；反之若接近开关的前方一定距离内出现物体，只要反射回来的光强足够，则光接收器接收到足够的漫反射光就会使接近开关动作而改变输出的状态。图 1-17b 为漫反射式光电开关的工作原理示意图。

供料单元中，用来检测工件是否不足或工件有无的漫反射式光电开关选用神视 CX－441 型光电开关，该光电开关是一种小型、可调节检测距离、放大器内置的漫反射式光电传感器，具有光束细小（光点直径约 2mm）、可检测同等距离的黑色和白色物体、检测距离可精确设定等特点。该光电开关的端面上有距离设定旋钮、稳定显示灯、动作表示灯和动作转换开关，如图 1-18 所示。

图中动作转换开关的功能是选择受光动作（Light）或遮光动作（Drag）模式。即当此开关按顺时针方向充分旋转时（L 侧），则进入检测 ON 模式；当此开关按逆时针方向充分旋转时（D 侧），则进入检测 OFF 模式。

距离设定旋钮是 5 回转调节器，调整距离时注意逐步轻微旋转，若充分旋转距离设定旋钮会空转。调整的方法与检测模式有关。

CX－440 系列光电开关有 BGS 和 FGS 两种功能的检测模式供用户选择，当被测物体远离背景时，选择 BGS 功能；在被测物体与背景接触或被测物体是光泽物体等情况下，可选择 FGS 功能。对于供料单元中用来检测工件是否不足的光电开关，宜选用 BGS 功能，目的是确保准确和可靠地检测管形料仓是否装有工件，例如，当管形料仓内有 4 个以上工件时，

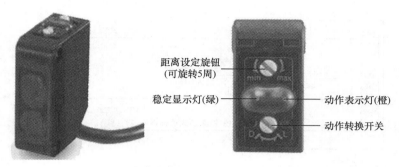

图 1-18　CX–441（E3Z–L61）型光电开关的外形、调节旋钮和显示灯

"工件不足"传感器应确保动作（假定动作转换开关选择为受光动作），而当管形料仓内少于 4 个工件时，即使顺着发射光方向在料仓后面有干扰物，传感器也不动作。对于供料单元中用来检测工件有无的光电开关，因工件与背景接近（料仓管座中装有电感式接近开关），宜选用 FGS 功能。两种模式的距离设定方法见表 1-1。

表 1-1　CX–441 型光电开关的距离设定方法

BGS 功能距离设定方法			FGS 功能距离设定方法		
步骤	说　明	距离设定旋钮	步骤	说　明	距离设定旋钮
1	按逆时针方向将距离设定旋钮充分旋到最小检测距离（约 20mm）	充分旋转	1	按顺时针方向将距离设定旋钮充分旋到最大检测距离（约 50mm）	充分旋转
2	根据要求距离放置被测物体，按顺时针方向逐步旋转距离设定旋钮、找到传感器进入检测状态的点 A		2	在传感器检测背景的状态下，按逆时针方向逐步旋转距离设定旋钮，找到传感器进入非检测条件的点 A	
3	拉开被测物体距离，按顺时针方向进一步旋转距离设定旋钮，找到传感器再次进入检测状态的点 B，一旦进入，逆时针旋转距离设定旋钮直到传感器回到非检测状态点		3	根据要求距离放置被测物体，按逆时针方向进一步旋转距离设定旋钮，直到传感器进入非检测状态。一旦进入，向后旋转距离调节器直到传感器回到检测条件，该位置为点 B	
4	两点之间的中点为稳定检测物体的最佳位置	最佳位置	4	两点之间的中点为稳定检测物体的最佳位置	最佳位置

CX–441 型光电开关有 4 根引出线，其内部电路原理图如图 1-19 所示。除电源进线、信号输出线（NPN 型晶体管集电极开路输出）外，还有一根粉红色的检测模式选择输入线，用于根据背景和被测物体之间的位置选择 BGS 或 FGS 功能：若选择 BGS 功能，则粉红色线应连接到"0V"；若选择 FGS 功能，则粉红色线应连接到"＋V"。

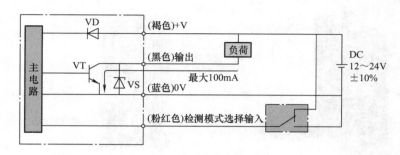

图 1-19　CX-441 型光电开关内部电路原理图

注：在供料单元的实际调试中，即使把粉红色线悬空（两种检测模式均不选择），调节距离设
　　定旋钮，也能正确进行检测，这是该检测要求不高的缘故，这时 CX-441 只作为普通的光电传
　　感器使用，但抗干扰能力则不如正确选择检测模式的情况。

用来检测物料台上有无物料的光电开关是一个圆柱形漫反射式光电开关，工作时向上发出光线，从而透过小孔检测是否有工件存在，该光电开关选用德国 SICK 公司 MHT15-N2317 型产品，其外形如图 1-20 所示。

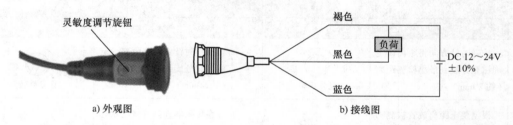

图 1-20　圆柱形漫反射式光电开关

4. 接近开关的图形符号

部分接近开关的图形符号如图 1-21 所示。图 1-21a～c 三种情况均使用 NPN 型晶体管集电极开路输出。如果使用 PNP 型，则正负极性应反过来。

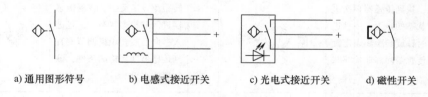

图 1-21　接近开关的图形符号

三、供料单元的拆装

1. 任务目标

1）将供料单元拆开成组件和零件的形式，学会正确使用拆装工具。

2）将供料单元组件和零件组装成原样，掌握该单元的正确安装步骤。

3）学会机械部分的装配、气路的连接与调整及电气接线。

2. 供料单元装置侧的拆卸

1）松开底板紧固螺钉，拆下总进气管，将供料单元搬离设备到拆装工作台。

2）拆卸气路、电磁阀组。

3）依次拆卸接线端子及端子上的导线、端子卡座、线槽、底座等。

4）将供料单元机械部分拆成组件。

5）将各组件拆成散件，并将拆卸下的零配件整理整齐。

3. 安装步骤和方法

（1）机械部分安装　机械部分的安装是供料单元安装的基础，在安装过程中应按照"零件—组件—组装"的顺序进行安装。用螺栓把装配好的组件连接为整体，再用橡皮锤把装料管敲入料仓底座中，然后在相应的位置上安装传感器（磁性开关、光电式接近开关和电感式接近开关），最后把电磁阀组件和电气接线端子排组件安装在底板上。

1）把供料站各零件组合成整体安装时的组件。

2）对组件进行组装。组合成的组件包括铝合金型材支撑架组件、物料台及料仓底座组件及推料机构组件，如图 1-22 所示。

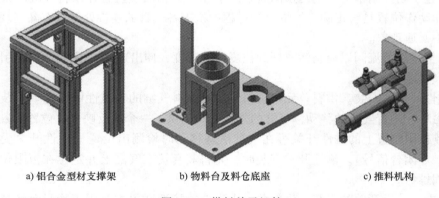

a) 铝合金型材支撑架　　　　b) 物料台及料仓底座　　　　c) 推料机构

图 1-22　供料单元组件

3）各组件装配牢固后，将各传感器安装上位，不需要安紧，以便下一步调试。

4）用螺栓把它们连接为总体，再用橡皮锤把装料管敲入料仓底座。

5）将连接好的供料站机械部分、电磁阀组以及接线端子排固定在底板上。

6）完成装置侧机械部分和各传感器的安装后，固定底板完成供料单元装置侧的安装。

机械部分安装时应注意以下几点：

① 装配铝合金型材支撑架时，注意调整好各边的平行及垂直度，锁紧螺栓。

② 气缸安装板和铝合金型材支撑架的连接，需要预先在特定位置的铝型材 T 形槽中放置与之相配的螺母，因此在对该部分的铝合金型材进行连接时，一定要在相应的位置放置相应的螺母。如果没有放置螺母或没有放置足够多的螺母，将造成无法安装或安装不可靠。

③ 在底板上固定机械机构时，需要将底板移动到操作台的边缘，螺栓从底板的反面拧入，将底板和机械机构部分的支撑型材连接起来。

（2）气动元件（气路）连接

1）单向节流阀应分别安装在气缸的工作口上，并缠绕好密封带，以免运行时漏气。

2）单电控二位五通电磁换向阀的进气口和工作口应安装好快速接头，并缠绕好密封带，以免运行时漏气。

3）气动汇流排的排气口应安装好消声器，并缠绕好密封带，以免运行时漏气。

4）气动元件对应气口之间用塑料气管进行连接，做到安装美观，气管不交叉并保持气路畅通。

气路系统安装时应注意以下几点：

① 1个电磁阀工作口连接的2根气管应与1个气缸工作口实施对应连接。

② 气管插入快速接头时，确保不能随意拉出，且保证气管连接处无漏气现象。

③ 从快速接头拔出气管时，要先用左手按下快速接头上的伸缩件，右手轻轻拉出气管。

④ 连接气管时，进、出气管最好使用不同颜色，以便识别。

⑤ 气管的连接要做到走线整齐、美观、不能交叉、打折，扎带绑扎距离保持在4~5cm为宜。

（3）气路调试　供料单元气动系统的调试主要是针对气缸的运行情况进行的。其调试方法是：

1）通过手动控制单电控电磁换向阀上的手控开关和加锁钮验证顶料气缸和推料气缸的初始位置和动作位置是否正确。气缸运行过程中检查各气管的连接处是否有漏气现象，是否存在气管不畅通现象。

2）调整气缸节流阀以控制活塞杆的往复运动速度，伸出速度以不推倒工件为准。

（4）传感器的安装

1）磁性开关的安装。供料单元中顶料气缸和推料气缸的非磁性体活塞上安装了一个永久磁铁的磁环，随着气缸的移动，气缸的外壳上就提供了一个能反映气缸位置的磁场，安装在气缸外侧极限位置上的磁性开关可在气缸活塞移动时检测出位置（磁性开关受磁场的影响而输出触点闭合信号）。磁性开关安装时，先将其套接在气缸上并定位在极限位置，然后再旋紧紧固螺钉。

2）光电式接近开关的安装。供料单元中光电式接近开关主要用于物料台物料检测、物料不足及有无检测。安装时应注意其机械位置，特别是物料台物料检测传感器安装时，应注意光电式接近开关与工件中心透孔的位置错开，避免因光的穿透无反射信号而导致信号错误。

3）电感式接近开关的安装。供料单元中电感式接近开关安装在料仓底座的侧面，用于检测金属工件，安装时应注意传感器与工件的位置。

传感器安装时应注意以下几点：

① 磁性开关安装时应注意位置和紧固可靠。

② 磁性开关必须与气缸配合使用。

③ 光电式接近开关安装时应注意安装位置的调整、接线的颜色以及灵敏度调整要适度。

④ 电感式接近开关安装时要注意安装距离和接线的颜色。

（5）装置侧电气接线及工艺要求　电气接线包括供料单元装置侧各传感器、电磁阀等引线到装置侧接线端口之间的接线。该单元装置侧接线端口的接线端子采用三层端子结构，详见图0-13。

供料单元装置侧的接线端口上各传感器和电磁阀信号端子的分配见表1-2。

表 1-2 供料单元装置侧的接线端口信号端子的分配

输入端口中间层			输出端口中间层		
端子号	设备符号	信号线	端子号	设备符号	信号线
2	1B1	顶料到位检测	2	1YV	顶料电磁阀
3	1B2	顶料复位检测	3	2YV	推料电磁阀
4	2B1	推料到位检测	4		
5	2B2	推料复位检测	5		
6	SC1	物料台物料检测	6		
7	SC2	物料不足检测	7		
8	SC3	物料有无检测	8		
9	SC4	金属工件检测	9		
10#~17#端子没有连接			4#~14#端子没有连接		

1）磁性开关的接线。磁性开关为两线式传感器，连线时 4 个磁性开关（1B1、1B2、2B1、2B2）的棕色线分别与供料单元装置侧输入端口中间层 2、3、4、5 号端子（见表 1-2）连接，蓝色线分别与该端口下层相应端子相连。

2）光电式接近开关的接线。光电式接近开关为三线式传感器，连线时 3 个光电式接近开关（SC1、SC2、SC3）的黑色线分别与供料单元装置侧输入端口中间层 6、7、8 号端子（见表 1-2）连接，褐色线分别与该端口上层相应端子连接，蓝色线分别与该端口下层相应端子连接。

3）电感式接近开关的接线。电感式接近开关也是三线式传感器，连线时 SC4 的黑色线与供料单元装置侧输入端口中间层 9 号端子（见表 1-2）连接，棕色线与该端口上层相应端子连接，蓝色线与该端口下层相应端子连接。

4）电磁阀的接线。电磁阀对外引出两根线，连线时 2 个电磁阀（1YV、2YV）的蓝色线分别与供料单元装置侧输出端口中间层 2、3 号端子（见表 1-2）连接，红色线分别与该端口上层相应端子连接。

电气接线时应注意以下几点：

① 一定要遵守安全规则，并严格按照电气图连接。

② 装置侧接线端口中，输入端口的上层端子（+24V）只能作为传感器的正电源端。电磁阀等执行元件的正电源端应连接到输出端口上层端子（+24V）的相应端子上。

③ 接线端子上的螺钉旋紧时用力要适度，以免卡住。

④ 电气接线的工艺应符合国家职业标准的规定，例如，连线要横平竖直，转弯处有一定的转弯半径；导线连接到端子时，采用压紧端子压接方法；连接线须有符合规定的标号；每一端子连接的导线不超过两根等。

⑤ 装置侧接线完成后，应用扎带绑扎，力求整齐美观。

4. 检查调试

1）调整气动部分，检查气路是否正确、气压是否合理、气缸的动作速度是否合理。

2）检查各传感器安装是否合理、灵敏度是否合适，确保检测的可靠性。

四、供料单元的编程与运行

（一）工作任务

本任务只考虑供料单元作为独立设备运行时的情况，供料单元工作的主令信号和工作状态显示信号来自 PLC 旁边的按钮指示灯模块。并且，按钮指示灯模块上的工作方式选择开关（单机/全线转换开关）SA 应置于"单站方式"位置。

1. 控制要求

1）设备上电、气源接通后，若工作单元的两个气缸均处于缩回位置，且料仓内有足够的待加工工件，则"正常工作"指示灯 HL1 常亮，表示设备准备好。否则，该指示灯以1Hz 频率闪烁。

2）若设备准备好，按下起动按钮，工作单元起动，"设备运行"指示灯 HL2 常亮。起动后，若物料台上没有工件，则应把工件推到物料台上。物料台上的工件被人工取出后，若没有停止信号，则进行下一次推出工件操作。

3）如果在运行中按下停止按钮，则在完成本工作周期任务后，工作单元停止工作，指示灯 HL2 熄灭。

4）如果在运行中料仓内工件不足，则工作单元继续工作，但"正常工作"指示灯 HL1以 1Hz 的频率闪烁，"设备运行"指示灯 HL2 保持常亮。若料仓内没有工件，则指示灯 HL1和 HL2 均以 2Hz 频率闪烁，工作单元在完成本周期任务后停止工作，除非向料仓补足工件，工作单元不能再起动。

2. 要求完成的任务

1）规划 PLC 的 I/O 分配与接线图。

2）进行系统安装接线。

3）按控制要求编制 PLC 程序。

4）进行调试与运行。

（二）PLC 的 I/O 分配与接线图

1. I/O 分配

供料单元 PLC 的 I/O 分配见表 1-3。

表 1-3 供料单元 PLC 的 I/O 分配

输 入 信 号				输 出 信 号			
序号	PLC 输入点	信 号 名 称	信号来源	序号	PLC 输出点	信 号 名 称	信号来源
1	X000	顶料到位检测		1	Y000	顶料电磁阀	装置侧
2	X001	顶料复位检测		2	Y001	推料电磁阀	
3	X002	推料到位检测		3	Y002		
4	X003	推料复位检测		4	Y003		
5	X004	物料台物料检测	装置侧	5	Y004		
6	X005	物料不足检测		6	Y005		
7	X006	物料有无检测		7	Y006		
8	X007	金属工件检测		8			
9	X010			9	Y007	正常工作指示	按钮指示灯模块
10	X011			10	Y010	设备运行指示	
11	X012	停止按钮		11	Y011	报警指示	
12	X013	起动按钮	按钮指示灯模块				
13	X014	急停开关（未用）					
14	X015	单机/全线转换开关					

2. I/O 接线图

根据供料单元 I/O 点数及工作任务的要求，该单元 PLC 选用三菱 FX₃U-32MR，为 16 点输入和 16 点输出继电器输出型。该单元 I/O 接线图如图 1-23 所示。图中，各传感器用电源

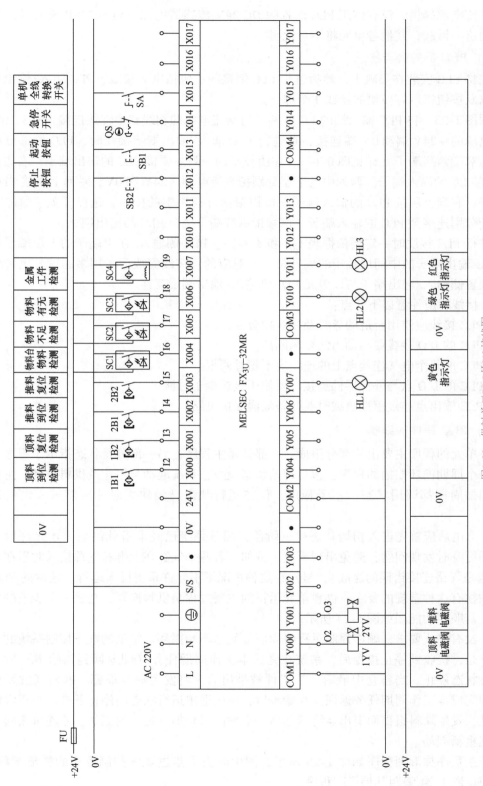

图1-23 供料单元PLC的I/O接线图

由外部直流电源提供，没有使用 PLC 内置的 DC 24V 传感器电源。YL－335B 装置各工作单元均采用这一做法，其他各单元将不再说明。

（三）PLC 的安装与接线

首先将 PLC 安装在导轨上，然后进行 PLC 侧接线，包括电源接线、PLC 输入/输出端子的接线以及按钮指示灯模块的接线 3 个部分。

根据图 1-23，将 PLC 输入端的 L、N 端子与交流电源的相线和中性线连接，S/S、0V 端与直流电源的 ＋24V 端和 0V 端连接，在进行 PLC 输入/输出端子接线时，PLC 侧部分接线端子排为双层两列端子（详见图 0-14），左边较窄的一列主要接 PLC 的输出端子，右边较宽的一列接 PLC 的输入端子。两列中的下层分别接直流电源 ＋24V 和 0V。左列上层接 PLC 的输出端子，右列上层接 PLC 的输入端子。按钮指示灯模块中的按钮、选择开关、急停开关接线端子分别连接至 PLC 的输入端子，信号指示灯端子接至 PLC 的输出端子。

在进行 PLC 接线时一定要依据表 1-2 和图 1-23。PLC 侧输入/输出端子的上层端子与装置侧输入/输出端子的中间层端子的编号是一一对应的。接线完成后，用多芯信号电缆将供料单元装置侧输入/输出端子与该单元 PLC 侧输入/输出端子互连。

PLC 接线时应注意以下几点：

1）PLC 接线应使用合适的导线及接线护套。

2）PLC 的 I/O 接线要与动力线可靠隔离。

3）PLC 的每个电气连接点上的连线应不超过两根。

4）PLC 的 I/O 点与外部器件连接时要使用接线端子过渡。

5）PLC 输出点连接感性负载时要配备浪涌保护电路。

（四）PLC 程序的编制

供料单元的程序主要由两部分组成：一部分是主程序；另一部分是状态指示子程序。主程序是一个周期循环扫描的程序，包括初始状态检查、系统起动与停止及供料控制。主程序在每一扫描周期都调用状态指示子程序，仅在运行状态已经建立时才可能进入供料控制过程。

PLC 上电后应首先进入初始状态检查阶段，确认系统已经准备就绪后，才允许投入运行，这样可及时发现问题，避免出现事故。例如，若两个气缸在上电和气源接入时不在初始位置（这是气路连接错误的缘故），显然在这种情况下不允许系统投入运行。通常的 PLC 控制系统往往有这种常规的要求。供料单元运行的主要过程是供料控制，它是一个步进顺序控制过程。其顺序功能图如图 1-24 所示。

如果没有停止要求，顺序控制过程将周而复始地不断循环。常见的顺序控制系统的正常停止要求是，接收到停止指令后，系统在完成本工作周期任务（即返回到初始步）后才复位，运行状态停止。当料仓中最后一个工件被推出后，将发生缺料报警。推料气缸复位到位，亦即完成本工作周期任务返回到初始步后，也应退出运行状态而停止下来。与正常停止不同的是，发生缺料报警而退出运行状态后，必须向料仓加入足够的工件，才能再按起动按钮使系统重新起动。

系统主程序梯形图程序如图 1-25 所示，图中略去了步进顺序控制程序的梯形图程序，请读者根据图 1-24 编制其梯形图程序。

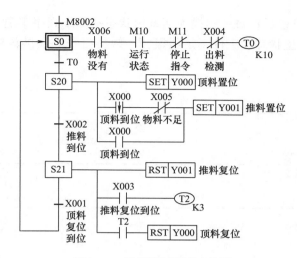

图 1-24 供料控制顺序功能图

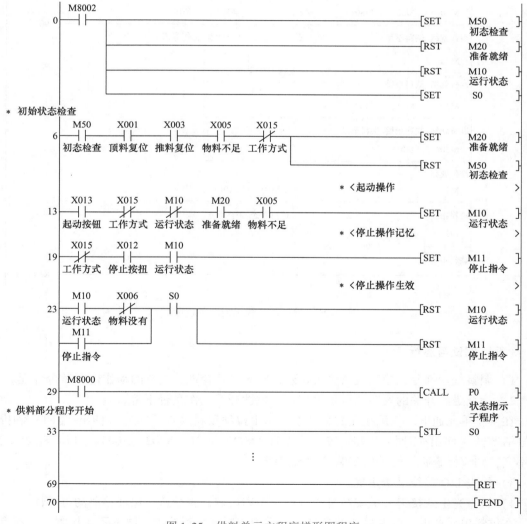

图 1-25 供料单元主程序梯形图程序

系统的工作状态可通过在每一扫描周期调用状态指示子程序实现，工作状态包括：是否准备就绪、运行/停止状态、工件不足预报警、缺料报警等。供料单元状态指示子程序如图 1-26 所示。

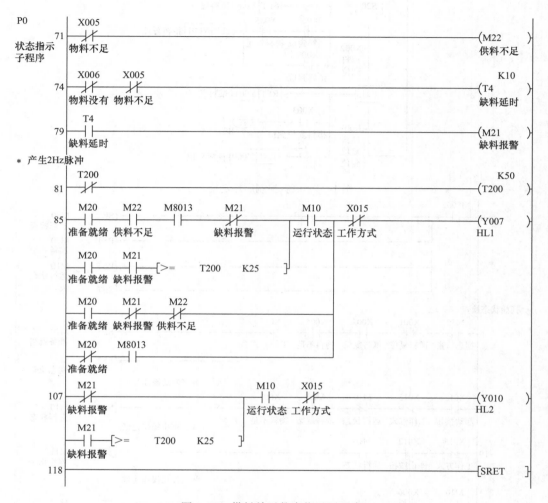

图 1-26　供料单元状态指示子程序

（五）调试与运行

1）调整气动部分，检查气路是否正确、气压是否合理、气缸的动作速度是否合理。

2）检查磁性开关的安装位置是否到位、磁性开关工作是否正常。

在供料单元通电、气源接通的条件下，用手拉动顶料气缸活塞杆（伸出/缩回）和推料气缸活塞杆（伸出/缩回），观察 PLC 输入端 X000、X001、X002、X003 的 LED 是否点亮，若不亮，则应检查磁性开关的安装位置及接线。

3）检查 I/O 接线是否正确。

4）检查光电式接近开关安装是否合理、距离设定是否合适，保证检测的可靠性。

在供料单元通电、气源接通的条件下，模拟物料台物料检测、物料不足检测、物料有无检测等现象，观察 PLC 输入端 X004、X005、X006 的 LED 是否点亮，若不亮，则应检查光电式接近开关的安装位置及接线。

5）按钮/指示灯的功能测试。

① 按钮的功能测试。供料单元接通电源，用手按下停止按钮、起动按钮、急停开关、单机/全线转换开关，观察 PLC 输入端 X012、X013、X014、X015 的 LED 是否点亮，若不亮，则应检查对应的按钮或开关及连接线。

②指示灯的功能测试。供料单元通电，进入 GX Developer 编程软件，利用软件的强制功能，分别强制 PLC 的 Y007、Y010、Y011 置 1，观察 PLC 的输出端 Y007、Y010、Y011 的 LED 是否点亮，按钮指示灯模块对应的黄色指示灯、绿色指示灯、红色指示灯是否点亮，若不亮，则应检查指示灯及连接线。

6）气动元件的功能测试。

① 顶料电磁阀1YV 功能测试。在供料单元通电、气源接通的条件下，进入 GX Developer 编程软件，利用软件的强制功能，强制 Y000 通/断一次，观察 PLC 输出端 Y000 的 LED 是否点亮、顶料气缸是否执行伸出/缩回动作。若不执行，则应检查顶料气缸 1A、顶料电磁阀 1YV 的气路连接部分及顶料电磁阀 1YV 的接线。

② 推料电磁阀2YV 功能测试。在供料单元通电、气源接通的条件下，进入 GX Developer 编程软件，利用软件的强制功能，强制 Y001 通/断一次，观察 PLC 输出端 Y001 的 LED 是否点亮、推料气缸是否执行伸出/缩回动作。若不执行，则应检查推料气缸 2A、推料电磁阀 2YV 的气路连接部分及推料电磁阀 2YV 的接线。

7）运行程序检查动作是否满足任务要求。调试各种可能出现的情况，例如在料仓工件不足情况下，系统能否可靠工作；料仓没有工件情况下，能否满足控制要求。

在运行程序过程中，可以利用编程软件，在编程界面上将程序调至监视状态。观察 PLC 程序的能流状态，以此判断程序正确与否，并有针对性地进行修改，直至供料单元能按工艺要求运行。这里特别强调的是程序每次修改后需重新写入 PLC。

（六）分析与思考

1）总结检查气动连线与传感器接线、I/O 检测及故障排除的方法。试思考以下问题：

① 如果气缸活塞杆伸出或缩回的速度过于缓慢，是什么原因？

② 如果把光电式接近开关的动作转换开关切换到 Drag 模式，应如何编制控制程序？

2）试分析供料单元缺料信号延时发出的原因。

3）如果按钮指示灯模块中一个按钮用作其他用途，试编写只用一个按钮实现设备起动和停止的程序。

注意：用一个按钮实现设备起动和停止的程序是一个典型的程序，实现方法有多种，下面举几个例子说明。

① 用置位（SET）和复位（RST）指令实现，梯形图程序如图 1-27a 所示。

② 用自锁回路实现，梯形图程序如图 1-27b 所示

③ 用交替输出指令（ALT）实现，梯形图程序如图 1-27c 所示。

④ 用计数器实现，梯形图程序如图 1-27d 所示。

显然，用交替输出指令编制的程序所需的步数最少，但在某些情况下，例如系统有紧急停止的要求，在紧急复位后继续运行，这时使用置位和复位指令会更为方便。

图 1-27a、b 都使用了上升沿触发，并都使用了中间变量 M1，试分析其原因。

4）试用位移位指令编制供料单元供料控制的梯形图。

5）如果要求供料单元推出金属工件的个数达到 5 个后，本单元立即停止运行，程序应如何编制？

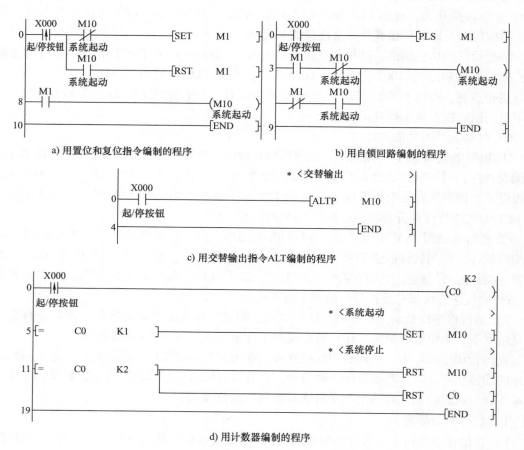

a) 用置位和复位指令编制的程序   b) 用自锁回路编制的程序

c) 用交替输出指令ALT编制的程序

d) 用计数器编制的程序

图 1-27 用一个按钮实现设备起动和停止的程序

五、任务实施与考核

（一）任务实施

基于供料单元单站运行，要求学生以小组（2~3 人）为单位，完成机械部分、传感器、气路等拆装，电气部分接线，PLC 程序编制及单元的调试运行。

学生应完成的学习材料要求如下：

1）供料单元拆装与调试工作计划。

2）气动回路原理图。

3）PLC I/O 接线图。

4）梯形图。

5）任务实施记录单，见表 1-4。

表 1-4 任务实施记录单

课 程 名 称	自动化生产线拆装与调试		
学习情境一	供料单元的拆装与调试		
实 施 方 式	学生集中时间独立完成，教师检查指导		
序号	实 施 过 程	出现的问题	解决的方法
实施总结			
班级	组号	姓名	
指导教师签字		日期	

（二）任务考核

填写任务实施考核评价表，见表 1-5。

表 1-5　任务考核评价表

课程名称	自动化生产线拆装与调试						
学习情境一	供料单元的拆装与调试						
评价项目	内容	配分	要　求	互评	教师评价	综合评价	
实施过程	机械部分拆装与调整	20分	能正确使用拆装工具完成机械部分的拆装，机械部分动作顺畅协调，紧固件无松动，辅助件安装到位				
	气路部分拆装与连接	10分	气动系统拆装正确，气动元件安装紧固，气路连接正确，无漏气现象，气缸运行顺畅平稳、动作速度合理				
	电气部分拆装与接线	10分	PLC拆装正确，接线规范整齐，接线符合工艺要求（接线端口的导线应套上标号管，且标注规范，PLC侧所有端子接线必须采用压接方式），接线端子连接牢固，无松动现象，电气接线满足原理图要求				
功能测试	传感器功能测试	5分	磁性开关、光电式接近开关调试能按控制要求正确指示				
	电磁阀功能测试	5分	电磁阀能按控制要求正确动作				
	供料单元运行	10分	初始状态正确，能正确完成供料控制，能正常起动、停止，料不足和缺料状态显示正确				
团队协作职业素养	分工与配合	5分	任务分配合理，分工明确，配合紧密				
	职业素养	5分	注重安全操作，工具及器件摆放整齐				
任务书及成果清单的填写	任务书	10分	搜集信息，引导问题回答正确				
	工作计划	3分	计划步骤安排合理，时间安排合理				
	材料清单	2分	材料齐全				
	气动回路图	3分	气动回路原理图绘制正确、规范				
	I/O接线图	4分	I/O接线图绘制正确，符号规范				
	梯形图	4分	程序正确				
	调试运行记录单	4分	气动回路调试及单元运行调试过程记录完整、真实				
总评							
班级		姓名		组号		组长签字	
指导教师签字				日期			

加工单元的拆装与调试

教学目标	能力目标	1. 会分析加工单元的工作过程 2. 能进行本单元气路的连接及调整 3. 会进行本单元传感器的安装接线，并能正确调试 4. 能进行程序的离线和在线调试 5. 能进行加工（冲压）机构、加工台及滑动机构、直线导轨等机械机构的安装与调整 6. 能在规定时间内完成加工单元的拆装与调整，能根据控制要求完成程序的编制与调试，并能解决安装与调试过程中出现的问题
	知识目标	1. 熟悉加工单元的结构组成及工作过程 2. 掌握薄型气缸、气动手指等气动元件的功能、特性 3. 掌握磁性开关、光电式接近开关等传感器的结构、特点及电气接口特性 4. 掌握用步进指令编制顺序控制程序的方法 5. 掌握用条件跳转指令或主控指令进行急停控制的程序编制
教 学 重 点		气路的调整、传感器的调试、加工控制程序的编制
教 学 难 点		传感器的调试、控制程序的编制与调试运行
教学方法、手段建议		采用项目教学法、任务驱动法、理实一体化教学法等开展教学，在教学过程中，教师讲授与学生讨论相结合，传统教学与信息化技术相结合，充分利用云课堂教学平台、微课等教学手段，将教室与实训室有机融合，引导学生做中学、学中做，教、学、做合一
参 考 学 时		10 学时

一、加工单元的组成及工作过程

加工单元的功能是把待加工工件在加工台夹紧，移送到加工区域冲压气缸的正下方，完成对工件的冲压加工，然后把加工好的工件重新送出。

加工单元主要由加工台及滑动机构、加工（冲压）机构、电磁阀组、接线端口、传感器、PLC 模块、按钮指示灯模块等组成。其装置侧结构如图 2-1 所示。

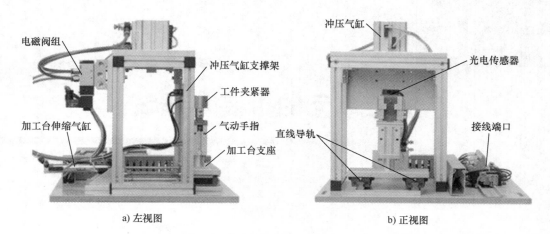

a) 左视图	b) 正视图

图 2-1　加工单元装置侧结构示意图

1. 加工台及滑动机构

加工台及滑动机构如图 2-2 所示。加工台用于固定待加工工件，并把工件移到加工（冲压）机构正下方进行冲压加工。它主要由气动手指、加工台伸缩气缸、直线导轨及滑块、磁性开关、漫反射式光电开关等组成。

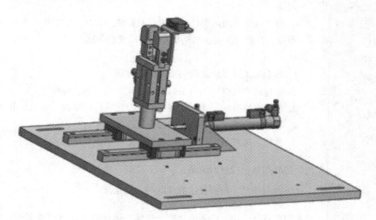

图 2-2　加工台及滑动机构

加工台及滑动机构在系统正常工作后的初始状态为加工台伸缩气缸伸出、气动手指张开，当输送机构把工件送到加工台上，物料检测传感器检测到工件后，PLC 控制程序驱动气动手指将工件夹紧→加工台回到加工区域冲压气缸下方→冲压气缸活塞杆向下伸出冲压工件→完成冲压动作后向上缩回→加工台重新伸出→到位后气动手指松开，完成工件加工工序，并向系统发出加工完成信号，为下一次工件到来加工做准备。

在加工台上安装一个漫反射式光电开关，用于检测来料情况。若加工台上没有工件，则漫反射式光电开关处于常态；若加工台上有工件，则漫反射式光电开关动作，表明加工台上已有工件。该漫反射式光电开关的输出信号送到加工单元 PLC 的输入端，用以判别加工台上是否有工件需进行加工。加工过程结束时，加工台伸出到初始位置，同时，PLC 通过通信网络，把加工完成信号回馈给系统，以协调控制。

加工台上安装的漫反射式光电开关选用 CX－441 型光电开关，该光电开关的原理和结构以及调试方法在学习情境一已介绍过，这里不再赘述。

加工台伸出和返回到位的位置是通过调整加工台伸缩气缸上两个磁性开关的位置来定位的。要求缩回位置位于加工冲压头正下方；伸出位置应与输送单元的机械手装置配合，确保输送单元的机械手装置能顺利地把待加工工件放到加工台上。

2. 加工（冲压）机构

加工（冲压）机构如图 2-3 所示。加工机构用于对工件进行冲压加工。它主要由冲压气缸、冲压头及安装板等组成。

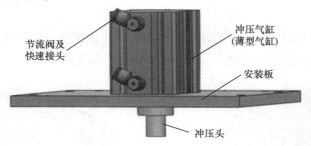

图 2-3　加工（冲压）机构

当工件到达冲压位置即加工台伸缩气缸活塞杆缩回到位时，冲压气缸伸出，对工件进行加工，完成加工动作后冲压气缸缩回，为下一次冲压作准备。

冲压头根据工件的要求对工件进行冲压加工，冲压头安装在冲压气缸头部。安装板用于安装冲压气缸，对冲压气缸进行固定。

二、知识链接

（一）直线导轨简介

直线导轨是一种滚动导引，钢珠在滑块与导轨之间作无限滚动循环，使得负载平台能沿着导轨以高精度作直线运动，其摩擦系数可降至传统滑动导引的1/50，使之能达到很高的定位精度。在直线传动领域中，直线导轨副一直是关键性产品，目前已成为各种机床、数控加工中心、精密电子机械中不可缺少的重要功能部件。随着高新技术的发展，各种新类型和新功能的滚动直线导轨应运而生，并向智能化、高精度、高互换性、低成本、环保的方向发展。

直线导轨副通常按照滚珠与导轨和滑块的接触类型进行分类，主要有两列式和四列式两种。YL－335B 均选用普通级精度的两列式直线导轨副，其接触角在运动中能保持不变，刚性也比较稳定。图 2-4a 为直线导轨副的截面示意图，图 2-4b 是装配好的直线导轨副。

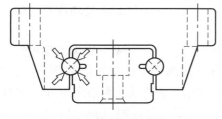

a) 直线导轨副截面示意图

b) 装配好的直线导轨副

图 2-4　两列式直线导轨副

安装直线导轨副时应注意：①要轻拿轻放，避免磕碰，防止影响直线导轨副的直线精度；②不要将滑块拆离导轨或超过行程后又推回去。

加工单元加工台滑动机构由两个直线导轨副和导轨安装构成，安装滑动机构时要注意调整两直线导轨的平行。加工台及滑动机构组件的安装方法将在"加工单元拆装与调试"中讨论。

（二）加工单元的气动元件

加工单元所使用的气动元件包括标准直线气缸、薄型气缸和气动手指，下面介绍前文尚未提及的薄型气缸和气动手指。

1. 薄型气缸

薄型气缸属于省空间类气缸，即轴向或径向尺寸比标准气缸有较大减小的气缸，具有结构紧凑、重量轻、占用空间小等优点。图2-5是薄型气缸的实例图。

a) 外形   b) 剖视图

图2-5　薄型气缸的实例图

薄型气缸的特点是：缸筒与无杆侧端盖压铸成一体，无杆侧端盖用弹性挡圈固定，缸体为方形。这种气缸通常用于固定夹具和搬运时固定工件等。在YL－335B的加工单元中，薄型气缸用于冲压，主要是考虑到该气缸行程短的特点。

2. 气动手指

气动手指又称为手指气缸，俗称气爪，用于抓取、夹紧工件。气动手指通常有滑动导轨型、支点开闭型和回转驱动型等工作方式，如图2-6a所示。YL－335B的加工单元使用的是滑动导轨型。其工作原理如图2-6b、c所示。

3. 气动控制回路原理图

加工单元的气动系统主要由气源、气动汇流排、气缸、单电控二位五通换向阀、单向节流阀、消声器、快速接头和气管等组成，它们的主要作用是完成工件的夹紧和放松、加工台伸出和缩回与冲压头的冲压和提起。

加工单元气动控制回路原理图如图2-7所示。图中，1A、2A和3A分别为冲压气缸、加工台伸缩气缸和气动手指。1B1和1B2为安装在冲压气缸的两个工作位置的磁性开关，2B1和2B2为安装在加工台伸缩气缸的两个工作位置的磁性开关，3B1为安装在气动手指工作位置的磁性开关。1YV、2YV和3YV分别为控制冲压气缸、加工台伸缩气缸和气动手指的单电控二位五通电磁换向阀。

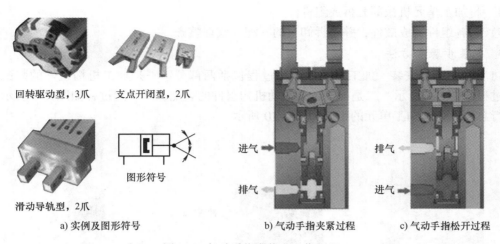

回转驱动型，3爪　　支点开闭型，2爪

图形符号

滑动导轨型，2爪

进气　　排气

排气　　进气

a) 实例及图形符号　　　　　b) 气动手指夹紧过程　　　　c) 气动手指松开过程

图 2-6　气动手指实物和工作原理

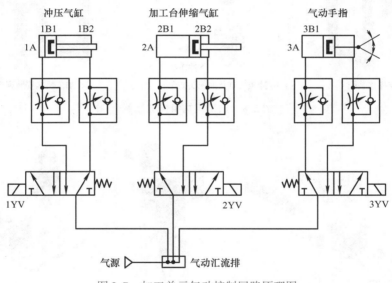

冲压气缸　　　　　加工台伸缩气缸　　　　气动手指

1B1　1B2　　　2B1　2B2　　　3B1

1A　　　　　2A　　　　　3A

1YV　　　　　　　2YV　　　　　　3YV

气源　　气动汇流排

图 2-7　加工单元气动控制回路原理图

三、加工单元的拆装

1. 任务目标

1）将加工单元的机械部分拆开成组件和零件的形式，学会正确使用拆装工具。

2）将组件和零件组装成原样，掌握加工单元的正确安装步骤、调整方法与技巧。

3）学会机械部分的装配、气路的连接与调整及电气接线。

2. 加工单元装置侧的拆卸

1）松开底板紧固螺钉，拆下总进气气管，将加工单元搬离设备到拆装工作台。

2）拆卸气路、电磁阀组。

3）依次拆卸接线端子及端子上的导线、端子卡座、线槽、底座等。

4）将加工单元机械部分拆成组件。

5）将各组件拆成散件，并将拆卸下的零配件整理整齐。

3．安装步骤和方法

（1）机械部分安装　加工单元的装配过程包括两部分，一是加工机构组件的装配，其装配过程如图 2-8 所示；二是加工台及滑动机构组件的装配，其装配过程如图 2-9 所示。然后进行总装。整个加工单元的组装如图 2-10 所示。

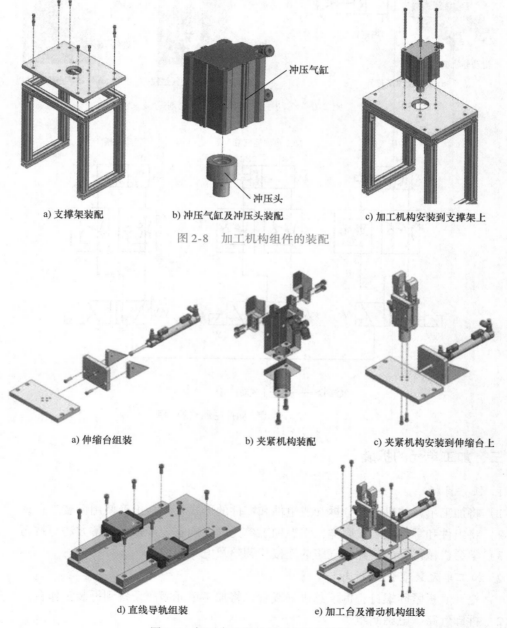

a) 支撑架装配　　　　b) 冲压气缸及冲压头装配　　　c) 加工机构安装到支撑架上

图 2-8　加工机构组件的装配

a) 伸缩台组装　　　　b) 夹紧机构装配　　　　c) 夹紧机构安装到伸缩台上

d) 直线导轨组装　　　　　e) 加工台及滑动机构组装

图 2-9　加工台及滑动机构组件的装配

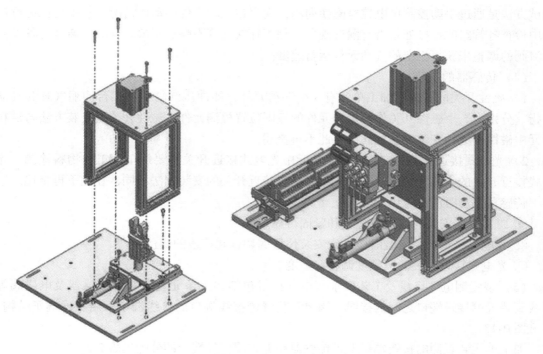

图 2-10 加工单元组装

在完成以上各组件的装配后，首先将物料夹紧及运动送料部分和整个安装底板连接固定，再将铝合金支撑架安装在大底板上，最后将加工组件部分固定在铝合金支撑架上，完成该单元的装配。

机械部分安装时应注意以下几点：

① 调整两直线导轨的平行时，要一边移动安装在两导轨上的安装板，一边拧紧固定导轨的螺栓。

② 如果加工组件部分的冲压头和加工台上的工件中心没有对正，则可以通过调整推料气缸旋入两导轨连接板的深度来进行对正。

③ 在组装组件的过程中要细致耐心，做到精益求精。

（2）气动元件（气路）连接

同学习情境一。

连接时注意：气管走向应按序排布，均匀美观；不能交叉、打折；气管要在快速接头中插紧，不能有漏气现象。

气路系统安装时应注意以下几点：

① 电磁阀工作口与执行元件工作口要连接正确，以免产生相反的动作而影响正常操作。

② 气管与快速接头插拔时，按压快速接头伸缩件时要注意用力均匀，避免硬拉而造成接头损坏。

③ 气管系统安装完毕后，应仔细检查冲压气缸、加工台伸缩气缸和气动手指的初始位置，位置不对时应按图 2-7 进行调整。

（3）气路调试 加工单元气路系统的调试主要是针对气动元件的运行情况进行的，其调试方法是通过手动控制单电控电磁换向阀，观察各气动元件的动作情况。气动元件运行过程中检查各管路的连接处是否有漏气现象，是否存在气管不畅通现象。同时，通过对各单向节流阀的调整来获得稳定的气动元件运行速度。

（4）传感器的安装

1）磁性开关的安装。加工单元有 3 个气动元件，即冲压气缸、加工台伸缩气缸和气动手指。分别由 5 个磁性开关作为气动元件的极限位置检测元件。磁性开关的安装方法与供料单元中磁性开关的安装方法相同，在此不再赘述。

2）光电式接近开关的安装。加工单元中光电式接近开关主要用于加工台物料检测。光电式接近开关的安装方法与供料单元中光电式接近开关的安装方法相同，在此不再赘述。

传感器安装时应注意以下几点：

① 磁性开关安装时应注意位置和紧固可靠。

② 光电式接近开关安装时应注意安装位置的调整和接线的颜色。

③ 光电式接近开关的灵敏度调整要适度。

（5）装置侧电气接线及工艺要求　电气接线包括加工单元装置侧各传感器及电磁阀等引线到装置侧接线端口之间的接线。该单元装置侧接线端口的接线端子采用三层端子结构，详见图 0-13。

加工单元装置侧的接线端口上各传感器和电磁阀信号端子的分配见表 2-1。

表 2-1　加工单元装置侧接线端口信号端子的分配

输入端口中间层			输出端口中间层		
端子号	设备符号	信号线	端子号	设备符号	信号线
2	SC1	加工台物料检测	2	3YV	夹紧电磁阀
3	3B1	工件夹紧检测	3	—	—
4	2B2	加工台伸出到位	4	2YV	加工台伸缩电磁阀
5	2B1	加工台缩回到位	5	1YV	冲压电磁阀
6	1B1	加工压头上限			
7	1B2	加工压头下限			
8#～17#端子没有连接			6#～14#端子没有连接		

1）磁性开关的接线。磁性开关为两线式传感器，连线时 5 个磁性开关（3B1、2B2、2B1、1B1、1B2）的棕色线分别与加工单元装置侧输入端口中间层 3、4、5、6、7 号端子（见表 2-1）连接，蓝色线分别与该端口下层相应端子相连。

2）光电式接近开关的接线。光电式接近开关为三线式传感器，连线时光电式接近开关 SC1 的黑色线与加工单元装置侧输入端口中间层 2 号端子（见表 2-1）连接，褐色线与该端口上层相应端子连接，蓝色线与该端口下层相应端子相连。

3）电磁阀的接线。电磁阀对外引出两根线，连线时 3 个电磁阀（3YV、2YV、1YV）的蓝色线分别与加工单元装置侧输出端口中间层 2、4、5 号端子（见表 2-1）连接，红色线分别与该端口上层相应端子连接。

电气接线时的注意事项同学习情境一。

4. 检查调试

1）调整气动部分，检查气路是否正确、气压是否合理、气缸的动作速度是否合理。

2）检查磁性开关的安装位置是否到位，磁性开关工作是否正常。

3）检查各传感器安装是否合理、灵敏度是否合适，确保检测的可靠性。

5. 问题与思考

1）加工单元按上述方法完成装配后，直线导轨的运动依旧不是特别顺畅，应该对加工台及滑动机构组件作何调整？

2）加工单元安装完成后，如果运行时间不长便造成物料夹紧及运动送料部分的直线气缸密封损坏，那么这种情况可能是哪些原因造成的？

四、加工单元的编程与运行

（一）工作任务

本任务只考虑加工单元作为独立设备运行时的情况，按钮指示灯模块上的工作方式选择开关应置于"单站方式"位置。

1. 控制要求

1）初始状态：设备上电和气源接通后，滑动加工台伸缩气缸处于伸出位置，加工台气动手指为松开的状态，冲压气缸处于缩回位置，急停开关没有按下。

若设备在上述初始状态，则"正常工作"指示灯 HL1 常亮，表示设备准备好。否则，该指示灯以 1Hz 频率闪烁。

2）若设备准备好，按下起动按钮，设备起动，"设备运行"指示灯 HL2 常亮。当待加工工件送到加工台上并被检出后，设备执行将工件夹紧，送往加工区域冲压，完成冲压动作后返回待料位置的工件加工工序。如果没有停止信号输入，当再有待加工工件送到加工台上时，加工单元又开始下一周期工作。

3）在工作过程中，若按下停止按钮，加工单元在完成本周期的动作后停止工作，HL2 指示灯熄灭。当急停开关被按下时，本单元所有机构应立即停止运行，HL2 指示灯以 1Hz 频率闪烁。急停解除后，从急停前的断点开始继续运行，HL2 恢复常亮。

2. 要求完成的任务

1）规划 PLC 的 I/O 分配及接线图。

2）进行系统安装接线。

3）编制 PLC 程序。

4）进行调试与运行。

（二）PLC 的 I/O 分配与接线图

1. I/O 分配

加工单元 PLC 的 I/O 信号分配见表 2-2。

表 2-2　加工单元 PLC 的 I/O 信号分配

序号	PLC 输入点	信号名称	信号来源	序号	PLC 输出点	信号名称	信号来源
		输 入 信 号				输 出 信 号	
1	X000	加工台物料检测		1	Y000	夹紧电磁阀	
2	X001	工件夹紧检测		2	Y001	—	
3	X002	加工台伸出到位		3	Y002	加工台伸缩电磁阀	装置侧
4	X003	加工台缩回到位	装置侧	4	Y003	冲压电磁阀	
5	X004	加工压头上限		5	Y004	—	—
6	X005	加工压头下限		6	Y005	—	—
7	X006	—	—	7	Y006	—	
8	X007	—	—	8	Y007	正常工作指示	
9	X010	—	—	9	Y010	设备运行指示	按钮指示灯模块
10	X011	—	—	10	Y011	报警指示	
11	X012	停止按钮					
12	X013	起动按钮	按钮指示灯模块				
13	X014	急停开关					
14	X015	单站/全线转换开关					

2. I/O 接线图

根据加工单元 I/O 信号点数及工作任务的要求，该单元 PLC 选用三菱 FX₃U - 32MR，为 16 点输入和 16 点输出继电器输出型。该单元 I/O 接线图如图 2-11 所示。

（三）PLC 的安装与接线

首先将 PLC 安装在导轨上，然后进行 PLC 侧接线，包括电源接线、PLC 输入/输出端子的接线以及按钮指示灯模块的接线 3 个部分。

在进行 PLC 接线时一定要依据表 2-1 和图 2-11。其接线方法及注意事项同学习情境一。

（四）PLC 程序的编制

加工单元的工作流程与供料单元类似，PLC 上电后应首先进入初始状态检查阶段，确认系统已经准备就绪后，才允许接收起动信号投入运行，但加工单元工作任务中增加了急停功能。为了使急停发生后系统停止工作而状态保持，以便急停复位后能从急停前的断点开始继续运行，可以采用两种方法：一种方法是用条件跳转（CJ）指令实现；另一种方法是用主控指令实现。

1）用条件跳转指令实现急停信号处理的程序如图 2-12 所示。图中，当急停开关动作时，X014 为 OFF，条件跳转指令执行条件满足，程序跳转到指令所指定的指针标号 P1 开始执行。安排在跳转指令后面的步进顺序控制程序段被跳转而不再执行。

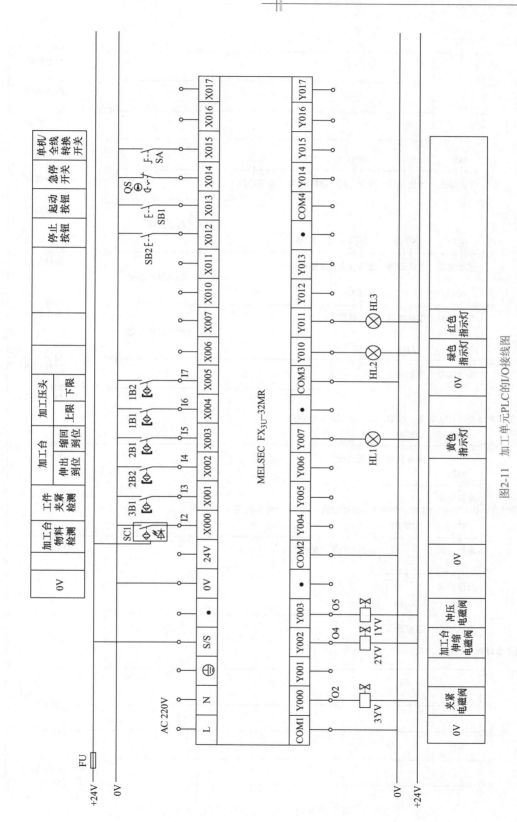

图2-11　加工单元PLC的I/O接线图

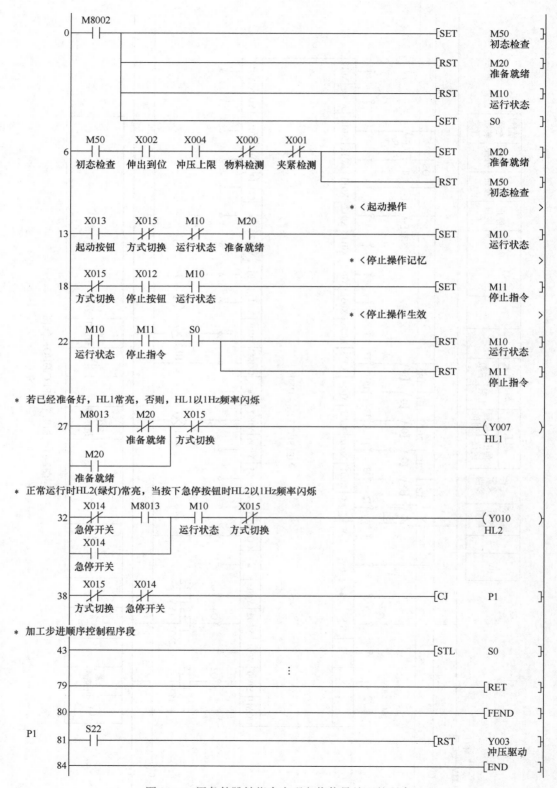

图 2-12　用条件跳转指令实现急停信号处理的程序

由于执行 CJ 指令后，被跳转部分程序将不被扫描，这意味着，跳转前的输出状态（执行结果）将被保留，步进顺序控制程序段的状态将被保持，直到急停开关复位后又继续工作。但需注意的是，如果急停恰好发生在 S22 步，正值冲压头压下，程序跳转后，压下状态将会保持下来，因此需要在 FEND 指令与 END 指令之间增加复位冲压电磁阀的程序部分。

急停开关未动作时，X014 为 ON，程序按顺序执行，直到主程序结束指令 FEND 为止。

2）用主控指令实现急停信号处理的程序如图 2-13 所示，程序主体控制部分放在主控指令中执行，即放在 MC（主控）和 MCR（主控复位）指令间。图中，当急停开关未动作时，X014 为 ON（急停开关使用常闭触点），主控块内的步进顺序控制程序段被执行。反之，当急停开关动作时，X014 为 OFF，主控块内的程序停止执行，但正在活动状态的工步的 S 元件则保持置位状态，顺控内部的元件现状保持的有：积算型定时器、计数器、用置位和复位指令驱动的元件。变成断开的元件有：通用型（非积算）定时器、用 OUT 指令驱动的元件。这样，当急停开关复位后，设备将从急停前的断点开始继续运行。MC、MCR 指令的具体使用方法和其他注意事项请参考 FX_{3U} 系列 PLC 编程手册。

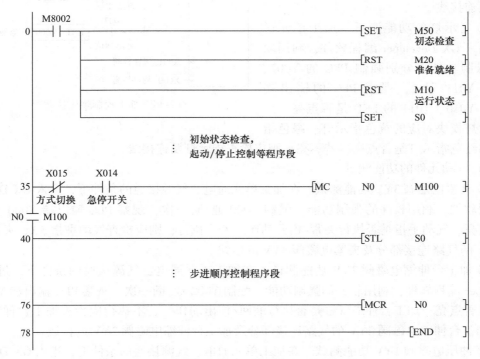

图 2-13 用主控指令实现急停信号处理的程序

程序中加工控制部分的顺序功能图如图 2-14 所示。

（五）调试与运行

1）调整气动部分，检查气路是否正确、气压是否合理、气缸的动作速度是否合理。

2）检查磁性开关的安装位置是否到位、磁性开关工作是否正常。

在加工单元通电、气源接通的条件下，手动控制 1YV、2YV、3YV，使冲压气缸、加工台伸缩气缸、气动手指动作和返回，观察 PLC 输入端 X005、X004、X003、X002、X001 的 LED 是否点亮，若不亮，则应检查磁性开关的安装位置及接线。

3）检查 I/O 接线是否正确。

4）检查光电式接近开关安装是否合理、距离设定是否合适，保证检测的可靠性。

在加工单元通电、气源接通的条件下，模拟加工台物料检测现象，观察 PLC 输入端 X000 的 LED 是否点亮，若不亮，则应检查光电式接近开关的安装位置及接线。

5）按钮/指示灯的功能测试。

① 按钮的功能测试。加工单元接通电源，用手按下停止按钮、起动按钮、急停开关、单机/全线转换开关，观察 PLC 输入端 X012、X013、X014、X015 的 LED 是否点亮，若不亮，则应检查对应的按钮或开关及连接线。

② 指示灯的功能测试。加工单元通电，进入 GX Developer 编程软件，利用软件的强制功能，分别强制 PLC 的 Y007、Y010、Y011 置 1，观察 PLC 的输出端 Y007、Y010、Y011 的 LED 是否点亮，按钮指示灯模块对应的黄色指示灯、绿色指示灯、红色指示灯是否点亮，若不亮，则应检查指示灯及连接线。

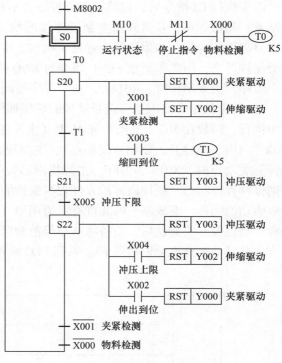

图 2-14　加工控制顺序功能图

6）气动元件的功能测试。

① 夹紧电磁阀 3YV 功能测试。在加工单元通电、气源接通的条件下，进入 GX Developer 编程软件，利用软件的强制功能，强制 Y000 通/断一次，观察 PLC 输出端 Y000 的 LED 是否点亮、气动手指是否执行夹紧/松开动作。若不执行，则应检查气动手指 3A、夹紧电磁阀 3YV 的气路连接部分及夹紧电磁阀 3YV 的接线。

② 加工台伸缩电磁阀 2YV 功能测试。在加工单元通电、气源接通的条件下，进入 GX Developer 编程软件，利用软件的强制功能，强制 Y002 通/断一次，观察 PLC 输出端 Y002 的 LED 是否点亮，加工台伸缩气缸是否执行缩回/伸出动作。若不执行应检查加工台伸缩气缸 2A、加工台伸缩电磁阀 2YV 的气路连接部分及加工台伸缩电磁阀 2YV 的接线。

③ 冲压电磁阀 1YV 功能测试。在加工单元通电、气源接通的条件下，进入 GX Developer 编程软件，利用软件的强制功能，强制 Y003 通/断一次，观察 PLC 输出端 Y003 的 LED 是否点亮，冲压气缸是否执行冲压/缩回动作。若不执行应检查冲压气缸 1A、冲压电磁阀 1YV 的气路连接部分及冲压电磁阀 1YV 的接线。

7）运行程序检查动作是否满足任务要求。在加工台放入工件，将 PLC 置于 RUN 状态，运行程序观察加工单元动作是否满足任务要求。

（六）问题与思考

1）总结检查气动连线与传感器接线、I/O 检测及故障排除的方法。

2）如果用位移位指令实现加工过程的顺序控制，程序应如何编制？

3）如果在加工过程中出现意外情况，应如何处理？

4）思考加工单元可能会出现的问题。

五、任务实施与考核

（一）任务实施

基于加工单元单站运行，要求学生以小组（2~3人）为单位，完成机械部分、传感器、气路等拆装，电气部分接线，PLC程序编制及单元的调试运行。

学生应完成的学习材料要求如下：

1）加工单元拆装与调试工作计划。

2）气动回路原理图。

3）PLC I/O接线图。

4）梯形图。

5）任务实施记录单，见表2-3。

表2-3　任务实施记录单

课 程 名 称		自动化生产线拆装与调试	
学习情境二		加工单元的拆装与调试	
实 施 方 式		学生集中时间独立完成，教师检查指导	
序号	实 施 过 程	出现的问题	解决的方法
实施总结			

班级		组号		姓名	
指导教师签字			日期		

（二）任务考核

填写任务实施考核评价表，见表2-4。

表2-4 任务考核评价表

课程名称			自动化生产线拆装与调试			
学习情境二			加工单元的拆装与调试			
评价项目	内容	配分	要 求	互评	教师评价	综合评价
实施过程	机械部分拆装与调整	20分	能正确使用拆装工具完成机械部分的拆装，机械部分动作顺畅协调，紧固件无松动，辅助件安装到位			
	气路部分拆装与连接	10分	气动系统拆装正确，气动元件安装紧固，气路连接正确，无漏气现象，气缸运行顺畅平稳、动作速度合理			
	电气部分拆装与接线	10分	PLC拆装正确，接线规范整齐，接线符合工艺要求（接线端口的导线应套上标号管，且标注规范，PLC侧所有端子接线必须采用压接方式），接线端子连接牢固，无松动现象，电气接线满足原理图要求			
功能测试	传感器功能测试	5分	磁性开关、光电式接近开关调试能按控制要求正确动作			
	电磁阀功能测试	5分	电磁阀能按控制要求正确动作			
	加工单元运行	10分	初始状态正确，能正确完成加工控制，能正常起动、停止			
团队协作职业素养	分工与配合	5分	任务分配合理，分工明确，配合紧密			
	职业素养	5分	注重安全操作，工具及器件摆放整齐			
任务书及成果清单的填写	任务书	10分	搜集信息，引导问题回答正确			
	工作计划	3分	计划步骤安排合理，时间安排合理			
	材料清单	2分	材料齐全			
	气动回路图	3分	气动回路原理图绘制正确、规范			
	I/O接线图	4分	I/O接线图绘制正确，符号规范			
	梯形图	4分	程序正确			
	调试运行记录单	4分	气动回路调试及整体运行调试过程记录完整、真实			
总评						
班级		姓名		组号		组长签字
指导教师签字				日期		

装配单元的拆装与调试

教学目标	能力目标	1. 会分析装配单元的工作过程 2. 能进行本单元气路的连接及调整 3. 会进行本单元传感器的安装接线，并能正确调试 4. 能进行程序的离线和在线调试 5. 能进行落料机构、回转物料台、装配机械手等机械机构的安装与调整 6. 能在规定时间内完成装配单元的拆装与调整，能根据控制要求完成程序的编制与调试，并能解决安装与调试过程中出现的问题
	知识目标	1. 熟悉装配单元的结构组成及工作过程 2. 掌握气动摆台、导向气缸等气动元件的功能、特性 3. 掌握磁性开关、光电传感器、光纤传感器等传感器的结构、特点及电气接口特性 4. 熟练应用步进指令编制落料控制和装配控制程序 5. 掌握气动摆台摆动控制程序编制
教学重点		气路的调整、传感器的调试、落料控制和装配控制程序的编制
教 学 难 点		传感器的调试、控制程序的编制与调试运行
教学方法、手段建议		采用项目教学法、任务驱动法、理实一体化教学法等开展教学，在教学过程中，教师讲授与学生讨论相结合，传统教学与信息化技术相结合，充分利用云课堂教学平台、微课等教学手段，将教室与实训室有机融合，引导学生做中学、学中做，教、学、做合一
参 考 学 时		10 学时

一、装配单元的组成及工作过程

装配单元的功能是将该单元料仓内的金属、塑料黑色或白色小圆柱芯体嵌入到放置在装配台料斗的待装配工件中。

装配单元主要由管形料仓、落料机构、回转物料台、装配机械手、装配台料斗、气动系统及电磁阀组、传感器、警示灯、接线端口、用于其他机构安装的铝型材支架、PLC 模块、按钮指示灯模块等组成。其装置侧机械装配图如图 3-1 所示。

1. 管形料仓

管形料仓用来存储装配用的金属、塑料黑色或白色小圆柱芯体。它由塑料圆管和中空底

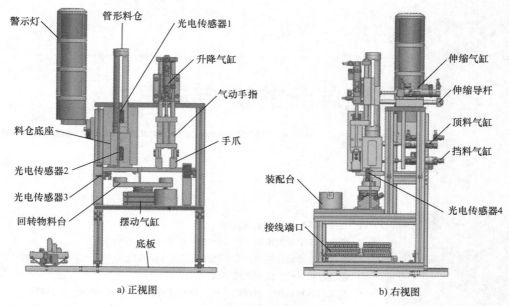

a) 正视图   b) 右视图

图 3-1　装配单元机械装配图

座构成。塑料圆管顶端放置加强金属环，以防止破损。芯体竖直放入料仓的空心圆管内，由于二者之间有一定的间隙，芯体能在重力作用下自由下落。

为了能在料仓供料不足和缺料时报警，在塑料圆管底部和底座处分别安装了两个漫反射式光电传感器（即前文漫反射式光电式接近开关）（CX－441 型），并在料仓塑料圆管上纵向铣槽，以使光电传感器的红外光斑能可靠照射到被检测的物料上，如图 3-2 所示。光电传感器的距离调节方式应以 BGS 方式为宜。

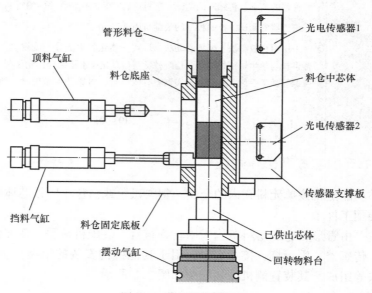

图 3-2　落料机构剖视图

2. 落料机构

图 3-2 给出了落料机构剖视图。图中，料仓底座的背面安装了两个直线气缸。上面的气缸称为顶料气缸，下面的气缸称为挡料气缸。

系统气源接通后，顶料气缸的初始位置在缩回状态，挡料气缸的初始位置在伸出状态。这样，当从料仓上面放下芯体时，芯体将被挡料气缸活塞杆终端的挡块阻挡而不能再下落。

需要进行落料操作时，首先使顶料气缸伸出，把次下层的芯体压紧，然后挡料气缸缩回，芯体掉入回转物料台的料盘中。之后挡料气缸复位伸出，顶料气缸缩回，次下层芯体跌落到挡料气缸终端挡块上，为再一次供料做准备。

3. 回转物料台

该机构由气动摆台（摆动气缸）和两个料盘组成，气动摆台能驱动料盘旋转 180°，从而把从供料机构落入料盘的芯体移动到装配机械手正下方，如图 3-3 所示。图中的光电传感器 3 和光电传感器 4 分别用来检测左料盘和右料盘是否有芯体。两个光电传感器均选用 CX－441 型。

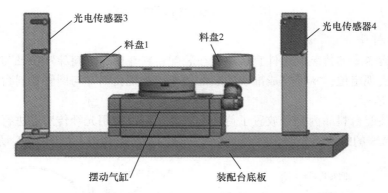

图 3-3　回转物料台的结构

4. 装配机械手

装配机械手是整个装配单元的核心。当装配机械手正下方的回转物料台料盘上有小圆柱芯体，且装配台料斗侧面的光纤传感器检测到装配台料斗有待装配工件时，装置机械手从初始状态开始执行装配操作过程。

装配机械手装置是一个三维运动的机构，主要由水平方向移动和竖直方向移动的两个导向气缸和气动手指组成，其结构组成如图 3-4 所示。

装配机械手的运行过程如下：PLC 驱动与升降气缸相连的电磁换向阀动作，由升降气缸驱动气动手指向下移动，到位后，气动手指驱动手爪夹紧物料，并将夹紧信号通过磁性开关传送给 PLC，在 PLC 控制下，升降气缸复位，被夹紧的物料随气动手指一并提起，离开回转物料台的右料盘，当提升到最高位后，伸缩气缸在与之对应的电磁换向阀的驱动下，活塞杆伸出，移动到气缸前端位置后，升降气缸再次被驱动下移，移动到最下端位置，气动手指松开，经短暂延时，升降气缸提升到位后伸缩气缸缩回，机械手恢复至初始状态。

在整个机械手动作过程中，除气动手指松开到位无传感器检测外，其余动作的到位信号检测均采用与气缸配套的磁性开关，将采集到的信号传给 PLC，由 PLC 输出信号驱动电磁阀换向，使由气缸及气动手指组成的装配机械手按工艺要求自动运行。

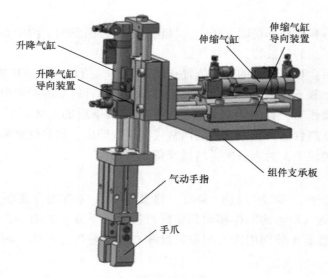

图 3-4　装配机械手结构组成

5. 装配台料斗

输送单元运送来的待装配工件直接放置在装配台料斗中，由料斗定位孔与工件之间的较小的间隙配合实现定位，从而完成准确的装配动作。装配台料斗与回转物料台组件共用支承板，如图 3-5a 所示。

为了确定装配台料斗内是否放置了待装配工件，可以使用光纤传感器进行检测。料斗的侧面开了一个 M6 的螺孔，光纤传感器的光纤头就固定在螺孔内，如图 3-5b 所示。

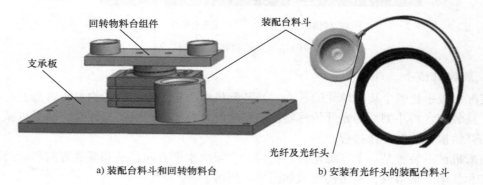

a) 装配台料斗和回转物料台　　　　　　b) 安装有光纤头的装配台料斗

图 3-5　装配台料斗

6. 电磁阀组

装配单元电磁阀组由 6 个单电控二位五通电磁换向阀组成，如图 3-6 所示，这些电磁换向阀分别对落料、位置变换和装配动作的气路进行控制，以改变各自动作状态。

7. 警示灯

本工作单元上安装有红、橙、绿三色警示灯，起警示作用。警示灯有五根引出线，其中黄绿交叉线为"地线"；红色线为红色灯控制线；黄色线为橙色灯控制线；绿色线为绿色灯控制线；黑色线为信号灯公共控制线。接线如图 3-7 所示。

图 3-6 装配单元的电磁阀组

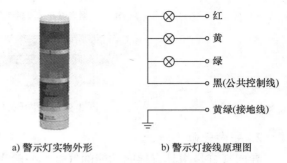

a) 警示灯实物外形   b) 警示灯接线原理图

图 3-7 警示灯及其接线

二、知识链接

（一）装配单元的气动元件

装配单元使用的气动元件包括标准直线气缸、气动手指、气动摆台和导向气缸，前两个元件在供料单元和加工单元中已叙述，下面只介绍气动摆台和导向气缸。

1. 气动摆台

回转物料台的主要器件是气动摆台，它是由直线气缸驱动齿轮齿条实现回转运动，回转角度能在 0～90°和 0～180°之间任意可调，而且可以安装磁性开关，检测旋转到位信号，多用于方向和位置需要变换的机构，如图 3-8 所示。

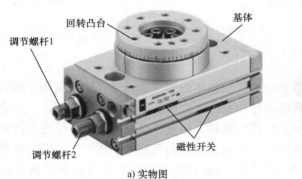

a) 实物图   b) 工作原理示意图

图 3-8 气动摆台

本单元气动摆台的摆动回转角度能在 0～180°范围内任意可调。当需要调节回转角度或调整摆动位置精度时，应首先松开调节螺杆上的反螺纹螺母，通过旋入和旋出调节螺杆，从而改变回转凸台的回转角度，调节螺杆 1 和调节螺杆 2 分别用于左旋和右旋角度的调整。当调整好回转角度后，应将反螺纹螺母与基体反螺纹锁紧，防止调节螺杆松动，造成回转精度降低。

回转到位的信号是通过调整气动摆台滑轨内的两个磁性开关的位置实现的。图 3-9 是调整磁性开关位置的示意图。磁性开关安装在气缸体的滑轨内，松开磁性开关的紧定螺钉，磁性开关就可以沿着滑轨左右移动。确定开关位置后，旋紧紧定螺钉，即可完成位置的调整。

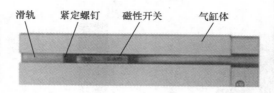

图 3-9　磁性开关位置调整示意图

2. 导向气缸

导向气缸是指具有导向功能的气缸,一般为标准气缸和导向装置的集合体。导向气缸具有导向精度高、抗扭转能力强、承载能力强、工作平稳等特点。装配单元用于驱动装配机械手水平方向移动的导向气缸外形如图 3-10 所示。该气缸由直线气缸带双导杆和其他附件组成。

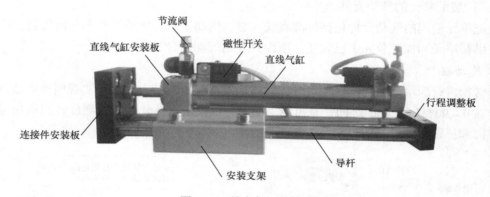

图 3-10　导向气缸的构成

安装支架用于导杆导向件的安装和导向气缸整体的固定。连接件安装板用于固定其他需要连接到该导向气缸上的物件,并将两导杆和直线气缸活塞杆的相对位置固定,当直线气缸的一端接通压缩空气后,活塞被驱动进行直线运动,活塞杆也一起移动,被连接件安装板固定到一起的两导杆也随活塞杆伸出或缩回,从而实现导向气缸的整体功能。安装在导杆末端的行程调整板用于调整气缸导杆的伸出行程。具体调整方法是松开行程调整板上的紧定螺钉,让行程调整板在导杆上移动,当达到理想的伸出距离以后,再完全锁紧紧定螺钉,完成行程的调节。

3. 气动控制回路原理图

装配单元的气动系统主要由气源、气动汇流排、气缸、单电控二位五通电磁换向阀、单向节流阀、消声器、快速接头和气管等组成,它们的主要作用是完成芯体的落料、芯体抓取及工件装配。

装配单元气动控制回路原理图如图 3-11 所示。图中,1A～6A 分别为顶料气缸、挡料气缸、伸缩气缸、升降气缸、摆动气缸、气动手指。1B1、1B2 为安装在顶料气缸上两个工作位置检测的磁性开关;2B1、2B2 为安装在挡料气缸上两个工作位置检测的磁性开关;3B1、3B2 为安装在伸缩气缸上两个位置检测的磁性开关;4B1、4B2 为安装在升降气缸上两个工作位置检测的磁性开关;5B1、5B2 为安装在摆动气缸上两个工作位置检测的磁性开关;

6B1 为安装在气动手指上极限位置检测的磁性开关。1YV ~ 6YV 分别为控制顶料气缸、挡料气缸、伸缩气缸、升降气缸、摆动气缸、气动手指的单电控二位五通单向电磁换向阀。在进行气路连接时，要注意各气缸的初始位置，其中，挡料气缸在伸出位置，升降气缸在提起位置。

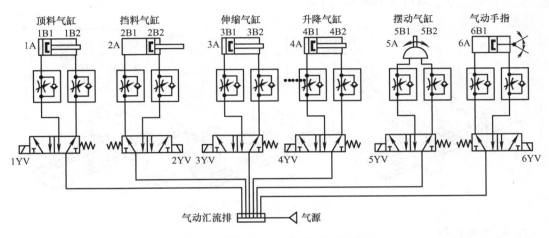

图 3-11　装配单元气动控制回路原理图

（二）光纤传感器

光纤传感器也属于光电传感器，它是把投光器（光发射器）发出的光线用光纤维引导到检测点，再把检测到的光信号用光纤维引导到受光器（光接收器）来实现检测的。光纤传感器由光纤检测头（简称光纤头）、光纤放大器两部分组成。光纤放大器和光纤检测头是分离的两个部分，光纤检测头的尾端部分分成两条光纤，使用时分别插入光纤放大器的两个光纤孔。

光纤传感器的工作原理如图 3-12 所示。投光器和受光器均在光纤放大器内，投光器发出的光线通过一条光纤内部从端面（光纤头）以约 60°的角度扩散，照射到检测物体上；同样，反射回来的光线通过另一条光纤的内部回送到受光器。光纤传感器由于检测部分（光纤）中完全没有电气部分，所以抗干扰等环境耐受性良好，并且光纤头可安装在空间很小的地方，具有传输距离远、使用寿命长等优点。

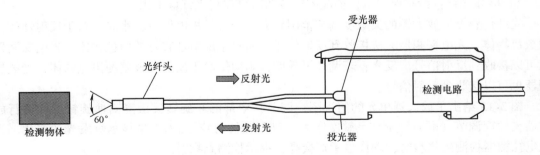

图 3-12　光纤传感器工作原理

光纤传感器是精密器件，使用时必须注意它的安装和拆卸方法。下面以 YL‑335B 装置上使用的 E3Z‑NA11 型光纤传感器（欧姆龙公司产）的装卸过程为例说明。

1. 放大器单元的安装和拆卸

图 3‑13 给出 E3Z‑NA11 的放大器安装过程。拆卸时，以相反的过程进行。注意，在连接了光纤的状态下，不可从 DIN 导轨上拆卸。

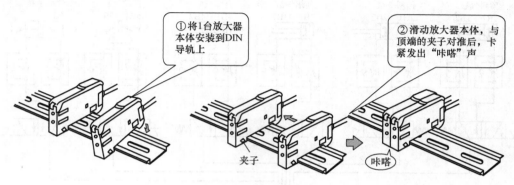

①将1台放大器本体安装到DIN导轨上

②滑动放大器本体，与顶端的夹子对准后，卡紧发出"咔嗒"声

夹子　咔嗒

图 3‑13　E3Z‑NA11 的放大器安装过程

2. 光纤的装卸

进行连接或拆下的时候，注意一定要切断电源。然后按下面方法进行装卸，有关安装部位如图 3‑14 所示。

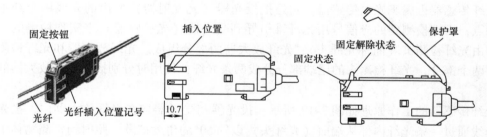

固定按钮　　插入位置　　　保护罩

固定解除状态

光纤　光纤插入位置记号　10.7　固定状态

图 3‑14　光纤的装卸示意图

1）安装光纤：抬高保护罩，提起固定按钮，将光纤顺着放大器单元侧面的光纤插入位置记号插入，然后放下固定按钮。

2）拆卸光纤：抬高保护罩，提起固定按钮时可以将光纤取下来。

光纤传感器的放大器的灵敏度调节范围较大。当其灵敏度调得较小时，对于反射性较差的黑色物体，光电探测器无法接收到反射信号；而对于反射性较好的白色物体，光电探测器就可以接收到反射信号。反之，若调高灵敏度，则即使对于反射性较差的黑色物体，光电探测器也可以接收到反射信号。

图 3‑15 给出了放大器单元的俯视图，调节其中部的 8 旋转灵敏度高速旋钮就能进行放大器灵敏度调节（顺时针旋转灵敏度增大）。调节时，会看到入光量显示灯发光的变化。当光电探测器检测到物料时，动作显示灯会亮，提示检测到物料。

E3Z‑NA11 型光纤传感器电路框图如图 3‑16 所示，接线时请注意根据导线颜色判断电源极性和信号输出线，切勿把信号输出线直接连接到电源 +24V 端。

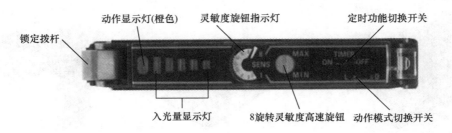

图 3-15　光纤传感器放大器单元的俯视图

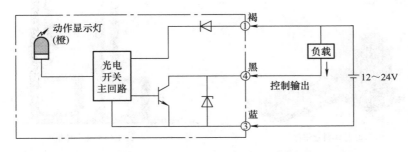

图 3-16　E3Z－NA11 型光纤传感器电路框图

三、装配单元的拆装

1. 任务目标

1）将装配单元的机械部分拆开成组件和零件的形式，学会正确使用拆装工具。

2）将组件和零件组装成原样。掌握装配单元的正确安装步骤和方法。

3）学会机械部分的装配、气路的连接与调整及电气接线。

2. 装配单元装置侧的拆卸

1）松开底板紧固螺钉，拆下总进气气管，将装配单元搬离设备到拆装工作台。

2）拆卸气路、电磁阀组。

3）依次拆卸接线端子及端子上的导线、端子卡座、线槽、底座等。

4）将装配单元机械部分拆成组件。

5）将各组件拆成散件，并将拆卸下的零配件整理整齐。

3. 安装步骤和方法

（1）机械部分安装　装配单元是整个 YL－335B 中包含气动元件较多、结构较为复杂的单元，为了减小安装的难度和提高安装时的效率，在装配前应认真分析其结构组成和工作过程，认真观看装配视频，参考他人的装配工艺，认真思考，做好记录。按照"零件—组件—组装"的思路，首先将各个零件装配成组件，然后进行组装，所装配成的组件包括芯体落料组件、回转机构及装配台组件、装配机械手组件、芯体料仓组件、工作单元支撑组件，如图 3-17 所示。

在完成以上组件的装配后，按表 3-1 的顺序进行总装。

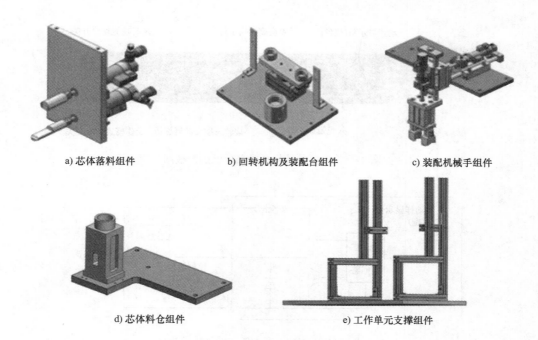

a) 芯体落料组件　　　　　b) 回转机构及装配台组件　　　　　c) 装配机械手组件

d) 芯体料仓组件　　　　　　　　　　e) 工作单元支撑组件

图 3-17　装配单元装配过程组件

表 3-1　装配单元装配过程

安 装 步 骤	安装效果图
把回转机构及装配台组件安装到工作单元支撑组件上	
安装芯体料仓组件	

（续）

安 装 步 骤	安装效果图
安装芯体落料组件和装配机械手支承板	
安装装配机械手组件	

最后，插上管形料仓，安装电磁阀组、警示灯及传感器等，从而完成机械部分装配。

机械部分安装时应注意以下几点：

① 装配时要注意气动摆台的初始位置，以免装配完后摆动回转角度不到位。

② 预留螺母的放置一定要足够，以免造成组件之间不能完成安装。

③ 建议先进行装配，但不要一次拧紧各固定螺栓，待相互位置基本确定后，再依次进行调整固定。

④ 装配工作完成后，尚须做进一步的校验和调整，例如再次校验摆动气缸初始位置和摆动回转角度；校验和调整机械手竖直方向移动的行程调节螺栓，使之在下限位位置能可靠抓取芯体；调整水平方向移动的行程调节螺栓，使之能准确移动到装配台正上方进行装配工作。

（2）气动元件（气路）连接 气动元件连接的方法同学习情境一，气路系统安装时的注意事项同学习情境二。

另外，气管系统安装完毕后应注意 6 个气缸的初始位置，位置不对时应按图 3-11 进行调整。

（3）气路调试 装配单元气路系统的调试主要是针对气动元件的运行情况进行的，其调试方法是通过手动控制单电控电磁换向阀，观察各气动元件的动作情况。气动元件运行过程中检查各管路的连接处是否有漏气现象，是否存在气管不畅通现象。同时，通过对各单向节流阀的调整来获得稳定的气动元件运行速度。

（4）传感器的安装

1）磁性开关的安装。装配单元有 6 个气动元件，即顶料气缸、挡料气缸、摆动气缸、气动手指、升降气缸、伸缩气缸，共用了 11 个磁性开关作为气动元件的极限位置检测元件。磁性开关的安装方法与供料单元中磁性开关的安装方法相同，在此不再赘述。

2）光电传感器的安装。装配单元中光电传感器主要用于小芯体是否不足和有无检测以及左右料盘芯体检测。光电传感器的安装方法与供料单元中光电传感器的安装方法相同，在此不再赘述。

3）光纤传感器的安装。装配单元中光纤传感器主要用于装配料台上工件有无检测。它能识别不同颜色的工件（白色、黑色工件），并判断装配台是否有工件存在。光纤传感器的安装方法是将光纤传感器的光纤头固定在装配台料斗侧面的螺孔内，然后将光纤传感器本体安装在 DIN 导轨上，抬高本体保护罩，提起固定按钮，将光纤顺着放大器单元侧面的光纤插入位置记号插入，然后放下固定按钮。

传感器安装时的注意事项同学习情境二。

（5）装置侧电气接线及工艺要求　电气接线包括装配单元装置侧各传感器、电磁阀等引线到装置侧接线端口之间的接线。该单元装置侧接线端口的接线端子采用三层端子结构，详见图 0-13。

装配单元装置侧的接线端口上各传感器和电磁阀信号端子的分配见表 3-2。

表 3-2　装配单元装置侧接线端口信号端子的分配

输入端口中间层			输出端口中间层		
端子号	设备符号	信号线	端子号	设备符号	信号线
2	SC1	芯体不足检测	2	2YV	挡料电磁阀
3	SC2	芯体有无检测	3	1YV	顶料电磁阀
4	SC3	左料盘芯体检测	4	5YV	回转电磁阀
5	SC4	右料盘芯体检测	5	6YV	手爪夹紧电磁阀
6	SC5	装配台工件检测	6	4YV	手爪升降电磁阀
7	1B2	顶料到位检测	7	3YV	手爪伸缩电磁阀
8	1B1	顶料复位检测	8		
9	2B2	挡料状态检测	9		
10	2B1	落料状态检测	10	AL1	红色警示灯
11	5B1	摆动气缸左限检测	11	AL2	橙色警示灯
12	5B2	摆动气缸右限检测	12	AL3	绿色警示灯
13	6B1	手爪夹紧检测	13		
14	4B2	手爪下降到位检测	14		
15	4B1	手爪上升到位检测			
16	3B1	手爪缩回到位检测			
17	3B2	手爪伸出到位检测			

1）磁性开关的接线。磁性开关为两线式传感器，连线时 11 个磁性开关（1B2、1B1、2B2、2B1、5B1、5B2、6B1、4B2、4B1、3B1、3B2）的棕色线分别与装配单元装置侧输入端口中间层 7、8、9、10、11、12、13、14、15、16、17 号端子（见表 3-2）连接，蓝色线分别与该端口下层相应端子连接。

2）光电传感器的接线。光电传感器为三线式传感器，连线时 4 个光电传感器（SC1、

SC2、SC3、SC4）的黑色线分别与装配单元装置侧输入端口中间层 2、3、4、5 号端子（见表 3-2）连接，褐色线分别与该端口上层相应端子连接，蓝色线分别与该端口下层相应端子连接。

3）光纤传感器的接线。光纤传感器也是三线式传感器，连线时 SC5 的黑色线与装配单元装置侧输入端口中间层 6 号端子（见表 3-2）连接，褐色线与该端口上层相应端子连接，蓝色线与该端口下层相应端子相连。

4）电磁阀的接线。电磁阀对外引出两根线，连线时 6 个电磁阀（2YV、1YV、5YV、6YV、4YV、3YV）的蓝色线分别与装配单元装置侧输出端口中间层 2、3、4、5、6、7 号端子（见表 3-2）连接，红色线分别与该端口上层相应端子连接。

5）警示灯的接线。警示灯对外引出五根线（其中黄绿交叉线为"地线"没有使用），连线时红色线、黄色线、绿色线分别与装配单元装置侧输出端口中间层 10、11、12 号端子（见表 3-2）连接；黑色线与该端口上层 8 号端子连接。

电气接线时的注意事项同学习情境一。

4. 检查调试

检查与调试同学习情境二。工艺要求与供料单元相同。

四、装配单元的编程与运行

（一）工作任务

本任务只考虑装配单元作为独立设备运行时的情况，按钮指示灯模块上的工作方式选择开关应置于"单站方式"位置。

1. 控制要求

1）装配单元各气缸的初始位置为：挡料气缸处于伸出状态，顶料气缸处于缩回状态，料仓上已经有足够的小圆柱芯体；装配机械手的升降气缸处于提升（缩回）状态，伸缩气缸处于缩回状态，气动手指处于松开状态。

设备上电和气源接通后，若各气缸满足初始位置要求，且料仓上已经有足够的小圆柱芯体，工件装配台上没有待装配工件，则"正常工作"指示灯 HL1 常亮，表示设备准备好。否则，该指示灯以 1Hz 的频率闪烁。

2）若设备准备好，按下起动按钮，装配单元起动，"设备运行"指示灯 HL2 常亮。如果回转物料台上的左料盘内没有小圆柱芯体，则执行下料操作；如果左料盘内有芯体，而右料盘内没有芯体，则执行回转物料台回转操作。

3）如果回转物料台上的右料盘内有小圆柱芯体且装配台上有待装配工件，则执行装配机械手抓取小圆柱芯体，放入待装配工件中的操作。

4）完成装配任务后，装配机械手应返回初始位置，等待下一次装配。

5）若在运行过程中按下停止按钮，则落料机构应立即停止落料，在装配条件满足的情况下，装配单元在完成本次装配后停止工作。

6）在运行中发生"芯体不足"报警时，指示灯 HL3 以 1Hz 的频率闪烁，HL1 和 HL2 灯常亮；在运行中发生"芯体没有"报警时，指示灯 HL3 以亮 1s、灭 0.5s 的方式闪烁，HL2 熄灭，HL1 常亮。

2. 要求完成的任务

1）规划 PLC 的 I/O 分配及接线图。

2）进行系统安装接线和气路连接。

3）编制 PLC 程序。

4）进行调试与运行。

（二）PLC 的 I/O 分配与接线图

1. I/O 分配

装配单元 PLC 的 I/O 信号分配见表3-3。

表3-3 装配单元 PLC 的 I/O 信号分配

输入信号				输出信号			
序号	PLC 输入点	信号名称	信号来源	序号	PLC 输出点	信号名称	信号来源
1	X000	芯体不足检测	装置侧	1	Y000	挡料电磁阀	装置侧
2	X001	芯体有无检测		2	Y001	顶料电磁阀	
3	X002	左料盘芯体检测		3	Y002	回转电磁阀	
4	X003	右料盘芯体检测		4	Y003	手爪夹紧电磁阀	
5	X004	装配台工件检测		5	Y004	手爪升降电磁阀	
6	X005	顶料到位检测		6	Y005	手爪伸缩电磁阀	
7	X006	顶料复位检测		7	Y006		
8	X007	挡料状态检测		8	Y007		
9	X010	落料状态检测		9	Y010	红色警示灯	
10	X011	摆动气缸左限检测		10	Y011	橙色警示灯	
11	X012	摆动气缸右限检测		11	Y012	绿色警示灯	
12	X013	手爪夹紧检测		12	Y013		
13	X014	手爪下降到位检测		13	Y014		
14	X015	手爪上升到位检测		14	Y015	正常工作指示	按钮指示灯模块
15	X016	手爪缩回到位检测		15	Y016	设备运行指示	
16	X017	手爪伸出到位检测		16	Y017	报警指示	
17	X020						
18	X021						
19	X022						
20	X023						
21	X024	停止按钮	按钮指示灯模块				
22	X025	起动按钮					
23	X026	急停开关					
24	X027	单机/全线转换开关					

说明：警示灯用来指示 YL-335B 整体运行时的工作状态，本工作任务是装配单元单独运行，没有要求使用警示灯，可以不连接到 PLC 上。

2. I/O 接线图

根据装配单元 I/O 信号点数及工作任务的要求，该单元 PLC 选用三菱 FX₃U-48MR，为24 点输入和24 点输出继电器输出型。该单元 I/O 接线图如图 3-18 所示。

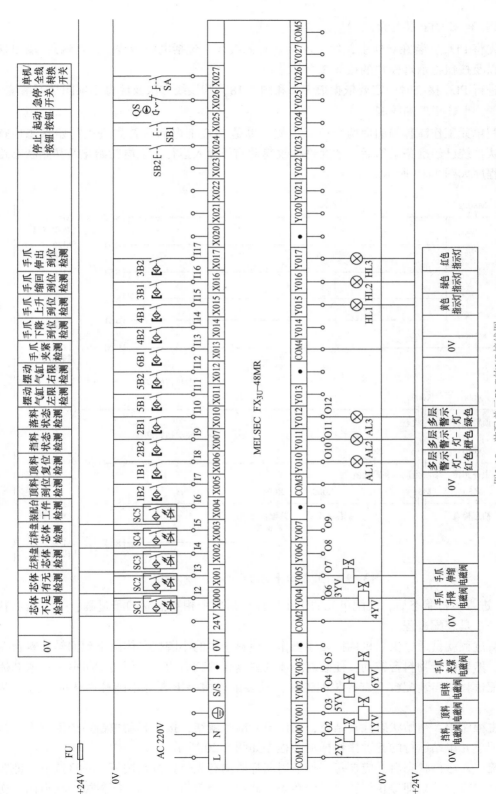

图3-18　装配单元PLC的I/O接线图

（三）PLC 的安装与接线

首先将 PLC 安装在导轨上，然后进行 PLC 侧接线，包括电源接线、PLC 输入/输出端子的接线以及按钮指示灯模块的接线 3 个部分。

在进行 PLC 接线时一定要依据表 3-2 和图 3-18，其接线方法及注意事项同学习情境一。

（四）PLC 程序的编制

装配单元工作流程与前面两个单元类似，也是 PLC 上电后应首先进入初始状态检查阶段，确认系统已经准备就绪后，才允许接收起动信号投入运行。上电初始化及初始状态检查部分的程序如图 3-19 所示。

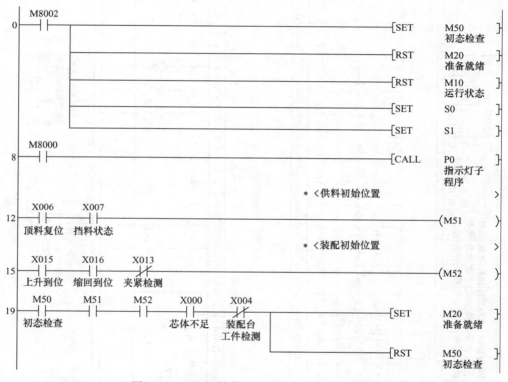

图 3-19　上电初始化及初始状态检查部分程序

1）进入运行状态后，装配单元的工作过程包括两个相互独立的子过程：一个是供料过程；另一个是装配过程。

供料过程就是通过供料机构按顺序操作，使料仓中的小圆柱芯体落下到回转物料台左边料盘上，然后回转物料台转动，使装有芯体的料盘转移到右边，以便装配机械手抓取芯体。

装配过程是当装配台上有待装配工件，且装配机械手下方有小圆柱芯体时，进行装配操作。

在主程序中，初始状态检查结束，确认单元准备就绪，按下起动按钮系统即进入运行状态。装配单元单站运行的起动操作梯形图程序如图 3-20 所示。

系统进入运行状态后，应在每一扫描周期都监测有无停止按钮按下，一旦按下，即置位停止信号 M11，并立即停止回转物料台转动。此后，当落料机构和装配机械手均返回到初始

图 3-20　装配单元单站运行的起动操作梯形图程序

位置时，才能退出步进顺控过程，然后复位运行状态标志和停止信号。停止运行的梯形图程序如图 3-21 所示。

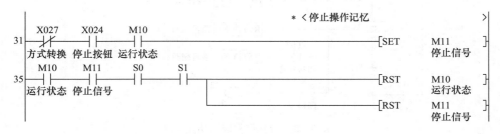

图 3-21　停止运行的梯形图程序

2）供料过程包含两个互相联锁的过程，即落料过程和回转物料台转动、料盘转移的过程。在小圆柱芯体从料仓下落到左料盘的过程中，禁止回转物料台转动；反之，在回转物料台转动过程中，禁止打开料仓（挡料气缸缩回）落料。实现联锁的方法是：

① 当回转物料台的左限位或右限位磁性开关动作并且左料盘没有芯体时，经延时确认后，开始落料过程，这是一个单循环的步进顺序控制过程，下面只给出其初始步梯形图程序，以着重说明互锁的实现，其余步从略，如图 3-22 所示。落料过程顺序功能图如图 3-23 所示。

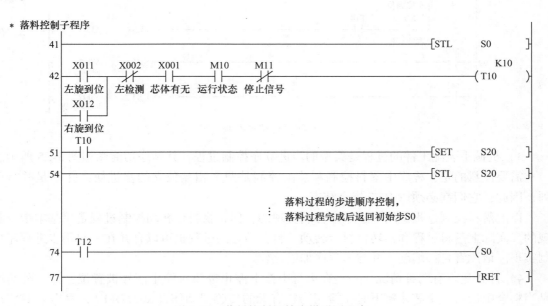

图 3-22　落料控制初始步梯形图程序

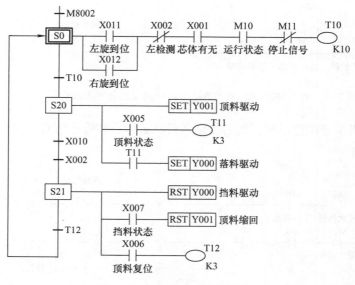

图 3-23　落料过程顺序功能图

② 当挡料气缸伸出到位使料仓关闭、左料盘有料而右料盘无料时，经延时确认后，开始回转物料台转动，直到达到限位位置。回转物料台转动控制梯形图程序如图 3-24 所示。

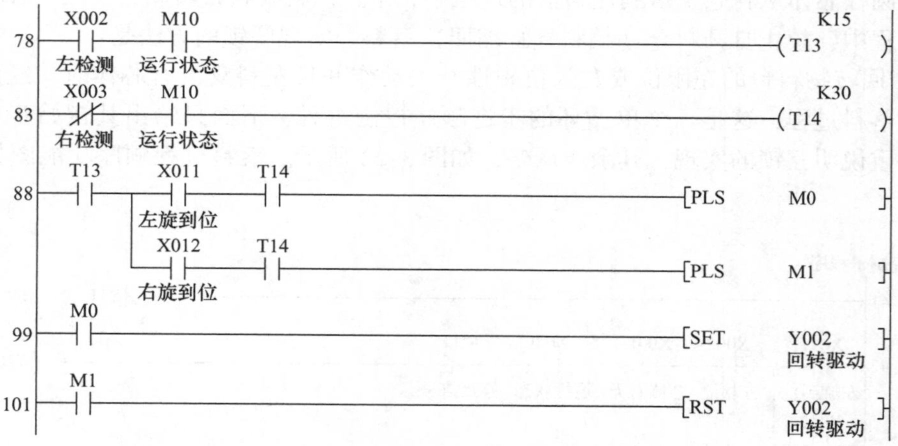

图 3-24　回转物料台转动控制梯形图程序

3）机械手装配工件的过程是典型的步进顺序控制过程，其顺序功能图如图 3-25 所示。

需要注意的是，程序中落料控制和装配控制是两个相互独立的步进块，并不是并行序列，因此，它们都必须以 RET 指令结束。

以上落料控制过程是用步进顺序控制实现的，回转物料台转动控制过程是用基本指令实现的。实际上落料过程和回转物料台转动、料盘转移的过程也可以合并在一起用步进顺序控制实现。请读者自行编制，并与本程序加以比较。

4）停止运行有两种情况。一是在运行中按下停止按钮，停止信号被置位；另一种情况是当料仓中最后一个芯体落下时，检测物料有无的传感器动作（X001 OFF），发出"芯体没有"报警。

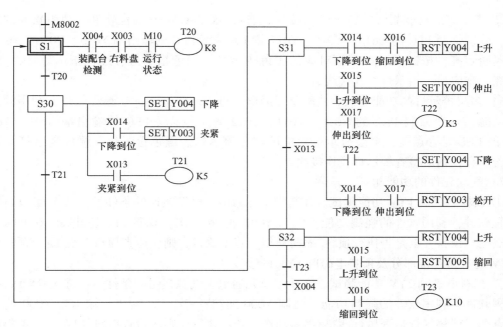

图 3-25　机械手装配工件过程顺序功能图

对于供料过程的落料控制，上述两种情况均应在料仓关闭、顶料气缸复位到位即返回到初始步后停止下次落料，并复位落料初始步。但对于回转物料台转动控制，一旦停止信号发出，则应立即停止回转物料台转动。

对于装配控制，上述两种情况也应在一次装配完成、装配机械手返回到初始位置后停止。

仅当落料机构和装配机械手均返回到初始位置时，才能复位运行状态标志和停止信号。停止运行的操作应在主程序中编制。

（五）调试与运行

1）调整气动部分，检查气路是否正确、气压是否合理、气缸的动作速度是否合理。

2）检查磁性开关的安装位置是否到位、磁性开关工作是否正常。

在装配单元通电、气源接通的条件下，手动控制 1YV、2YV、3YV、4YV、5YV、6YV，使顶料气缸、挡料气缸、伸缩气缸、升降气缸、摆动气缸、气动手指动作和返回，观察 PLC 输入端 X005、X006、X010、X007、X017、X016、X014、X015、X011、X012、X013 的 LED 是否点亮，若不亮应检查磁性开关的安装位置及接线。

3）检查 I/O 接线是否正确。

4）检查光电传感器和光纤传感器安装是否合理、距离设定是否合适，保证检测的可靠性。

在装配单元通电、接通气源的条件下，模拟芯体不足检测、芯体有无检测、左料盘芯体检测、右料盘芯体检测、装配台工件检测等现象，观察 PLC 输入端 X000、X001、X002、X003、X004 的 LED 是否点亮，若不亮，则应检查光电传感器或光纤传感器的安装位置及接线。

5）按钮/指示灯的功能测试。

① 按钮的功能测试。装配单元接通电源，用手按下停止按钮、起动按钮、急停开关、单机/全线转换开关，观察 PLC 输入端 X024、X025、X026、X027 的 LED 是否点亮，若不亮，则应检查对应的按钮或开关及连接线。

② 指示灯的功能测试。装配单元通电,进入 GX Developer 编程软件,利用软件的强制功能,分别强制 PLC 的 Y015、Y016、Y017 置 1,观察 PLC 的输出端 Y015、Y016、Y017 的 LED 是否点亮,按钮指示灯模块对应的黄色指示灯、绿色指示灯、红色指示灯是否点亮,若不亮,则应检查指示灯及连接线。

6) 多层警示灯的功能测试。装配单元通电,进入 GX Developer 编程软件,利用软件的强制功能,分别强制 PLC 的 Y010、Y011、Y012 置 1,观察 PLC 的输出端 Y010、Y011、Y012 的 LED 是否点亮,多层警示灯对应的红色警示灯、橙色警示灯、绿色警示灯是否点亮,若不亮,则应检查警示灯及连接线。

7) 气动元件的功能测试。

① 顶料电磁阀 1YV 功能测试。在装配单元通电、气源接通的条件下,进入 GX Developer 编程软件,利用软件的强制功能,强制 Y001 通/断一次,观察 PLC 输出端 Y001 的 LED 是否点亮、顶料气缸是否执行顶料/缩回动作。若不执行,则应检查顶料气缸 1A、顶料电磁阀 1YV 的气路连接部分及顶料电磁阀 1YV 的接线。

② 挡料电磁阀 2YV 功能测试。在装配单元通电、气源接通的条件下,进入 GX Developer 编程软件,利用软件的强制功能,强制 Y000 通/断一次,观察 PLC 输出端 Y000 的 LED 是否点亮、挡料气缸是否执行落料/挡料动作。若不执行,则应检查挡料气缸 2A、挡料电磁阀 2YV 的气路连接部分及挡料电磁阀 2YV 的接线。

③ 手爪伸缩电磁阀 3YV 功能测试。在装配单元通电、气源接通的条件下,进入 GX Developer 编程软件,利用软件的强制功能,强制 Y005 通/断一次,观察 PLC 输出端 Y005 的 LED 是否点亮、伸缩气缸是否执行伸出/缩回动作。若不执行,则应检查伸缩气缸 3A、手爪伸缩电磁阀 3YV 的气路连接部分及手爪伸缩电磁阀 3YV 的接线。

④ 手爪升降电磁阀 4YV 功能测试。在装配单元通电、气源接通的条件下,进入 GX Developer 编程软件,利用软件的强制功能,强制 Y004 通/断一次,观察 PLC 输出端 Y004 的 LED 是否点亮、升降气缸是否执行下降/上升动作。若不执行,则应检查升降气缸 4A、手爪升降电磁阀 4YV 的气路连接部分及手爪升降电磁阀 4YV 的接线。

⑤ 回转电磁阀 5YV 功能测试。在装配单元通电、气源接通的条件下,进入 GX Developer 编程软件,利用软件的强制功能,强制 Y002 通/断一次,观察 PLC 输出端 Y002 的 LED 是否点亮、摆动气缸是否执行左旋/右旋动作。若不执行,则应检查摆动气缸 5A、回转电磁阀 5YV 的气路连接部分及回转电磁阀 5YV 的接线。

⑥ 手爪夹紧电磁阀 6YV 功能测试。在装配单元通电、气源接通的条件下,进入 GX Developer 编程软件,利用软件的强制功能,强制 Y003 通/断一次,观察 PLC 输出端 Y003 的 LED 是否点亮、气动手指是否执行夹紧/松开动作。若不执行,则应检查气动手指 6A、手爪夹紧电磁阀 6YV 的气路连接部分及手爪夹紧电磁阀 6YV 的接线。

8) 运行程序检查动作是否满足任务要求。调试各种可能出现的情况,例如在料仓芯体不足的情况下,系统能否可靠工作;在料仓没有芯体的情况下,能否满足控制要求。

(六) 问题与思考

1) 运行过程中出现小圆柱芯体不能准确下落至料盘中,或装配机械手装配不到位,或光纤传感器误动作等现象,请分析其原因,总结出处理方法。

2) 如果需要考虑紧急停止等因素,程序应如何编制?

3）如果用位移位指令实现落料过程的顺序控制，程序应如何编制？

4）如果用位移位指令实现机械手装配工件的顺序控制，程序应如何编制？

5）如果装配单元落料控制和装配控制采用并行序列顺序控制实现，程序应如何编制？

6）如果将装配单元机械部分的回转物料台、装配料斗及装配机械手用旋转装配机构替换，旋转装配机构由步进电动机驱动，请查找相关资料分析其装配动作过程，并简述程序编制的思路。

五、任务实施与考核

（一）任务实施

基于装配单元单站运行，要求学生以小组（2～3人）为单位，完成机械部分、传感器、气路等拆装，电气部分接线，PLC程序编制及单元的调试运行。

学生应完成的学习材料要求如下：

1）装配单元拆装与调试工作计划。

2）气动回路原理图。

3）PLC I/O 接线图。

4）梯形图。

5）任务实施记录单，见表3-4。

表3-4　任务实施记录单

课　程　名　称	自动化生产线拆装与调试		
学 习 情 境 三	装配单元的拆装与调试		
实 施 方 式	学生集中时间独立完成，教师检查指导		
序号	实施过程	出现的问题	解决的方法
实施总结			
班级		组号		姓名	
指导教师签字			日期	

（二）任务考核

填写任务实施考核评价表，见表3-5。

表3-5　任务考核评价表

课程名称	自动化生产线拆装与调试						
学习情境三	装配单元的拆装与调试						
评价项目	内容	配分	要　　求		互评	教师评价	综合评价
实施过程	机械部分拆装与调整	20分	能正确使用拆装工具完成机械部分的拆装，机械部分动作顺畅协调，紧固件无松动，辅助件安装到位				
	气路部分拆装与连接	10分	气动系统拆装正确，气动元件安装紧固，气路连接正确，无漏气现象，气缸运行顺畅平稳、动作速度合理				
	电气部分拆装与接线	10分	PLC拆装正确，接线规范整齐，接线符合工艺要求（接线端口的导线应套上标号管，且标注规范，PLC侧所有端子接线必须采用压接方式），接线端子连接牢固，无松动现象，电气接线满足原理图要求				
功能测试	传感器功能测试	5分	磁性开关、光电传感器、光纤传感器调试能按控制要求正确指示				
	电磁阀功能测试	5分	电磁阀能按控制要求正确动作				
	装配单元运行	10分	初始状态正确，能正确完成落料、回转物料台摆动送料及装配控制，能正常起动、停止，芯体不足和芯体没有状态显示正确				
团队协作职业素养	分工与配合	5分	任务分配合理，分工明确，配合紧密				
	职业素养	5分	注重安全操作，工具及器件摆放整齐				
任务书及成果清单的填写	任务书	10分	搜集信息，引导问题回答正确				
	工作计划	3分	计划步骤安排合理，时间安排合理				
	材料清单	2分	材料齐全				
	气动回路图	3分	气动回路原理图绘制正确、规范				
	I/O接线图	4分	I/O接线图绘制正确，符号规范				
	梯形图	4分	程序正确				
	调试运行记录单	4分	气动回路调试及整体运行调试过程记录完整、真实				
总评							
班级			姓名		组号		组长签字
指导教师签字				日期			

分拣单元的拆装与调试

教学目标	能力目标	1. 会分析分拣单元的工作过程 2. 能进行本单元气路的连接及调整 3. 会进行旋转编码器、光电传感器等的电气线路连接，并能正确调试 4. 能进行程序的离线和在线调试 5. 能进行变频器外部电路连接及主要参数设置 6. 会旋转编码器、模拟量输入输出适配器 $FX_{30}-3A-ADP$ 的电气接线及应用 7. 能在规定时间内完成分拣单元的拆装与调整，能根据控制要求完成程序的编制与调试，并能解决安装与调试过程中出现的问题
	知识目标	1. 熟悉分拣单元的结构组成及工作过程 2. 熟练应用步进指令编制分拣控制程序 3. 掌握模拟量输入控制、通信方式控制变频器调速的编程
教学重点		气路的调整、传感器的调试、分拣控制程序的编制
教学难点		脉冲当量的测试、模拟量控制及通信控制变频器调速的编程、工件在传送带上定位控制的编程、套件分拣的编程
教学方法、手段建议		采用项目教学法、任务驱动法、理实一体化教学法等开展教学，在教学过程中，教师讲授与学生讨论相结合，传统教学与信息化技术相结合，充分利用云课堂教学平台、微课等教学手段，将教室与实训室有机融合，引导学生做中学、学中做，教、学、做合一
参考学时		16 学时

一、分拣单元的组成及工作过程

分拣单元是 YL－335B 中的最后一个单元，其主要功能是对上一单元送来的已加工、装配的工件进行分拣，将不同类型的工件分别推入相应出料滑槽中。当输送站送来工件放到传送带上并被 U 形定位板上安装的光电传感器检测到时，即起动变频器，工件开始送入分拣区进行分拣。

分拣单元主要由传送和分拣机构、传动带驱动机构、变频器模块、电磁阀组、传感器、接线端口、PLC 模块、按钮指示灯模块等组成。其装置侧俯视图如图 4-1 所示。

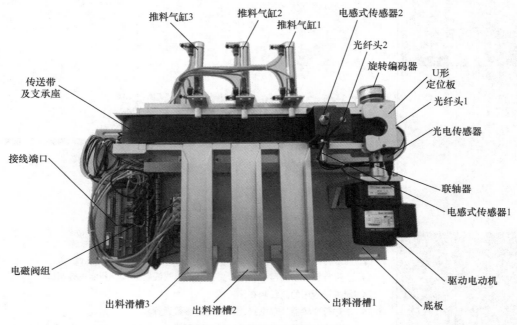

图 4-1　分拣单元装置侧俯视图

1. 传送和分拣机构

传送和分拣机构主要由传送带、出料滑槽、推料（分拣）气缸、进料检测（光电或光纤）传感器、属性检测（电感式和光纤）传感器以及磁性开关组成。它的功能是把已经加工、装配好的工件从进料口输送至分拣区；通过属性检测传感器的检测，确定工件的属性，然后按工作任务要求进行分拣，把不同类别的工件推入相应滑槽中。

为了准确确定工件在传送带上的位置，在传送带进料口安装了 U 形定位板，用来纠偏机械手输送过来的工件并确定其初始位置。传送过程中工件移动的距离则通过对旋转编码器产生的脉冲进行高速计数确定。

2. 传动带驱动机构

传动带采用三相异步电动机驱动，驱动机构包括电动机安装支架、电动机及弹性联轴器等，电动机轴通过弹性联轴器与传送带主动轴联接，如图 4-2 所示。两轴的连接质量直接影响传送带运行的平稳性，安装时务必注意，必须确保两轴间的同心度。

三相异步电动机是传动带驱动机构的主要部分，电动机转速的快慢由变频器来控制，其作用是驱动传送带从而输送物料。电动机安装支架用于固定电动机。利用联轴器把电动机的轴和传送带主动轴联接起来，从而组成一个传动机构。

3. 气动控制回路原理图

分拣单元的气动系统主要由气源、气动汇流排、气缸、单电控二位五通电磁换向阀、单向节流阀、消声器、快速接头和气管等组成，它们的主要作用是将不同颜色和材质的工件推入 3 个滑槽中。

分拣单元气动控制回路原理图如图 4-3 所示。图中 1A、2A 和 3A 分别为推料气缸 1、推料气缸 2 和推料气缸 3。1B、2B 和 3B 分别为安装在各推料气缸前工作位置的磁性开关。1YV、2YV 和 3YV 分别为控制 3 个推料气缸的单电控二位五通电磁换向阀。

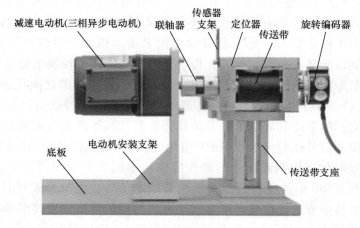

图 4-2 传动机构

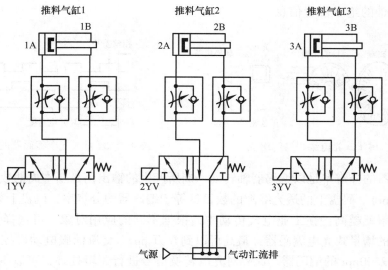

图 4-3 分拣单元气动控制回路原理图

二、知识链接

(一) 光电编码器概述

光电编码器 (又称为旋转编码器) 是通过光电转换, 将输出至轴上的机械几何位移量转换成脉冲或数字信号的传感器, 主要用于速度或位置 (角度) 的检测。一般来说, 光电编码器根据其刻度方法及信号输出形式, 可以分为增量式、绝对式和混合式三大类。

1. 增量式光电编码器

增量式光电编码器的特点是每产生一个输出脉冲信号就对应一个增量位移, 但是不能通过输出脉冲区别出是在哪个位置上的增量。它能够产生与位移增量等值的脉冲信号。其作用是提供一种对连续位移量离散化或增量化的传感方法, 反映的是相对于某个基准点的相对位置增量, 不能够直接检测出轴的绝对位置信息。一般来说, 增量式光电编码

79

器输出 A、B 两相互差90°电角度的脉冲信号（即所谓的两组正交输出信号），从而可方便地判断出旋转方向。同时还有用作参考零位的 Z 相标志（指示）脉冲信号，码盘每旋转一周，只发出一个标志信号。标志脉冲通常用来指示机械位置或对积累量清零。增量式光电编码器主要由光源、码盘、检测光栅、光电检测器件和转换电路组成，如图4-4 所示。码盘上刻有节距相等的辐射状透光缝隙，相邻两个透光缝隙之间代表一个增量周期。检测光栅上刻有 A、B 两组与码盘相对应的透光缝隙，可以透过或阻挡光源和光电检测器件之间的光线。它们的节距和码盘上的节距相等，并且两组透光缝隙错开 1/4 节距，使得光电检测器件输出的信号在相位上相差90°电角度。当码盘随着被测转轴转动时，检测光栅不动，光线透过码盘和检测光栅上的透光缝隙照射到光电检测器件上，光电检测器件就输出两组相位相差90°电角度的近似于正弦波的电信号，电信号经过转换电路处理后，可以得到被测轴的转角或速度信息。增量式光电编码器的输出信号波形如图4-5 所示。增量式光电编码器的优点是：原理构造简单，易于实现；机械平均寿命长，可达到几万小时以上；分辨率高；抗干扰能力强，信号传输距离较长，可靠性较高。其缺点是：无法直接读出转动轴的绝对位置信息。

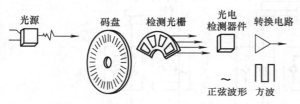

图4-4　增量式光电编码器的组成

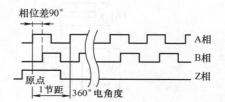

图4-5　增量式光电编码器的输出信号波形

光电编码器的分辨率是以编码器轴转动一周所产生的输出信号基本周期数来表示的，即脉冲数/转（ppr）。码盘上的透光缝隙的数目就等于编码器的分辨率，码盘上刻的缝隙越多，编码器的分辨率就越高。在工业电气传动中，根据不同的应用对象，可选择分辨率通常在500～6000ppr 的增量式光电编码器，最高可以到几万 ppr。交流伺服电动机控制系统中通常选用分辨率为2500ppr 的编码器。此外对光电转换信号进行逻辑处理，可以得到 2 倍频或 4 倍频的脉冲信号，从而进一步提高分辨率。

2. 绝对式光电编码器

用增量式光电编码器有可能由于外界的干扰产生计数错误，并且在停电或故障停车后无法找到事故前执行部件的正确位置。采用绝对式光电编码器可以避免上述缺点。绝对式光电编码器的基本原理及组成与增量式光电编码器基本相同，也是由光源、码盘、检测光栅、光电检测器件和转换电路组成。与增量式光电编码器不同的是，绝对式光电编码器用不同的数码来分别指示每个不同的增量位置，它是一种直接输出数字量的传感器，在它的圆形码盘上沿径向有若干同心码道，每条码道由透光和不透光的扇区相间组成，相邻码道的扇区数目是双倍关系，码盘上的码道数就是它的二进制数码的位数，在码盘的一侧是光源，另一侧对应每一码道有一光敏器件；当码盘处于不同的位置时，各光敏器件根据受光照与否转换出相应的电平信号，形成二进制数。这种编码器的特点是不用计数器，在转轴的任意位置都可读出一个固定的与位置相对应的数字码。显然，码道越多，分辨率就越高，对于一个具有 N 位二进制分辨率的编码器，其码盘必须有 N 条码道。绝对式光电编码器的原理图如图 4-6 所示。

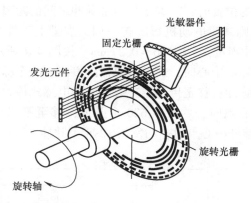

光敏器件

固定光栅

发光元件

旋转光栅

旋转轴

图 4-6　绝对式光电编码器原理图

绝对式光电编码器与增量式光电编码器的不同之处在于圆盘上透光、不透光的线条图形，绝对式光电编码器可有若干码盘，根据码盘上的编码，可检测绝对位置。它的特点是：可以直接读出角度坐标的绝对值；没有累积误差；电源切除后位置信息不会丢失；编码器的精度取决于位数；最高运转速度比增量式光电编码器高。

3. 混合式光电编码器

混合式光电编码器是在增量式光电编码器的基础上，增加了一组用于检测永磁伺服电动机磁极位置的码盘。它输出两组信息：一组信息用于检测磁极位置，带有绝对信息功能；另一组则与增量式编码器的输出信息相同。一般来说，在码盘的最外圆刻有高密度的增量式透光缝隙（如 2000ppr、2500ppr、3000ppr），中间分布在四圈圆环上有四个四位二进制循环码，每一个四位二进制循环码对应圆盘 1/4 圆角度，即每 1/4 圆盘由四位二进制循环码分割成 16 个等分位置。码盘最里圈仍有发一转信号的线条。混合式光电编码器输出的绝对值信息与磁极的位置具有对应关系。通常它给出相位相差 120° 的三相信号，用于控制永磁伺服电动机定子三相电流的相位。U、V 和 W 三相脉冲信号彼此相差 120°。每转的脉冲个数与电动机的极对数一致。根据 U、V、W 三相脉冲的高低电平关系可以判断电动机磁极的当前位置（即当前的角度），一旦电动机旋转起来，光电编码器的增量式部分可以精确地检测出位置值。使用 U、V、W 信号来判断磁极位置是有误差的。

从旋转码盘读出的光电信号经光电放大器和模拟信号多路转换器送至 A - D 转换器，后者实际上是一种细分插值电路，用以获得高分辨率的测量脉冲。脉冲数由一大容量的绝对值二进制可逆计数器计数。该计数器由备用电源供电，确保在断电时也不丢失数据。在第一次安装机床时，对绝对零位进行调整以后，计数器永远不会被清零，所以它的计数代表了机床的绝对位置。内插环码读出的 4×16 个位置/转，代表了一周的粗计角度检测。它和永磁伺服电动机四对磁极的结构相对应，可实现对永磁伺服电动机磁场位置的检测。

YL - 335B 分拣单元旋转编码器使用的是具有 A、B 两相（90°相位差）的通用型增量式光电编码器，用于计算工件在传送带上的位置。编码器直接连接到传送带主动轴上。该旋转编码器的三相脉冲采用 NPN 型集电极开路输出，分辨率为 500ppr，工作电源为 DC 12～24V。

81

本工作单元没有使用 Z 相脉冲，A、B 两相输出端直接连接到 PLC（FX$_{3U}$ - 32MR）的高速计数器输入端。

　　计算工件在传送带上的位置时，需确定每两个脉冲之间的距离即脉冲当量。分拣单元主动轴的直径为 $d = 43\text{mm}$，则减速电动机每旋转一周，皮带上工件移动距离 $L = \pi d = 3.14 \times 43\text{mm} = 135.02\text{mm}$。故脉冲当量 $\mu = L/500 \approx 0.27\text{mm}$。按图 4-7 所示的安装尺寸，当工件从下料口中心线移至光纤传感器中心时，旋转编码器约发出 309 个脉冲；移至侧面电感式传感器中心时，约发出 435 个脉冲；移至传感器支架上面的电感式传感器中心时，约发出 444 个脉冲；移至第一个推杆中心点时，约发出 620 个脉冲；移至第二个推杆中心点时，约发出 974 个脉冲；移至第三个推杆中心点时，约发出 1298 个脉冲。

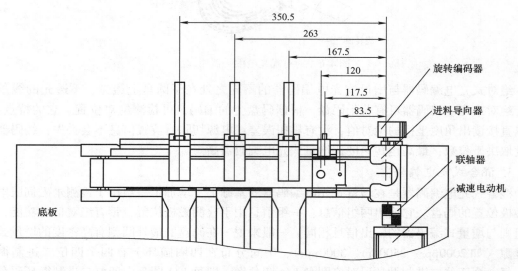

图 4-7　传送带位置计算用图

　　应该指出的是，上述脉冲当量的计算只是理论上的。实际上各种误差因素不可避免，例如传送带主动轴直径（包括传送带厚度）的测量误差，传送带的安装偏差、张紧度，分拣单元整体在工作台面上的定位偏差等，都将影响理论计算值。因此理论计算值只能作为估算值。脉冲当量的误差所引起的累积误差会随着工件在传送带上运动距离的增大而迅速增加，甚至达到不可容忍的地步。因而在分拣单元安装调试时，除了要仔细调整尽量减少安装偏差外，还须现场测试脉冲当量值。

　　现场测试脉冲当量的方法、如何对输入到 PLC 的脉冲进行高速计数以计算工件在传送带上的位置，将在分拣单元编程与运行中介绍。

　　（二）三菱 FR - E740 变频器简介

　　1. FR - E740 变频器的安装和接线

　　在使用三菱 PLC 的 YL - 335B 设备中，变频器选用三菱 FR - E700 系列变频器中的 FR - E740 - 0.75K - CHT 型变频器，该变频器额定电压等级为三相 400V，适用于容量为 0.75kW 及以下的电动机。FR - E700 系列变频器的外观和型号的定义如图 4-8 所示。

　　YL - 335B 设备涉及的变频器操作，是使用通用变频器所必需的基本知识和技能，着重于变频器的接线、操作和常用参数的设置等方面。

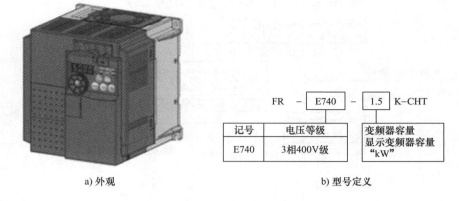

a) 外观　　　　　　　　　　　　　　b) 型号定义

图 4-8　FR－E700 系列变频器

FR－E740 变频器主电路的通用接线如图 4-9 所示。

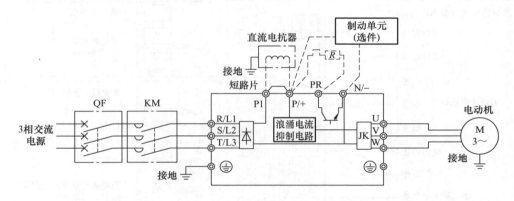

图 4-9　FR－E740 变频器主电路的通用接线

图中有关说明如下：

1）端子 P1、P／＋之间连接直流电抗器，不需连接时，两端子间短路。

2）P／＋与 PR 之间连接制动电阻器，P／＋与 N/－之间连接制动单元（选件）。YL－335B 设备均未使用，故用虚线画出。

3）交流接触器 KM 用于变频器安全保护，注意不要通过此交流接触器来起动或停止变频器，否则可能降低变频器寿命。在 YL－335B 设备中，没有使用这个交流接触器。

4）进行主电路接线时，应确保输入、输出端不能接错，即电源线必须连接至 R/L1、S/L2、T/L3，绝对不能接 U、V、W，接错会损坏变频器。

FR－E740 变频器控制电路的接线端子分布如图 4-10 所示。图 4-11 给出了控制电路接线图。

图中，控制电路的接线端子分为控制输入、频率设定（模拟量输入）、继电器输出（异常输出）、集电极开路输出（状态检测）和模拟电压输出等 5 部分区域，各端子的功能可通过调整相关参数的值进行变更，在出厂初始值的情况下，各控制电路接线端子的功能说明分别见表 4-1～表 4-3。

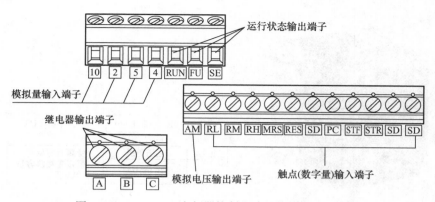

图 4-10　FR－E740 变频器控制电路的接线端子分布图

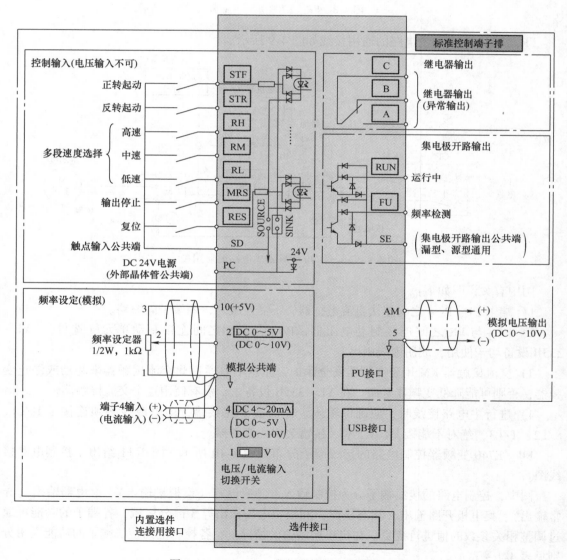

图 4-11　FR－E740 变频器控制电路接线图

表4-1　控制电路输入端子的功能说明

种类	端子编号	端子名称	端子功能说明	
触点输入	STF	正转起动	STF 信号 ON 时为正转、OFF 时为停止指令	STF、STR 信号同时 ON 时为停止指令
	STR	反转起动	STR 信号 ON 时为反转、OFF 时为停止指令	
	RH RM RL	多段速度选择	用 RH、RM 和 RL 信号的组合可以选择多段速度，分别表示高速、中速和低速	
	MRS	输出停止	MRS 信号 ON（20ms 或以上）时，变频器输出停止 用电磁制动器停止电动机时用于断开变频器的输出	
	RES	复位	用于解除保护电路动作时的报警输出。应使 RES 信号处于 ON 状态 0.1s 或以上，然后断开 初始设定为始终可进行复位。但进行了 P.75 的设定后，仅在变频器报警发生时可进行复位。复位所需时间约为 1s	
	SD	触点输入公共端（漏型）（初始设定）	触点输入端子（漏型逻辑）的公共端子	
		外部晶体管公共端（源型）	源型逻辑时当连接晶体管输出（即集电极开路输出），例如可编程序控制器（PLC）时，将晶体管输出用的外部电源公共端接到该端子，可以防止因漏电引起的误动作	
		DC 24V 电源公共端	DC 24V、0.1A 电源（端子 PC）的公共输出端子，与端子 5 及端子 SE 绝缘	
	PC	外部晶体管公共端（漏型）（初始设定）	漏型逻辑时当连接晶体管输出（即集电极开路输出），例如可编程序控制器（PLC）时，将晶体管输出用的外部电源公共端接到该端子，可以防止因漏电引起的误动作	
		触点输入公共端（源型）	触点输入端子（源型逻辑）的公共端子	
		DC 24V 电源	接 DC 24V、0.1A 的电源	
频率设定	10	频率设定用电源	接外接频率设定（速度设定）用电位器时的电源（通过 P.73 进行模拟量输入选择）	
	2	频率设定（电压）	如果输入 DC 0～5V（或 0～10V），在 5V（10V）时为最大输出频率，输入输出成正比。通过 P.73 进行 DC 0～5V（初始设定）和 DC 0～10V 输入的切换操作	
	4	频率设定（电流）	若输入 DC 4～20mA（或 0～5V、0～10V），在 20mA 时为最大输出频率，输入输出成正比。只有 AU 信号为 ON 时端子 4 的输入信号才会有效（端子 2 的输入将无效）。通过 P.267 进行 4～20mA（初始设定）和 DC 0～5V、DC 0～10V 输入的切换操作 电压输入（0～5V 或 0～10V）时，请将电压/电流输入切换开关切换至"V"	
	5	频率设定公共端	频率设定信号（端子 2 或 4）及端子 AM 的公共端子。勿接大地	

表4-2　控制电路输出端子的功能说明

种类	端子记号	端子名称	端子功能说明	
继电器输出	A、B、C	继电器输出（异常输出）	指示变频器因保护功能动作时输出停止的1c触点输出。异常时：B—C间不导通（A—C间导通），正常时：B—C间导通（A—C间不导通）	
集电极开路输出	RUN	运行中	变频器输出频率大于或等于起动频率（初始值0.5Hz）时为低电平，已停止或正在直流制动时为高电平	
	FU	频率检测	输出频率大于或等于任意设定的检测频率时为低电平，未达到时为高电平	
	SE	集电极开路输出公共端	端子RUN、FU的公共端子	
模拟电压输出	AM	模拟电压输出	可以从多种监视项目中选一种作为输出。变频器复位中不被输出。输出信号与监视项目的大小成比例	输出项目：输出频率（初始设定）

表4-3　控制电路网络接口的功能说明

种类	端子记号	端子名称	端子功能说明
RS-485	—	PU接口	通过PU接口，可进行RS-485通信 ● 标准规格：EIA-485（RS-485） ● 传输方式：多站点通信 ● 通信速率：4800~38400bit/s ● 总长距离：500m
USB	—	USB接口	与个人计算机通过USB连接后，可以实现FR Configurator的操作 ● 接口：USB1.1标准 ● 传输速度：12Mbit/s ● 连接器：USB迷你-B连接器（插座：迷你-B型）

2. 变频器的操作面板

（1）FR-E700系列变频器的操作面板　使用变频器之前，首先要熟悉它的面板显示和键盘操作单元（或称控制单元），并且按使用现场的要求合理设置参数。FR-E700系列变频器的参数设置，通常利用固定在其上的操作面板（不能拆下）实现，也可以使用连接到变频器PU接口的参数单元（FR-PU07）实现。使用操作面板可以进行运行方式、频率的设定，运行指令监视，参数设定，错误显示等。操作面板如图4-12所示，其上半部为面板显示器，下半部为M旋钮和各种按键。它们的具体功能分别见表4-4和表4-5。

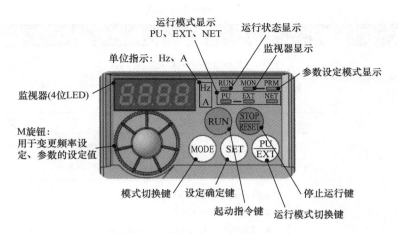

图 4-12 FR－E700 系列变频器的操作面板

表 4-4 旋钮、按键功能

旋钮和按键	功　　能
M 旋钮（三菱变频器旋钮）	该旋钮用于变更频率设定、参数的设定值 按下该旋钮可显示以下内容： ● 监视模式时的设定频率 ● 校正时的当前设定值 ● 报警历史模式时的顺序
模式切换键（MODE）	用于切换各设定模式。和运行模式切换键同时按下也可以用来切换运行模式。长按此键（2s）可以锁定操作
设定确定键（SET）	用于各设定的确定。此外，运行中按此键则监视器出现以下显示： 运行频率 → 输出电流 → 输出电压
运行模式切换键（PU EXT）	用于切换 PU/外部运行模式 使用外部运行模式（通过另接的频率设定电位器和起动信号起动）时应按此键，使表示运行模式的 EXT 处于亮灯状态。切换至组合模式时，可同时按模式切换键 0.5s，或者变更参数 P. 79
起动指令键（RUN）	在 PU 运行模式下，按此键起动运行 通过 P. 40 的设定，可以选择旋转方向
停止运行键（STOP RESET）	在 PU 运行模式下，按此键停止运转 保护功能（严重故障）生效时，也可以进行报警复位

表 4-5 运行状态显示

显　示	功　能
运行模式显示	PU：PU 运行模式时亮灯 EXT：外部运行模式时亮灯 NET：网络运行模式时亮灯
监视器（4 位 LED）	显示频率、参数编号等
单位显示	Hz：显示频率时亮灯；A：显示电流时亮灯 （显示电压时熄灯，显示设定频率监视时闪烁）
运行状态显示	变频器动作中亮灯或者闪烁；其中： ● 亮灯：正转运行中 ● 缓慢闪烁（1.4s 循环）：反转运行中 下列情况下出现快速闪烁（0.2s 循环）： ● 按键或输入起动指令都无法运行时 ● 有起动指令，但频率指令在起动频率以下时 ● 输入了 MRS 信号时
参数设定模式显示	参数设定模式时亮灯
监视器显示	监视模式时亮灯

（2）变频器的运行模式　由表 4-4 和表 4-5 可见，在变频器不同的运行模式下，各种按键、M 旋钮的功能各异。所谓运行模式，是指对输入到变频器的起动指令和设定频率的命令来源的指定。

一般来说，使用控制电路端子、在外部设置电位器和开关来进行操作的是"外部运行模式（EXT 运行模式）"，使用操作面板或参数单元输入起动指令、设定频率的是"PU 运行模式"，通过 PU 接口进行 RS-485 通信或使用通信选件的是"网络运行模式（NET 运行模式）"。在进行变频器操作以前，必须了解其各种运行模式，才能进行各项操作。

FR-E700 系列变频器通过参数 P.79 的值来指定变频器的运行模式，设定值范围为 0、1、2、3、4、6、7；这 7 种运行模式的内容以及相关 LED 的显示状态见表 4-6。

表 4-6 运行模式选择（P.79）

设定值	内　容	LED 显示状态（□：灭灯　■：亮灯）
0	外部/PU 切换模式，通过运行模式切换键可切换 PU 运行模式与外部运行模式 注意：接通电源时为外部运行模式	外部运行模式：EXT　　PU 运行模式：PU
1	固定为 PU 运行模式	PU
2	固定为外部运行模式 可以在外部运行模式、网络运行模式间切换运行	外部运行模式：EXT　　网络运行模式：NET

（续）

设定值	内　　容		LED 显示状态（ ：灭灯 ：亮灯）
3	外部/PU 组合运行模式 1		
	频率指令	起动指令	
	用操作面板设定或用参数单元设定，或外部信号输入［多段速设定，端子 4 与 5 间（AU 信号 ON 时有效）］	外部信号输入（端子 STF、STR）	PU　EXT
4	外部/PU 组合运行模式 2		
	频率指令	起动指令	
	外部信号输入（端子 2、4、JOG、多段速选择等）	通过操作面板的"RUN"键或通过参数单元的"FWD"、"REV"键来输入	
6	切换模式 可以在保持运行状态的同时，进行 PU 运行模式、外部运行模式、网络运行模式的切换		PU 运行模式：PU  外部运行模式：EXT  网络运行模式：NET
7	外部运行模式（PU 运行互锁） X12 信号 ON 时，可切换到 PU 运行模式（外部运行中输出停止） X12 信号 OFF 时，禁止切换到 PU 运行模式		PU 运行模式：PU  外部运行模式：EXT 

　　变频器出厂时，参数 P.79 设定值为 0。当停止运行时用户可以根据实际需要修改其设定值。

　　修改 P.79 设定值的一种方法是，同时按住"MODE"键和"PU/EXT"键 0.5s，然后旋转 M 旋钮，选择合适的 P.79 参数值，再用"SET"键确定。其变更方法如图 4-13a 所示。

　　如果变频器运行中固定为外部运行模式，现在欲变更为 PU/外部组合运行模式 1，则修改 P.79 设定值的另一种方法是，按"MODE"键使变频器进入参数设定模式；旋转 M 旋钮，选择参数 P.79，按"SET"键确定；然后再旋转 M 旋钮选择合适的设定值，再按"SET"键确定；两次按"MODE"键后，变频器的运行模式将变更为设定模式。其变更方法如图 4-13b 所示。

　　如果分拣单元的机械部分已经装配好，在完成主电路接线后，就可以用变频器直接驱动电动机试运行。当 P.79 =4 时，把调速电位器的三个引出端分别连接到变频器的 10、2、5 号端子（滑动臂引出端连接端子 2），接通电源后，按起动指令键 RUN，即可起动电动机，旋动调速电位器即可连续调节电动机转速。在分拣单元的机械部分装配完成后，进行电动机试运行是必要的，这可以检查机械装配的质量，以便做进一步的调整。

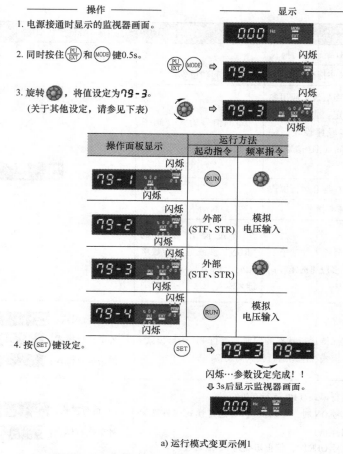

a) 运行模式变更示例1

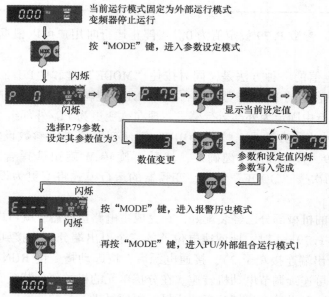

b) 运行模式变更示例2

图4-13　变频器的运行模式变更示例

（3）设定参数的操作方法　变频器参数的出厂设定值被设置为完成简单的变速运行。如需按照负载和操作要求设定参数，则应进入参数设定模式，先选定参数号，然后设置其参数值。设定参数分两种情况：一种是停机 STOP 方式下重新设定参数，这时可设定所有参数；另一种是在运行时设定，这时只允许设定部分参数，但是可以核对所有参数号及参数。图 4-14 是参数设定示例，所完成的操作是把参数 P.1（上限频率）从出厂设定值 120.0Hz 变更为 50.00Hz，假定当前运行模式为外部/PU 切换模式（P.79 = 0）。

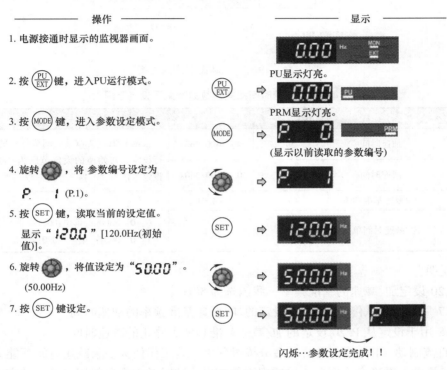

图 4-14　参数设定示例

3. 常用参数设置

FR - E700 系列变频器有几百个参数，实际使用时，只需根据使用现场的要求设定部分参数，其余按出厂设定即可。变频器的运行环境，驱动电动机的规格、运行的限制，参数的初始化，电动机的起动、运行、调速和制动等命令的来源，频率的设置等，读者应熟悉。

下面根据分拣单元工艺过程对变频器的要求，介绍一些常用参数的设定。关于参数设定更详细的说明请参阅 FR - E700 使用手册。

（1）输出频率的限制（P.1、P.2、P.18）　为了限制电动机的速度，应对变频器的输出频率加以限制。用 P.1（上限频率）和 P.2（下限频率）来设定，可将输出频率的上、下限钳位。

当在 120Hz 以上运行时，用参数 P.18（高速上限频率）设定高速输出频率的上限。P.1与 P.2 出厂设定范围为 0 ~ 120Hz，出厂设定值分别为 120Hz 和 0Hz。P.18 出厂设定范围为120 ~ 400Hz。输出频率和设定值的关系如图 4-15 所示。

（2）加减速时间（P.7、P.8、P.20、P.21）　各参数的意义及设定范围见表 4-7。

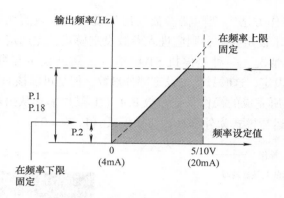

图4-15 输出频率和设定值的关系

表4-7 加减速时间相关参数的意义及设定范围

参 数 号	参 数 意 义	出厂设定	设 定 范 围	备 注
P. 7	加速时间	5s	0～3600/360s	根据 P. 21（加减速时间单位）的设定值进行设定。初始值的设定范围为"0～3600s"设定单位为"0. 1s"
P. 8	减速时间	5s	0～3600/360s	
P. 20	加/减速基准频率	50Hz	1～400Hz	
P. 21	加/减速时间单位	0	0/1	0：0～3600s；单位：0. 1s；1：0～360s；单位：0. 01s

设定说明：

1）P. 20 设定加/减速的基准频率，我国选为 50Hz。

2）P. 7 用于设定从停止到 P. 20 设定的加/减速基准频率的加速时间。

3）P. 8 用于设定从 P. 20 设定的加/减速基准频率到停止的减速时间。

（3）直流制动（P. 10～P. 12） 在分拣过程中，若工作任务要求减速时间不能太小，且在工件高速移动下准确定位停车，以便把工件推出，这时常常需要使用直流制动方式。直流制动是通过向电动机施加直流电压来使电动机轴停止转动。其参数包括：①动作频率的设定（P. 10）；②动作时间的设定（P. 11）；③动作电压（转矩）的设定（P. 12）。各参数的意义及设定范围见表4-8。

表4-8 直流制动参数的意义及设定范围

参 数 编 号	名 称	初始值		设 定 范 围	内 容
10	直流制动动作频率	3Hz		0～120Hz	直流制动的动作频率
11	直流制动动作时间	0. 5s		0	无直流制动
				0. 1～10s	直流制动的动作时间
12	直流制动动作电压	0. 4～7. 5kV	4%	0～30%	直流制动电压（转矩）设定为"0"时，无直流制动

（4）多段速运行模式的操作 变频器在外部运行模式或外部/PU 组合运行模式 2 下，变频器可以通过外接的开关器件的组合通断改变输入端子的状态来实现调速。这种控制频率的方式称为多段速控制功能。

FR - E740 变频器的速度控制端子是 RH、RM 和 RL。通过这些开关的组合可以实现 3 段速、7 段速的控制。

转速的切换：由于转速的档次是按二进制的顺序排列的，故三个输入端可以组合成 3 档至 7 档（0 状态不计）转速。其中，3 段速由 RH、RM、RL 单个通断来实现。7 段速由 RH、RM、RL 通断的组合来实现。

7 段速的各自运行频率则由参数 P.4～P.6（设置前 3 段速的频率）、P.24～P.27（设置第 4 段速至第 7 段速的频率）来设置，见表4-9。对应的控制端状态如图4-16 所示。

表4-9　多段速控制参数的设定范围

参 数 编 号	初始值（出厂设定）	设 定 范 围	备　　注
4	50Hz	0～400Hz	
5	30Hz	0～400Hz	
6	10Hz	0～400Hz	
24～27	9999	0～400Hz，9999	9999 未选择

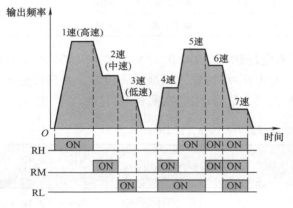

图 4-16　多段速控制对应的控制端状态

多段速设定在 PU 运行模式和外部运行模式中都可以进行。运行期间参数值也能被改变。在 3 段速设定的场合，2 速以上同时被选择时，低速信号的设定频率优先。此外，如果把参数 P.183 设置为 8，将 MRS 端子设为多速段控制端 REX，就可以用 RH、RM、RL 和 REX 通断的组合来实现 15 段速。详细的说明请参阅 FR - E700 使用手册。

（5）通过模拟量输入（端子2、4）设定频率　对于分拣单元变频器的频率设定，除了用 PLC 输出端子进行多段速设定外，还可以连续设定频率。例如在变频器安装和接线完成进行运行试验时，常常将调速电位器连接到变频器的模拟量输入信号端，进行连续调速试验。此外，在触摸屏上指定变频器的频率，此频率也应该是连续可调的。需要注意的是，如果要用模拟量输入（端子2、4）设定频率，则 RH、RM、RL 端子应断开，否则多段速设定优先。

1）模拟量输入信号端子的选择。FR - E700 系列变频器提供 2 个模拟量输入信号端子（端子2、4）用作连续变化的频率设定。在出厂设定情况下，只能使用端子2，端子4无效。

要使端子 4 有效，需要在各触点输入端子（STF、STR…RES）中选择一个，将其功能定义为 AU 信号输入，则当这个端子与 SD 端子短接时，AU 信号为 ON，端子 4 变为有效，端子 2 变为无效。

例：选择 RES 端子用作 AU 信号输入，则设置参数 P.184 = 4，在 RES 端子与 SD 端之间连接一个开关，当此开关断开时，AU 信号为 OFF，端子 2 有效；反之，当此开关接通时，AU 信号为 ON，端子 4 有效。

2）模拟量信号的输入规格。如果使用端子 2，模拟量输入可为 DC 0~5V 或 DC 0~10V 的电压信号，用参数 P.73 指定，其出厂设定值为 1，指定为 DC 0~5V 的输入规格，并且不能可逆运行。参数 P.73 参数的取值范围为 0、1、10、11，具体内容见表 4-10。

表 4-10　模拟量输入选择（P.73）

参 数 编 号	名　称	初始值	设定范围	内　容	
P.73	模拟量输入选择	1	0	端子 2 输入 DC 0~10V	无可逆运行
			1	端子 2 输入 DC 0~5V	
			10	端子 2 输入 DC 0~10V	有可逆运行
			11	端子 2 输入 DC 0~5V	

如果使用端子 4，模拟量信号可为电压输入（DC 0~5V、DC 0~10V）或电流输入（DC 4~20mA 初始值），用参数 P.267 和电压/电流输入切换开关设定，并且要输入与设定相符的模拟量信号。P.267 取值范围为 0、1、2，具体内容见表 4-11。

表 4-11　模拟量输入选择（P.267）

参 数 编 号	名　称	初始值	设定范围	电压/电流输入切换开关	内　容
P.267	端子 4 输入选择	0	0	Ⅰ　Ⅴ	端子 4 输入 DC 4~20mA
			1	Ⅰ　Ⅴ	端子 4 输入 DC 0~5V
			2	Ⅰ　Ⅴ	端子 4 输入 DC 0~10V

注：电压输入时：输入电阻为 10kΩ ± 1kΩ、最大容许电压为 DC 20V；

电流输入时：输入电阻为 233Ω ± 5Ω、最大容许电流为 30mA。

必须注意的是，若发生切换开关与输入信号不匹配的错误（例如开关设定为电流输入，但端子输入却为电压信号；或反之），则会导致外部输入设备或变频器故障。

对于频率设定信号（DC 0~5V、DC 0~10V 或 DC 4~20mA）的相应输出频率的大小，可用参数 P.125（对端子 2）或 P.126（对端子 4）设定。它们的出厂设定值均为 50Hz，设定范围为 0~400Hz。

（6）参数清除　如果用户在参数调试过程中遇到问题，并且希望重新开始调试，那么可用参数清除操作方法实现。即，在 PU 运行模式下，设定 Pr.CL（参数清除）、ALLC（参数全部清除）均为 1，可使参数恢复为初始值，但如果设定 P.77（参数写入选择）为 1，则无法清除。

参数清除操作需要在参数设定模式下，用 M 旋钮选择参数 Pr. CL 和 ALLC，把它们的值均置为 1，操作步骤如图 4-17 所示。

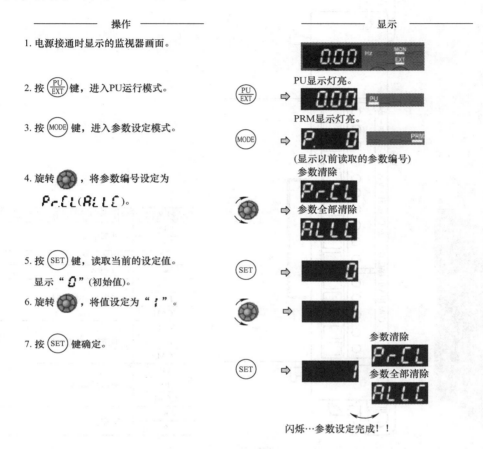

图 4-17 参数全部清除操作示意

（三）变频器采用模拟量输入控制

为了实现变频器输出频率连续可调，分拣单元 PLC 连接了模拟量输入输出适配器 FX_{3U}-3A-ADP。通过 D-A 转换实现变频器的模拟量输入以达到连续调速的目的，而系统的起/停则由外部端子来控制。

1. FX_{3U}-3A-ADP 模拟量输入输出适配器的性能规格

FX_{3U}-3A-ADP 是 2 通道模拟量输入和 1 通道模拟量输出、分辨率为 12 位二进制的模拟量输入输出适配器。

对于 FX_{3U}、FX_{3UC} 可编程序控制器，最多可连接 4 台 FX_{3U}-3A-ADP（包括其他模拟量功能扩展板和模拟量特殊适配器），可以实现电压输入、电流输入、电压输出、电流输出。各通道的 A-D 转换值被自动写入 FX_{3U}、FX_{3UC} 可编程序控制器的特殊数据寄存器中。D-A 转换值根据 FX_{3U}、FX_{3UC} 可编程序控制器中特殊数据寄存器的值而自动输出。

FX_{3U}-3A-ADP 模拟量输入输出适配器的外形及端子排列分别如图 4-18 和 4-19 所示，性能规格见表 4-12。

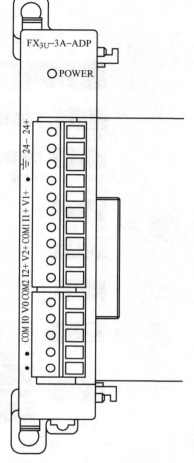

图 4-18　FX₃U－3A－ADP 模拟量输入输出适配器外形

信号名称	用　途
24+	外部电源
24−	
⏚	接地端子
•	空端子
V1+	通道1，模拟量输入
I1+	
COM1	
V2+	通道2，模拟量输入
I2+	
COM2	
V0	模拟量输出
I0	
COM	
•	空端子
•	

图 4-19　FX₃U－3A－ADP 端子排列

表 4-12　FX₃U－3A－ADP 性能规格

规　格		电压输入	电流输入	电压输出	电流输出
输入输出点数		2 通道		1 通道	
模拟量输入输出范围		DC 0～10V (输入电阻：198.7kΩ)	DC 4～20mA (输入电阻：250kΩ)	DC 0～10V (外部负载：5kΩ～1MΩ)	DC 4～20mA (外部负载：500Ω 以下)
最大绝对输入		−0.5V，+15V	−2mA，+30mA	—	—
数字量输入输出		12 位二进制			
分辨率		2.5mV(10V×1/4000)	5μA(16mA×1/3200)	2.5mV(10V×1/4000)	4μA(16mA×1/4000)
综合准确度	环境温度 25℃±5℃	针对满量程：10V ±50mV（±0.5%）	针对满量程：16mA ±80μA（±0.5%）	针对满量程：10V ±50mV（±0.5%）	针对满量程：16mA ±80μA（±0.5%）
	环境温度 0～55℃	针对满量程：10V ±100mV（±1.0%）	针对满量程：16mA ±160μA（±1.0%）	针对满量程：10V ±100mV（±1.0%）	针对满量程：16mA ±160μA（±1.0%）

（续）

规　　格	电 压 输 入	电 流 输 入	电 压 输 出	电 流 输 出
转换时间	90μs×使用输入 ch（通道）数 +50μs×使用输出 ch（通道）数（以运算周期为单位更新资料）			
隔离方式	① 模拟量输入输出部分和 PLC 之间，通过光电隔离 ② 电源和模拟量输入之间，通过 DC‐DC 转换器隔离 ③ 各 ch（通道）间不隔离			
电源	① DC 5V，20mA（PLC 内部供电） ② DC 24V（−15%～+20%），90mA（外部供电）			
输入输出 占用点数	0 点（与 PLC 的最大输入输出点数无关）			
输入输出特性	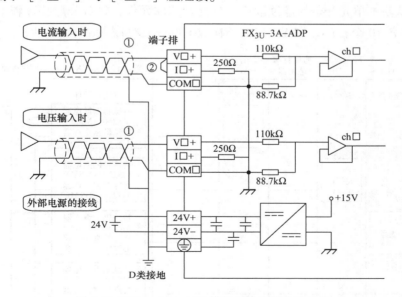			

2. 接线

模拟量输入和输出的接线原理图分别如图 4-20、图 4-21 所示。接线时要注意，使用电流输入时，端子 ［V□＋］ 与 ［I□－］ 应短接。

图 4-20　FX₃U‐3A‐ADP 模拟量输入接线原理图

① 模拟量的输入线使用 2 芯的屏蔽双绞电缆，应与其他动力线或者易于受感应的线分开布线。

② 电流输入时，应务必将 ［V□＋］ 端子和 ［I□＋］ 端子（□：通道号）短接。

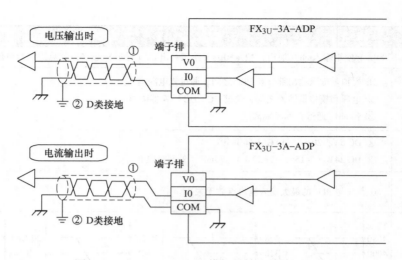

图 4-21   FX₃U-3A-ADP 模拟量输出接线原理图

① 模拟量的输出线使用 2 芯的屏蔽双绞电缆,应与其他动力线或者易于受感应的线分开布线。

② 应将屏蔽线在信号接收侧进行单侧接地。

3. 编程举例

(1)转换数据的获取和写入

1)A-D 转换数据的获取。

① 输入的模拟量数据被转换成数字量,并被保存在 FX₃U PLC 的特殊软元件中。

② 通过向特殊软元件写入数值,可以设定平均次数或者指定输入模式。

③ 依照从基本单元开始的连续顺序,分配特殊软元件,每台分配特殊辅助继电器、特殊数据寄存器各 10 个,FX₃U-3A-ADP 转换数据的获取/写入如图 4-22 所示。

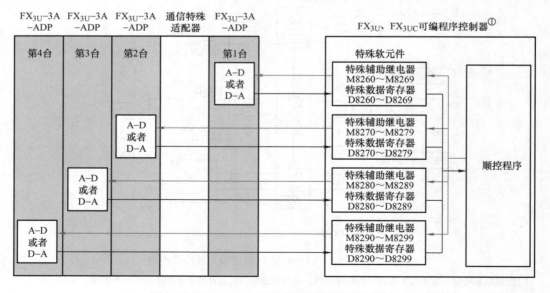

图 4-22   FX₃U-3A-ADP 转换数据的获取/写入

① 连接 FX₃U、FX₃UC-32MT-LT(-2) 可编程序控制器时,需要功能扩展板。

2）D－A 转换数据的写入。

① 输入的数字值被转换成模拟量值，并输出。

② 通过向特殊软元件写入数值，可以设定输出保持。

③ 依照从基本单元开始的连续顺序，分配特殊软元件，每台分配特殊辅助继电器、特殊数据寄存器各 10 个，如图 4-22 所示。

从最靠近基本单元处开始，依次为第 1 台、第 2 台……但是，高速输入输出特殊适配器以及通信特殊适配器、CF 卡特殊适配器不包含在内。

（2）特殊软元件　对于 FX$_{3U}$、FX$_{3UC}$ 系列 PLC，连接 FX$_{3U}$－3A－ADP 时，与之相关的特殊软元件的分配见表 4-13。

表 4-13　特殊软元件

特殊软元件	软元件编号				内　容	属　性
	第 1 台	第 2 台	第 3 台	第 4 台		
特殊辅助继电器	M8260	M8270	M8280	M8290	通道 1 输入模式切换	读出/写入
	M8261	M8271	M8281	M8291	通道 2 输入模式切换	读出/写入
	M8262	M8272	M8282	M8292	输出模式切换	读出/写入
	M8263	M8273	M8283	M8293	未使用（请不要使用）	—
	M8264	M8274	M8284	M8294		
	M8265	M8275	M8285	M8295		
	M8266	M8276	M8286	M8296	输出保持解除设定	读出/写入
	M8267	M8277	M8287	M8297	设定输入通道 1 是否使用	读出/写入
	M8268	M8278	M8288	M8298	设定输入通道 2 是否使用	读出/写入
	M8269	M8279	M8289	M8299	设定输出通道是否使用	读出/写入
特殊数据寄存器	D8260	D8270	D8280	D8290	通道 1 输出数据	读出
	D8261	D8271	D8281	D8291	通道 2 输出数据	读出
	D8262	D8272	D8282	D8292	输出设定数据	读出/写入
	D8263	D8273	D8283	D8293	未使用（请不要使用）	—
	D8264	D8274	D8284	D8294	通道 1 平均次数（设定范围 1～4095）	读出/写入
	D8265	D8275	D8285	D8295	通道 2 平均次数（设定范围 1～4095）	读出/写入
	D8266	D8276	D8286	D8296	未使用（请不要使用）	—
	D8267	D8277	D8287	D8297		
	D8268	D8278	D8288	D8298	错误状态	读出/写入
	D8269	D8279	D8289	D8299	机型代码 = 50	读出

有关特殊软元件的介绍请参照《FX$_{3S}$、FX$_{3G}$、FX$_{3GC}$、FX$_{3U}$、FX$_{3UC}$ 系列微型可编程序控制器用户手册（模拟量控制篇）》。

变频器通过模拟量控制时，变频器参数的设置见表 4-14。

表 4-14   变频器模拟量控制时参数的设置

序号	参数号	参 数 名 称	设置值	初始值	功能和含义
1	P. 7	加速时间	1s	5/10/15s	电动机加速时间
2	P. 8	减速时间	0.1s	5/10/15s	电动机减速时间
3	P. 61	基准电流	0.18A	9999	以设定值（电动机额定电流）为基准
4	P. 73	模拟量输入选择	0	1	端子2输入
5	P. 83	电动机额定电压	380V	200/400V	电动机额定电压
6	P. 79	运行模式选择	2	0	外部运行模式固定

（3）基本程序举例   下面来介绍模拟量转换数据输入输出基本程序编制。

设定第1台的输入通道1为电压输入、输入通道2为电流输入，并将它们的 A-D 转换值分别保存在 D100、D101 中。此外，设定输出通道为电压输出，并将 D-A 转换的数字值存于 D102 中，如图 4-23 所示。

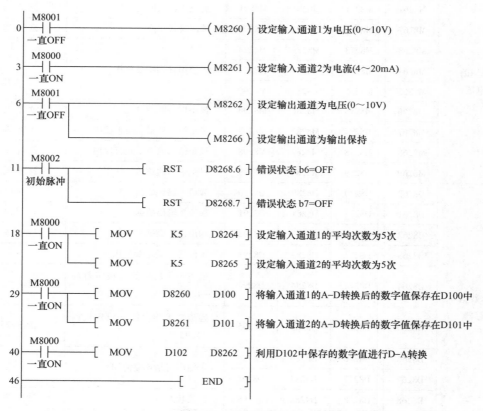

图 4-23   基本程序举例

即使不在 D100、D101 中保存输入数据，也可以在定时器、计数器的设定值或者 PID 指令等中直接使用 D8260、D8261。

用人机界面或顺控程序，向 D102 输入指定为模拟量输出的数字值。

假设要求分拣单元变频器以 35 Hz 频率运行，则变频器调速部分的模拟量控制梯形图如图 4-24 所示。

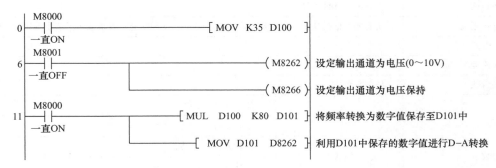

图 4-24 变频器用 $FX_{3U}-3A-ADP$ 实现模拟量控制梯形图

（四）变频器采用通信方式控制

当分拣单元变频器的频率通过通信方式控制时，分拣单元 PLC 需连接 RS-485 通信适配器 $FX_{3U}-485ADP$，主要用于 PLC 与变频器之间的无协议通信。以 RS-485 通信方式连接 FX_{3U} PLC 与变频器，通过变频器专用指令对最多 8 台变频器进行运行监控以及参数的读出、写入。

1. $FX_{3U}-485ADP$ 通信适配器简介

$FX_{3U}-485ADP$ 通信适配器的外形如图 4-25 所示。其性能规格见表 4-15。

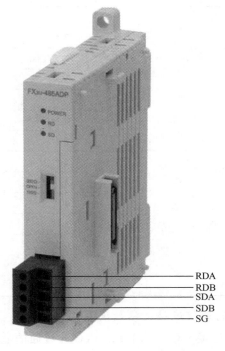

图 4-25 $FX_{3U}-485ADP$ 通信适配器的外形

表 4-15　FX_{3U}-485ADP 的性能规格

规　格	内　容		
传送规格	符合 RS-485 规格		
总延长距离	所有的通信模块都使用特殊适配器时：500m；使用功能扩展板或者系统中混用时：50m		
通信方式	半双工双向		
传输速度/（bit/s）	38400		
连接台数	最多 8 台		
链接点数	模式 0	位软元件：0 点	
		字软元件：4 点	
	模式 1	位软元件：32 点	
		字软元件：4 点	
	模式 2	位软元件：64 点	
		字软元件：8 点	
链接刷新时间/ms	模式 0	根据连接台数	2 台	18
			3 台	26
			4 台	33
			5 台	41
			6 台	49
			7 台	57
			8 台	65
	模式 1	根据连接台数	2 台	22
			3 台	32
			4 台	42
			5 台	52
			6 台	62
			7 台	72
			8 台	82
	模式 2	根据连接台数	2 台	34
			3 台	50
			4 台	66
			5 台	83
			6 台	99
			7 台	115
			8 台	131

2. 变频器与 PLC 之间的通信连接及参数设置

（1）变频器与 PLC 通信连接　在分拣单元，PLC 通过通信适配器 FX_{3U}-485ADP 与 FR-740 型变频器的通信接线如图 4-26 所示，连接时 RJ45 插头插入变频器的 PU 接口，另一端的对应信号线接在 FX_{3U}-485ADP 上。

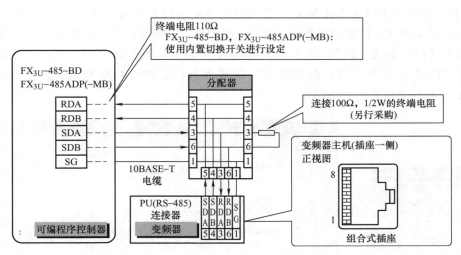

图 4-26 变频器与 PLC 的通信连接

（2）变频器参数的设置 PLC 和变频器之间进行通信，通信规格必须在变频器的初始化中设定，如果没有进行初始化设定或有一个错误的设定，数据将不能进行传输。每次参数初始化设定完成后，必须复位变频器。如果改变与通信相关的参数后，没有复位变频器，通信将不能进行。FR－E700 系列变频器通信参数设置见表 4-16。

表 4-16　FR－E700 系列变频器通信参数设置

参　数	名　称	设置值	初始值	内　容
P. 160	扩展参数的显示	0	0	可以显示简单模式和扩展模式参数
P. 7	加速时间	1s	5/10/15s	电动机加速时间
P. 8	减速时间	1s	5/10/15s	电动机减速时间
P. 9	电子过电流保护	0. 18A	变频器额定电流	设定电动机的额定电流
P. 19	基准频率电压	220V	9999	基准电压
P. 117	PU 通信站号	1	0	变频器站号指定为 1
P. 118	PU 通信速率	96	192	通信速率 设定值 ×100 即通信速率 例如设定为 96 时通信速率为 9600bit/s
P. 119	PU 通信停止位长	10	1	停止位长：1bit，数据位长：7bit
P. 120	PU 通信奇偶校验	2	2	偶校验
P. 122	PU 通信校验时间间隔	9999	0	不进行通信校验（断线检测）
P. 124	PU 通信有无 CR/LF 选择	1	1	设置 0 时不能监控参数（无 CR、LF） 设置 1 时可监控参数（有 CR、无 LF）
P. 340	通信启动模式选择	10	0	网络模式
P. 79	运行模式选择	2	0	

说明：以上参数设置完毕，变频器应重新上电。

3. PLC 参数的设置

PLC 用通信方式实现对变频器的控制，PLC 需进行相应的参数设置，其方法是打开三菱

FX 系列 PLC 编程软件 GX Developer，进入编程界面，打开工程数据列表栏，如图 4-27 所示。双击工程未设置下拉菜单"PLC 参数"，即弹出 FX 参数设置对话框，如图 4-28 所示，在图中单击"PLC 系统（2）"，进入 FX 参数设置界面，如图 4-29 所示。在图中单击倒实三角形选择"CH2"，勾选"通信设置操作"，其他参数设置如图 4-30 所示。这样变频器就可以通过 RS－485 与 PLC 进行通信了。

图 4-27　选择 PLC 参数

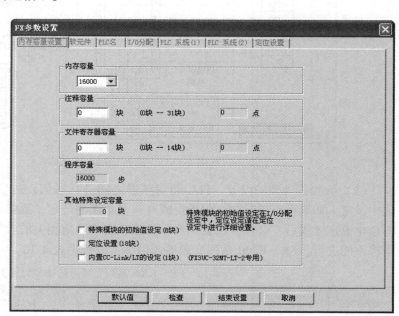

图 4-28　FX 参数设置对话框

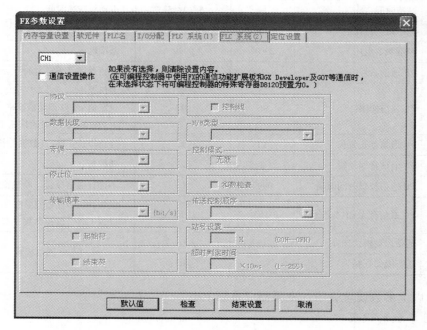

图 4-29　FX 参数设置界面

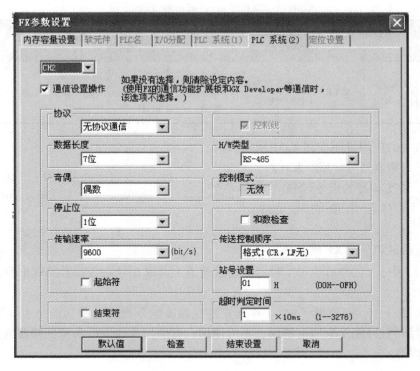

图 4-30 FX 参数设置

注意：PLC 系统参数设置应和变频器参数设置保持一致，关于指令执行时间详见相关手册。对于通道 2，可用 D8157 的值监视变频器通信错误代码，来确定当前变频器状态是否正常。

4. 变频器通信指令

变频器通信指令是 FX$_{3U}$ 系列 PLC 对 FRQROL 系列变频器进行运行控制（即参数的读写操作）的指令，其指令见表 4-17。

表 4-17 变频器通信指令

功能号（FNC No.）	助 记 符	指 令 名 称	PLC 系列	
			FX$_{3U}$	FX$_{2N}$
270	IVCK	变频器运行监控	√	×
271	IVDR	变频器运行控制	√	×
272	IVRD	变频器参数读取	√	×
273	IVWR	变频器参数写入	√	×
274	IVBWR	变频器参数成批写入	√	×

（1）变频器运行监控指令（IVCK） 变频器运行监控指令（IVCK）的名称、编号（位数）、助记符、功能、操作数及程序步等使用要素见表 4-18。

表 4-18　变频器运行监控指令使用要素

指令名称	指令编号（位数）	助记符	功　能	操　作　数				程 序 步
				[S1.]	[S2.]	[D.]	n	
变频器运行监控	FNC270（16）	IVCK	用于将变频器运行状态读出	D，R，U□\G□，K，H	D，R，U□\G□，K，H	KnY，KnM，KnS，D，R，U□\G□	K，H	9 步

IVCK 指令的应用说明如图 4-31 所示。

[S1.]：变频器站号（K0 ~ K31）。

[S2.]：读变频器的指令代码。

[D.]：保存读出值的软元件地址。

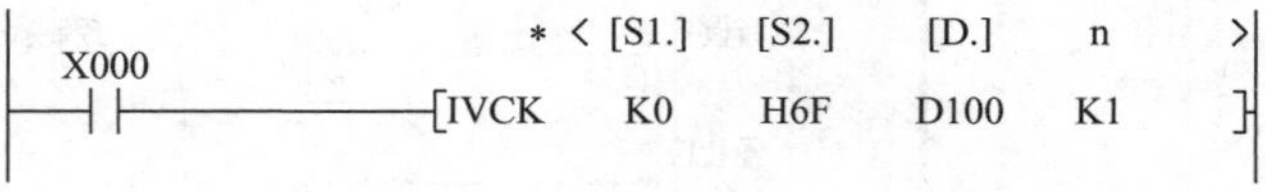

n：使用的通道号（K1 或 K2）。

图 4-31　IVCK 指令的应用说明

在图 4-31 中，当 X000 为 ON 时，将通过通道 1 读取 0 号站变频器的输出频率到寄存器 D100 中。

在 IVCK 指令中，操作数 [S2.] 中指定的变频器指令代码及其功能见表 4-19。表中未记载的指令代码有可能发生通信错误，不可使用。有关指令代码可参考变频器的手册查看计算机链接的内容。

表 4-19　变频器指令代码及其功能

变频器指令代码（16 进制数）	读 出 内 容	适用的变频器								
		F700	A700	E700	D700	V500	F500	A500	E500	S500
H6D	读取设定频率（RAM）	√	√	√	√	√①	√	√	√	√
H6E	读取设定频率（EEPROM）	√	√	√	√	√①	√	√	√	√
H6F	输出频率	√	√	√	√	√①	√	√	√	√
H70	输出电流	√	√	√	√	√	√	√	√	×
H71	输出电压	√	√	√	√	√	√	√	×	×
H72	特殊监视	√	√	√	√	√	√	√	×	×
H73	特殊监视选择号	√	√	√	√	√	√	√	√	√
H74	故障代码	√	√	√	√	√	√	√	√	√
H75	故障代码	√	√	√	√	√	√	√	√	×
H76	故障代码	√	√	√	√	√	√	√	√	√
H77	故障代码	√	√	√	√	×	×	×	√	√
H79	变频器状态监视（扩展）	√	√	√	√	√	√	√	√	√
H7A	变频器状态监视	√	√	√	√	√	√	√	√	√
H7B	操作模式	√	√	√	√	√	√	√	√	√
H7F	链接参数的扩展设定	在本指令中，不能用 [S2.] 给出指令								
H6C	第 2 参数的切换	在 IVRD 指令中，通过指定 [第 2 参数指定代码] 会自动处理								

① 进行频率读出时，请在执行 IVCK 指令前向指令代码 HFF（链接参数的扩展设定）中写入"0"，否则频率可能无法读出。

变频器状态监视指令代码 H7A：如监视到 H02，则表示电动机正转中，见表 4-20。

表 4-20　变频器状态监视指令代码

项　目	命令代码	位长	内　容	示　例
变频器状态 监视器	H7A	8bit	b0：RUN（变频器运行中）[①] b1：正转中 b2：反转中 b3：SU（频率到达） b4：OL（过载） b5：— b6：FU（频率检测）[①] b7：ABC（异常）[①]	[例1]　　H02：正转中 b7　　　　　　　　　　b0 |0|0|0|0|0|0|1|0| [例2]　　H80：因发生异常而停止 b7　　　　　　　　　　b0 |1|0|0|0|0|0|0|0|
变频器 状态监视器 （扩展）	H79	16bit	b0：RUN（变频器运行中）[①] b1：正转中 b2：反转中 b3：SU（频率到达） b4：OL（过载） b5：— b6：FU（频率检测）[①] b7：ABC（异常）[①] b8：— b9：— b10：— b11：— b12：— b13：— b14：— b15：发生异常	[例1]　　H0002：正转中 b15　　　　　　　　　　　　　b0 |0|0|0|0|0|0|0|0|0|0|0|0|0|0|1|0| [例2]　　H8080：因发生异常而停止 b15　　　　　　　　　　　　　b0 |1|0|0|0|0|0|0|0|1|0|0|0|0|0|0|0|

① 括号内的信号为初始状态下的信号，其内容根据 P.190～P.192（输出端子功能选择）的设定而定。

（2）变频器运行控制指令（IVDR）　变频器运行控制指令（IVDR）的名称、编号（位数）、助记符、功能、操作数及程序步等使用要素见表 4-21。

表 4-21　变频器运行控制指令使用要素

指令名称	指令编号 （位数）	助记符	功　能	操　作　数				程　序　步
				[S1.]	[S2.]	[S3.]	n	
变频器运行 监控	FNC271 （16）	IVDR	用于写入变频器运行所需的控制	D，R， U□\G□， K，H	D，R， U□\G□， K，H	KnY，KnM， KnS，D，R， U□\G□， K，H	K，H	9 步

IVDR 指令的应用说明如图 4-32 所示。

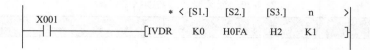

图 4-32　IVDR 指令的应用说明

［S1.］：变频器站号（K0 ~ K31）。

［S2.］：写变频器的指令代码。

［S3.］：写入到变频器的数值或保存数值的软元件地址。

n：使用的通道号（K1 或 K2）。

在图 4-32 中，当 X001 为 ON 时，将正转（指令代码 HFA）的指令数据 H2 通过通道 1 写入到变频器。

IVDR 指令中，操作数［S2.］中指定的变频器运行控制指令代码及其功能见表 4-22，有关指令代码可参考变频器的手册查看计算机链接的内容。

表 4-22　变频器运行控制指令代码及其功能

变频器运行控制指令代码（16 进制数）	写 入 内 容	适用的变频器								
		F700	A700	E700	D700	V500	F500	A500	E500	S500
HED	写入设定频率（RAM）	√	√	√	√	√③	√	√	√	√
HEE	写入设定频率（EEPROM）	√	√	√	√	√③	√	√	√	√
HF3	特殊监视的选择	√	√	√	√	√	√	√	√	√
HF4	故障内容的成批清除	√	√	√	√	×	√	√	√	×
HF9	运行指令（扩展）	√	√	√	√	√	×	×	×	×
HFA	运行指令	√	√	√	√	√	√	√	√	√
HFB	操作模式	√	√	√	√	√	√	√	√	√
HFC	参数的全部清除	√	√	√	√	√	√	√	√	√
HFD①	变频器复位②	√	√	√	√	√	√	√	√	√
HFC	用户清除	√	√	√	√	×	×	√	×	×
HFF	链接参数扩展设定	√	√	√	√	√	√	√	√	√

① 由于变频器不会对指令代码 HFD（变频器复位）给出响应，所以即使对没有连接变频器的站号执行变频器复位，也不会报错。此外，从变频器复位到指令执行结束需要约 2.2s。

② 进行变频器复位时，应在 IVDR 指令的操作数［S3.］中指定 H9696。不可使用 H9966。

③ 进行频率读出时，应在执行 IVDR 指令前向指令代码 HFF（链接参数扩展设定）中写入 "0"。没有写入 "0" 时，频率可能无法正常读出。

变频器运行指令代码 HFA：如为 H02，则表示电动机正转，见表 4-23。

表 4-23　变频器运行指令代码

项　　目	命令代码	位长	内　　容	示　　例
运行指令	HFA	8bit	b0：AU（电流输入选择）③ b1：正转指令 b2：反转指令 b3：RL（低速指令）①,③ b4：RM（中速指令）①,③ b5：RH（高速指令）①,③ b6：RT（第2功能选择）③ b7：MRS（输出停止）①,③	［例1］　H02：正转中 b7　　　　　　　　　b0 0 0 0 0 0 0 1 0 ［例2］　H00：停止 b7　　　　　　　　　b0 0 0 0 0 0 0 0 0
运行指令 （扩展）	HF9	16bit	b0：AU（电流输入选择）③ b1：正转指令 b2：反转指令 b3：RL（低速指令）①,③ b4：RM（中速指令）①,③ b5：RH（高速指令）①,③ b6：RT（第2功能选择）③ b7：MRS（输出停止）①,③ b8：— b9：— b10：— b11：RES（复位）②,③ b12：— b13：— b14：— b15：—	［例1］　H0002：正转 b15　　　　　　　　　　　　　　　　　　b0 0 0 0 0 0 0 0 0 0 0 0 0 0 0 1 0 ［例2］　H0800：低速运行（P.184 RES端子功能选择 ="0"时） b15　　　　　　　　　　　　　　　　　　b0 0 0 0 0 1 0 0 0 0 0 0 0 0 0 0 0

① 括号内的信号为初始状态下的信号，其内容由 P.180 ~ P.184（输入端子功能选择）的设定而变更。

② 括号内的信号为初始状态下的信号。由于复位无法通过网络来控制，所以初始状态下 b11 无效。使用 b11 时，应通过 P.184（RES 端子功能选择）来变更信号。（可以通过命令代码 HFD 来执行复位）。

③ P.551 =2（PU 模式操作权由 PU 接口执行），只有正转指令和反转指令可以使用。

（3）变频器参数读取指令（IVRD）　变频器参数读取指令（IVRD）的名称、编号（位数）、助记符、功能、操作数及程序步等使用要素见表 4-24。

表 4-24　变频器参数读取指令使用要素

指令名称	指令编号 （位数）	助记符	功　能	操　作　数				程　序　步
				［S1.］	［S2.］	［D.］	n	
变频器参数 读取	FNC272 （16）	IVRD	用于读取变频器参数	D,R, U□\G□, K,H	D,R, U□\G□, K,H	D,R, U□\G□	K,H	9步

IVRD 指令的应用说明如图 4-33 所示。

［S1.］：变频器站号（K0 ~ K31）。

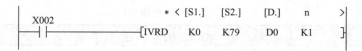

图 4-33 IVRD 指令的应用说明

[S2.]：变频器的参数号。

[D.]：保存读出值的软元件地址。

n：使用的通道号（K1 或 K2）。

在图 4-33 中，当 X002 为 ON 时，将通过通道 1 读出变频器的参数号 P.79 的值并保存到 D0 中。

（4）变频器参数写入指令（IVWR） 变频器参数写入指令（IVWR）的名称、编号（位数）、助记符、功能、操作数及程序步等使用要素，见表 4-25。

表 4-25 变频器参数写入指令使用要素

指令名称	指令编号（位数）	助记符	功能	操作数				程序步
				[S1.]	[S2.]	[S3.]	n	
变频器参数写入	FNC273（16）	IVWR	用于将变频器参数写入	D,R,U□\G□,K,H	D,R,U□\G□,K,H	D,R,U□\G□,K,H	K,H	9步

IVWR 指令的应用说明如图 4-34 所示。

图 4-34 IVWR 指令的应用说明

[S1.]：变频器站号（K0 ~ K31）。

[S2.]：写变频器的参数号。

[S3.]：写入参数值的软元件地址。

n：使用的通道号（K1 或 K2）。

在图 4-34 中，当 X003 为 ON 时，将通过通道 1 把 D10 中的值写入到变频器的参数号 P.1 中。

（5）变频器参数成批写入指令（IVBWR） 变频器参数成批写入指令（IVBWR）的名称、编号（位数）、助记符、功能、操作数及程序步等使用要素见表 4-26。

表 4-26 变频器参数成批写入指令使用要素

指令名称	指令编号（位数）	助记符	功能	操作数				程序步
				[S1.]	[S2.]	[S3.]	n	
变频器参数成批写入	FNC274（16）	IVBWR	用于将变频器参数成批写入	D,R,U□\G□,K,H	D,R,U□\G□,K,H	D,R,U□\G□	K,H	9步

IVBWR 指令的应用说明如图 4-35 所示。

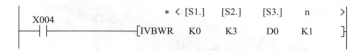

$$* < [S1.] \quad [S2.] \quad [S3.] \quad n \quad >$$

| X004 | | | | | |

[IVBWR K0 K3 D0 K1]

图 4-35　IVBWR 指令的应用说明

[S1.]：变频器站号（K0 ~ K31）。

[S2.]：写变频器的参数个数。

[S3.]：写入到变频器的数值或保存数值的软元件地址。

n：使用的通道号（K1 或 K2）。

在图 4-35 中，当 X004 为 ON 时，将通过通道 1 把 D0 开始的 3 个参数值写入变频器的参数中。其中 [S3.] 和 [S3.] +1 分别设定第一个参数号和第一个参数值，[S3.] +2 和 [S3.] +3 分别设定第二个参数号和第二个参数值，以此类推。

使用变频器通信指令时需注意，EXTR、IVCK、IVDR、IVRD、IVWR、IVBWR 不能与 RS（RS2）指令同时对同一台变频器进行通信，但 EXTR、IVCK、IVDR、IVRD、IVWR、IVBWR 对于同一个端口可以同时启动多条变频器通信指令。

三、分拣单元的拆装

1. 任务目标

1）在了解分拣单元结构组成的基础上，将分拣单元的机械部分拆开成组件和零件的形式，学会正确使用拆装工具。

2）将组件和零件组装成原样，掌握分拣单元的正确安装步骤和方法。

3）学会机械部分的装配、气路的连接和调整及电气接线。

2. 分拣单元装置侧的拆卸

1）松开底板紧固螺钉，拆下总进气气管，将分拣单元搬离设备到拆装工作台。

2）拆卸气路、电磁阀组。

3）依次拆卸接线端子及端子上的导线、端子卡座、线槽、底座等。

4）将分拣单元机械部分拆成组件。

5）将各组件拆成散件，并将拆卸下的零配件整理整齐。

3. 安装步骤和方法

（1）机械部分的安装　分拣单元机械部分的安装可分 4 个阶段进行：

1）完成传送机构组件的安装，装配传送带装置及其支座，然后将其安装到底板上，如图 4-36 所示。

2）完成驱动电动机组件安装，进一步装配联轴器，把驱动电动机组件与传送机构相连接并固定在底板上，如图 4-37 所示。

3）完成推料气缸支架、推料气缸、传感器支架、出料槽及支撑板等装配，如图 4-38 所示。

4）完成各传感器、电磁阀组件、装置侧接线端口等装配。安装完成的效果如图 4-39 所示。

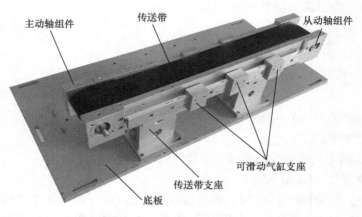

图 4-36　传送机构组件安装

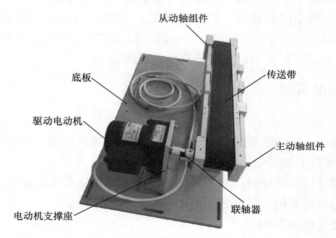

图 4-37　驱动电动机组件安装

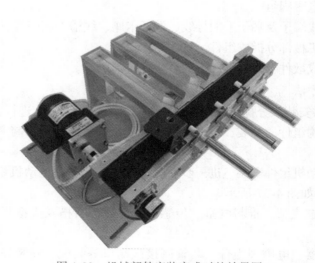

图 4-38　机械部件安装完成时的效果图

图 4-39　安装完成时的效果图

机械部分安装时应注意以下几点：

① 传送带托板与传送带两侧板的固定位置应调整好，以免传送带安装后凹入侧板表面，造成推料被卡住的现象。

② 主动轴和从动轴的安装位置不能错，主动轴和从动轴的安装板的位置不能相互调换。

③ 传送带的张紧度应调整适中。

④ 要保证主动轴和从动轴平行。

⑤ 为了使传动部分平稳可靠，噪声小，使用滚动轴承作为动力回转件，但滚动轴承及其安装配合零件均为精密结构件，对其拆装需一定的技能和专用的工具，建议不要自行拆卸。

（2）气动元件（气路）连接　同学习情境一。

（3）气路调试　同学习情境三。

（4）传感器的安装

1）磁性开关的安装。分拣单元有 3 个气动元件，即推料气缸 1、推料气缸 2、推料气缸 3，共用了 3 个磁性开关作为气动元件的极限位置检测元件。磁性开关的安装方法与供料单元中磁性开关的安装方法相同，在此不再赘述。

2）光电传感器的安装。分拣单元中光电传感器主要用于分拣口待分拣工件的检测。光电传感器安装在分拣口 U 形定位板上，其安装方法与供料单元中光电传感器的安装方法相同，在此不再赘述。

3）光纤传感器的安装。分拣单元中光纤传感器主要用于待分拣工件中工件和芯体颜色（黑色工件或白色工件、黑色芯体或白色芯体）的检测。当有白色工件或芯体通过时，光纤传感器向 PLC 发出检测信号；当黑色工件或芯体通过时，光纤传感器不发出检测信号。光纤传感器的安装方法是将光纤传感器的光纤头分别固定在分拣口 U 形定位板前端和传感器支架上面的螺孔内，然后将光纤传感器本体分别安装在 DIN 导轨上，抬高本体保护罩，提起固定按钮，将光纤顺着放大器单元侧面的光纤插入位置记号插入，然后放下固定按钮。

4）电感式传感器的安装。分拣单元中的电感式传感器用于金属工件和金属芯体的检测，当有金属工件或芯体通过检测区时，电感式传感器向 PLC 发出检测信号。电感式传感器分别安装在传感器支架侧面和上面的安装孔上，其安装方法与供料单元中电感式传感器的安装方法相同，在此不再赘述。

5）旋转编码器的安装。分拣单元中的旋转编码器安装在分拣传送带主动轴的另一端上，控制工件在传送带上运动的位置，并用来精确定位被分拣的工件进入分拣区的位置及 3 个滑槽的几何中心位置。

传感器安装时的注意事项同学习情境二。

（5）变频器安装时应注意的问题

1）拆装变频器时要注意，不要强行撬其前端盖。

2）拆装变频器 BOP 面板时要注意与接插件的插接。

3）变频器与电动机之间要做好可靠接地。

4）控制线与动力线尽量不要混槽布线。

（6）装置侧电气接线及工艺要求　电气接线包括分拣单元装置侧各传感器、电磁阀等引线到装置侧接线端口之间的接线；该单元装置侧接线端口的接线端子采用三层端子结构，详见图 0-13。

分拣单元装置侧的接线端口上各传感器和电磁阀信号端子的分配见表 4-27。

表 4-27　分拣单元装置侧接线端口信号端子的分配

输入端口中间层			输出端口中间层		
端子号	设备符号	信号线	端子号	设备符号	信号线
2	DECODE	旋转编码器 B 相	2	1YV	推料电磁阀 1
3		旋转编码器 A 相	3	2YV	推料电磁阀 2
4	SC0	光纤传感器 1	4	3YV	推料电磁阀 3
5	SC1	进料口工件检测			
6	SC2	电感式传感器 1			
7	SC3	光纤传感器 2			
8	SC4	电感式传感器 2			
9	1B	推杆一到位检测			
10	2B	推杆二到位检测			
11	3B	推杆三到位检测			
12#～17#端子没有连接			5#～14#端子没有连接		

1）磁性开关的接线。磁性开关为两线式传感器，连线时 3 个磁性开关（1B、2B、3B）的棕色线分别与分拣单元装置侧输入端口中间层 9、10、11 号端子（见表 4-27）连接，蓝色线分别与该端口下层对应端子连接。

2）光纤传感器的接线。光纤传感器为三线式传感器，连线时 2 个光纤传感器（SC0、SC3）的黑色线分别与分拣单元装置侧输入端口中间层 4、7 号端子（见表 4-27）连接，褐色线分别与该端口上层对应端子连接，蓝色线分别与该端口下层对应端子相连。

3）光电传感器的接线。光电传感器为三线式传感器，连线时 SC1 的黑色线与分拣单元装置侧输入端口中间层 5 号端子（见表 4-27）连接，褐色线与该端口上层对应端子连接，蓝色线与该端口下层对应端子连接。

4）电感式传感器的接线。电感式传感器为三线式传感器，连线时 2 个电感式传感器（SC2、SC4）的黑色线分别与分拣单元装置侧输入端口中间层 6、8 号端子（见表 4-27）连接，棕色线分别与该端口上层对应端子连接，蓝色线分别与该端口下层对应端子相连。

5）旋转编码器的接线。旋转编码器对外引出 5 根线，其中 2 根为电源连接线，接线时红色线与分拣单元装置侧输入端口上层 2 号端子连接，黑色线与该端口下层 2 号端子相连；另外 3 根为信号连接线，接线时将白色（B 相）、绿色（A 相）分别与该端口中间层 2、3 号端子（见表 4-27）连接（Z 相未使用）。

6）电磁阀的接线。电磁阀对外引出两根线，连线时 3 个电磁阀（1YV、2YV、3YV）的蓝色线分别与分拣单元装置侧输出端口中间层 2、3、4 号端子（见表 4-27）连接，红色线分别与该端口上层相应端子连接。

电气接线时的注意事项同学习情境一。

4. 检查调试

同学习情境二。

四、分拣单元的编程与运行

（一）工作任务

1. 控制要求

1）设备的工作目标是完成对白色芯金属工件、白色芯塑料工件和黑色芯的金属或塑料工件进行分拣。为了在分拣时准确推出工件，要求使用旋转编码器进行定位检测。并且工件材料和芯体颜色属性应在推料气缸前的适当位置被检测出来。

2）设备上电和气源接通后，若工作单元的三个气缸均处于缩回位置，则"正常工作"指示灯 HL1 常亮，表示设备准备好。否则，该指示灯以 1Hz 频率闪烁。

3）若设备准备好，按下起动按钮，设备起动，"设备运行"指示灯 HL2 常亮。当传送带进料口人工放下已装配的工件时，变频器即起动，驱动电动机以频率为 30Hz 的速度把工件带往分拣区。

4）如果工件为白色芯金属工件，则该工件到达出料滑槽 1 中间时，传送带停止，工件被推到出料滑槽 1 中；如果工件为白色芯塑料工件，则该工件到达出料滑槽 2 中间时，传送带停止，工件被推到出料滑槽 2 中；如果工件为黑色芯工件，则该工件到达出料滑槽 3 中间时，传送带停止，工件被推到出料滑槽 3 中。工件被推出滑槽后，该工作单元的一个工作周期结束。仅当工件被推出滑槽后，才能再次向传送带下料。

5）若在运行过程中按下停止按钮，该工作单元在本工作周期结束后停止运行。

2. 要求完成的任务

1）规划 PLC 的 I/O 分配及接线端子分配。

2）进行系统安装接线和气路连接。

3）编制 PLC 程序。

4）进行调试与运行。

（二）PLC 的 I/O 分配与接线图

根据分拣单元 I/O 信号点数及工作任务的要求，该单元 PLC 选用三菱 FX_{3U} - 32MR，为 16 点输入和 16 点输出继电器输出型。

由于工作任务中规定电动机的运行频率固定为 30Hz，可以只连接一个变频器的速度控制端子，例如 RH 端子，设定参数 P.79 = 2（固定为外部运行模式），同时须设定 P.4 = 30Hz。这样，当 FR - E740 变频器的 STF 端子和 RH 端子为 ON 时，电动机起动并以固定频率为 30Hz 的速度正向运转。

分拣单元 PLC 的 I/O 信号分配见表 4-28，I/O 接线图如图 4-40 所示。

表 4-28　分拣单元 PLC 的 I/O 信号分配

输 入 信 号				输 出 信 号			
序号	PLC 输入点	信 号 名 称	信 号 来 源	序号	PLC 输出点	信 号 名 称	信 号 来 源
1	X000	旋转编码器 B 相	装置侧	1	Y000	STF	变频器
2	X001	旋转编码器 A 相		2	Y001	RH	变频器
3	X002	白色工件检测		3			
4	X003	进料口工件检测		4			
5	X004	金属工件检测		5	Y004	推料电磁阀 1	
6	X005	白色芯体检测		6	Y005	推料电磁阀 2	
7	X006	金属芯体检测		7	Y006	推料电磁阀 3	
8	X007	推杆一到位检测		8	Y007	正常工作指示	按钮指示灯模块
9	X010	推杆二到位检测		9	Y010	设备运行指示	
10	X011	推杆三到位检测		10	Y011	报警指示	
11	X012	停止按钮	按钮指示灯模块				
12	X013	起动按钮					
13	X014	急停开关					
14	X015	单站/全线转换开关					

（三）PLC 的安装与接线

首先将 PLC 安装在导轨上，然后进行 PLC 侧接线，包括电源接线、PLC 输入/输出端子的接线以及按钮指示灯模块的接线 3 个部分。

在进行 PLC 接线时一定要依据表 4-27 和图 4-40。其余注意事项同学习情境一。

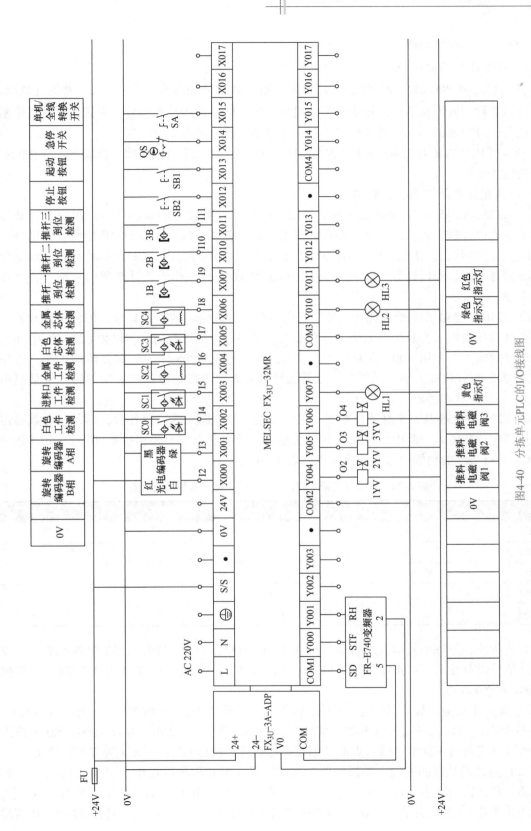

图4-40 分拣单元PLC的I/O接线图

（四）PLC 程序的编制

1. 高速计数器的编程

（1）FX₃ᵤ型 PLC 的高速计数器 高速计数器是 PLC 的编程软元件，相较于普通计数器，高速计数器用于频率高于机内扫描频率的机外脉冲计数，由于计数信号频率高，计数以中断方式进行，计数器的当前值等于设定值时，计数器的输出触点立即工作。

FX₃ᵤ型 PLC 内置有 21 点高速计数器 C235 ~ C255，每一个高速计数器都规定了其功能和占用的输入点。

1）高速计数器的功能分配如下：

① C235 ~ C245 共 11 个高速计数器，用作一相一计数输入的高速计数，即每一计数器占用 1 点高速计数输入点，计数方向可以是增计数或者减计数，取决于对应的特殊辅助继电器 M8□□□的状态。例如 C245 占用 X002 作为高速计数输入点，当对应的特殊辅助继电器 M8245 被置位时，作增计数。C245 还占用 X003 和 X007 分别作为该计数器的外部复位和置位输入端。

② C246 ~ C250 共 5 个高速计数器，用作一相二计数输入的高速计数，即每一计数器占用 2 点高速计数输入，其中一点为增计数输入，另一点为减计数输入。例如 C250 占用 X003 作为增计数输入，占用 X004 作为减计数输入，另外占用 X005 作为外部复位输入端，占用 X007 作为外部置位输入端。同样，计数器的计数方向也可以通过编程对应的特殊辅助继电器 M8□□□的状态指定。

③ C251 ~ C255 共 5 个高速计数器，用作二相二计数输入的高速计数，即每一计数器占用 2 点高速计数输入，其中一点为 A 相计数输入，另一点为与 A 相相位差90°的 B 相计数输入。C251 ~ C255 的功能和占用的输入点见表 4-29。

表 4-29 高速计数器 C251 ~ C255 的功能和占用的输入点

	X000	X001	X002	X003	X004	X005	X006	X007
C251	A	B						
C252	A	B	R					
C253				A	B	R		
C254	A	B	R				S	
C255				A	B	R		S

如前所述，分拣单元所使用的是具有 A、B 两相相位差90°的通用型旋转编码器，且 Z 相脉冲信号没有使用，可选用高速计数器 C251。这时编码器的 A、B 两相脉冲输出应连接到 X001 和 X000 点。

2）每一个高速计数器都规定了不同的输入点，但所有的高速计数器的输入点都在 X000 ~ X007 范围内，并且这些输入点不能重复使用。例如，使用了 C251，因为 X000、X001 被占用，所以规定为占用这两个输入点的其他高速计数器，例如 C252、C254 等都不能使用。

（2）高速计数器的编程 如果外部高速计数源（旋转编码器输出）已经连接到 PLC 的输入端，那么在程序中就可直接使用相对应的高速计数器进行计数。例如，在图 4-41 中，设定计数器 C255 的设置值为100，当 C255 的当前值等于100 时，C255 的触点接通，从而控制输出 Y010 为 ON。当前值等于设定值时，计数器会及时动作，但实际输出信号却依赖于扫描周期。

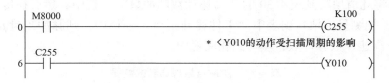

图 4-41 高速计数器的编程示例

如果希望计数器动作时就立即输出信号，就要采用中断工作方式，使用高速计数器的专用指令，FX_{3U} 型 PLC 高速处理指令中有 3 条是关于高速计数器的，都是 32 位指令。它们的具体使用方法请参考 FX_{3U} 编程手册。

下面以现场测试旋转编码器的脉冲当量为例，说明高速计数器的一般使用方法。

前面介绍的旋转编码器脉冲当量是根据传送带主动轴直径计算的，其结果只是一个估算值。在分拣单元安装调试时，除了要仔细调整尽量减少安装偏差外，还须现场测试脉冲当量值。测试的步骤如下：

1）分拣单元安装调试时，必须仔细调整电动机与主动轴联轴的同心度和传送带的张紧度。调节张紧度的两个调节螺栓应平衡调节，避免传送带运行时跑偏。传送带张紧度以电动机在输入频率为 1Hz 时能顺利起动，低于 1Hz 时难以起动为宜。测试时可把变频器设置为 P.79 = 1，P.3 = 0Hz，P.161 = 1；这样就能在操作面板上进行起动/停止操作，并且把 M 旋钮作为电位器使用进行频率调节。

2）安装调整结束后，变频器参数设置为：P.79 = 2（固定为外部运行模式），P.4 = 25Hz（高速段运行频率设定值）。

3）编写图 4-42 所示的程序，变换后写入 PLC。

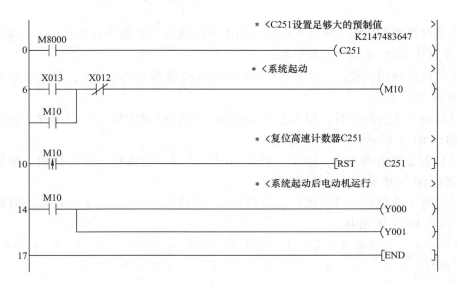

图 4-42 脉冲当量现场测试程序

4）运行 PLC 程序，并置于监控方式。在传送带进料口中心处放下工件后，按起动按钮起动运行。工件被传送到一段较长的距离后，按下停止按钮停止运行。观察监控界面上 C251 的读数，将此值填写到表 4-30 的"高速计数脉冲数"一栏中；然后在传送带上测量工件移动的距离，把测量值填写到表中"工件移动距离"一栏中，则脉冲当量 μ（计算值）= 工件移动距离/高速计数脉冲数，填写到相应栏中。

表 4-30　脉冲当量现场测试数据　　　　　　　　　　　　　　（单位：mm）

测试次数 \ 内容	工件移动距离（测量值）	高速计数脉冲数（测试值）	脉冲当量 μ（计算值）
第一次	357.8	1391	0.2572
第二次	358	1392	0.2572
第三次	360.5	1394	0.2586

5）重新把工件放到进料口中心处，按下起动按钮即进行第二次测试。进行三次测试后，求出脉冲当量 μ 平均值为：$\mu = (\mu_1 + \mu_2 + \mu_3)/3 = 0.2577\text{mm}$。

在脉冲当量测试过程中，一定要一丝不苟、精益求精，否则差之毫厘，谬以千里。

按图 4-7 所示的安装尺寸重新计算旋转编码器到各位置应发出的脉冲数：当工件从下料口中心线移至光纤传感器 2 的光纤头中心时，旋转编码器发出 324 个脉冲；移至电感式传感器 1 中心时，发出 456 个脉冲；移至第一个推杆中心点时，发出 650 个脉冲；移至第二个推杆中心点时，约发出 1021 个脉冲；移至第三个推杆中心点时，约发出 1360 个脉冲。

在分拣单元任务中，编程高速计数器的目的，是根据 C251 当前值确定工件位置，与存储到指定的变量存储器的特定位置数据进行比较，以确定程序的流向。特定位置考虑如下：

① 芯体颜色判别位置应稍后于进料口到光纤传感器 2 的光纤头中心位置，故取脉冲数为 330，存储在 D106 单元中（双整数）。

② 工件属性判别位置应稍后于进料口到电感式传感器 1 中心位置，故取脉冲数为 460，存储在 D110 单元中。

③ 从位置 1 推出的工件，停车位置应稍前于进料口到推杆一中心位置，取脉冲数为 600，存储在 D114 单元中。

④ 从位置 2 推出的工件，停车位置应稍前于进料口到推杆二中心位置，取脉冲数为 960，存储在 D118 单元中。

⑤ 从位置 3 推出的工件，停车位置应稍前于进料口到推杆三中心位置，取脉冲数为 1300，存储在 D122 单元中。

注意：特定位置数据均从进料口开始计算，因此，每当待分拣工件下料到进料口，电动机开始起动时，必须对 C251 的当前值进行一次复位（清零）操作。

2. 程序结构和程序调试

1）分拣单元的主要工作过程是分拣控制。上电后，应首先进行初始状态的检查，确认系统准备就绪后，按下起动按钮，进入运行状态，才开始分拣过程的控制。初始状态检查的程序流程与前面所述的供料、加工等单元是类似的。但前面所述的几个特定位置数据，须在上电后第 1 个扫描周期写到相应的数据存储器中。梯形图程序如图 4-43 所示。

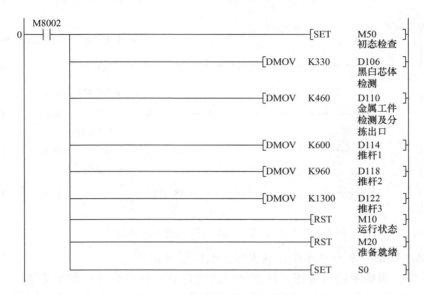

图 4-43 分拣单元初始化程序

系统进入运行状态后，应随时检查是否有停止按钮按下。若停止指令已经发出，则系统完成一个工作周期回到初始步时，应复位运行状态和初始步使系统停止。这一部分程序的编制与前面几个单元类似，请读者自行完成。但这里需要特别强调的是，分拣单元增加了起动变频器的控制程序，可以采用两种方法实现：一种是通过模拟量输入实现；另一种方法是通过 PLC 与变频器通信实现。下面分别说明：

① 通过模拟量输入实现变频器起动的程序。通过模拟量输入实现对变频器的控制，主要是利用模拟量输入输出适配器 $FX_{3U}-3A-ADP$ 将 PLC 要求变频器起动频率 30Hz 的数字量转换成模拟量电压，实现对变频器的运行控制，其 D-A 转换处理的程序如图 4-44 所示。

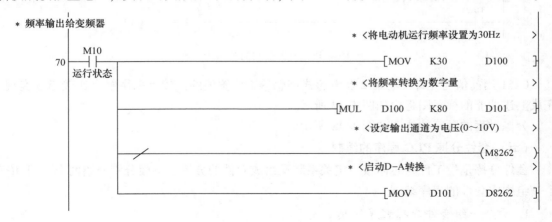

图 4-44 D-A 转换处理的程序

② 通过通信方式实现变频器起动的程序。通过通信方式实现对变频器的控制，主要是通过通信适配器 FX$_{3U}$−485ADP 及变频器通信指令实现对变频器的运行控制，其程序如图 4-45 所示。

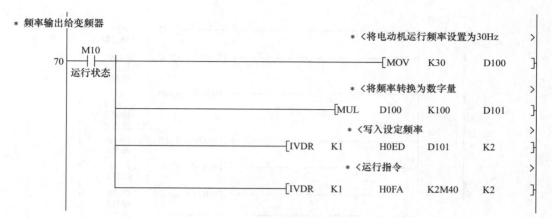

图 4-45　PLC 通过通信方式控制变频器起动的程序

2）分拣过程是一个步进顺序控制程序，编程思路如下：

① 初始步：当检测到待分拣工件下料到进料口后，复位高速计数器 C251，并以固定频率起动变频器驱动电动机运转，初始步的梯形图程序如图 4-46 所示。②当工件经过安装传感器支架上的光纤头和电感式传感器时，根据两个传感器动作与否判别芯体的颜色和工件的属性，从而决定程序的流向。

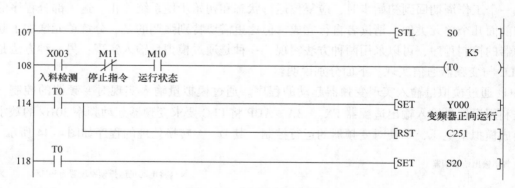

图 4-46　分拣控制的初始步

C251 当前值与光纤传感器 2 及电感式传感器 1 位置值的比较可采用触点比较指令实现。完成上述功能的梯形图程序如图 4-47 所示。

分拣过程的顺序功能图如图 4-48 所示。

（五）套件分拣 PLC 程序的编制

套件分拣是指工件与芯体按一定关系装配组成套件的分拣。下面分别介绍两个一组和三个一组构成套件的程序编制。

1. 两个一组套件分拣程序编制

经过装配和加工单元得到的成品工件构成的其中一组套件如图 4-49 所示。

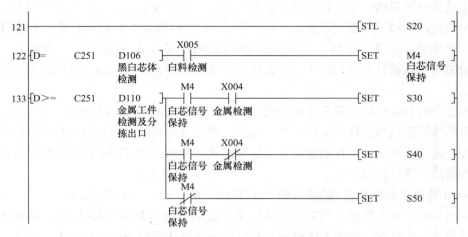

图 4-47　在传感器位置判别芯体颜色和工件属性

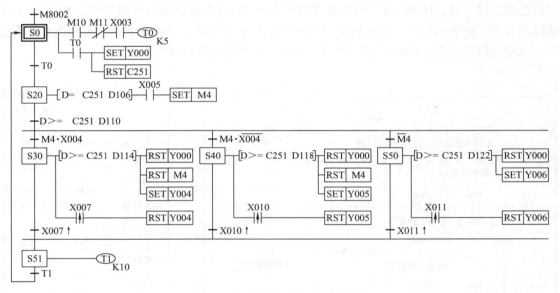

图 4-48　分拣过程的顺序功能图

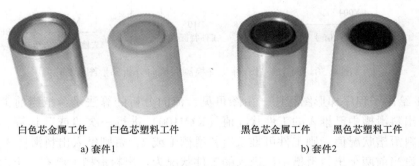

白色芯金属工件　　白色芯塑料工件　　　　黑色芯金属工件　　黑色芯塑料工件

a) 套件1　　　　　　　　　　　　　　　b) 套件2

图 4-49　两个一组套件

要求通过分拣机构，从出料滑槽 1 输出满足第一种套件关系的工件（一个白色芯金属工件和一个白色芯塑料工件搭配组合成一组套件）；从出料滑槽 2 输出满足第二种套件关系的工件（一个黑色芯金属工件和一个黑色芯塑料工件搭配组合成一组套件）；并假定每完成一组套件的输出，就被打包机构输出，而分拣时不满足上述套件关系的工件从出料滑槽 3 输出为散件。

显然套件的分拣比单纯按芯体的颜色和工件的属性进行分拣来得复杂。编程的方法是，在每次对芯体的颜色和工件的属性检测完成后，根据其检测结果与当前滑槽中已推出的工件状况，按一定的算法判定工件的流向。如果算法比较复杂，则可用子程序调用的方法，这样程序较为简洁，可读性也较好。

图 4-50 给出主程序步进顺序控制中工件检测工步（S20）的梯形图程序，当工件被传送到检测区出口时，就能根据检测区中传感器动作记忆下来的数据（M4）及检测区出口处电感式传感器的动作状况，确定芯体的颜色和工件的属性从而赋予一个特征值。由图可见，对白色芯塑料工件，D105 = 1；对白色芯金属工件，D105 = 2；对黑色芯塑料工件，D105 = 4；对黑色芯金属工件，D105 = 8。接着即可根据 D105 的值以及当前出料滑槽中已推出的工件状况进行工件的流向分析，此分析是在子程序 P10 中进行的。分析完成后 M4 和 M5 即可复位，以便进行下一个工件的检测。流向分析的结果则决定所转移的工步。

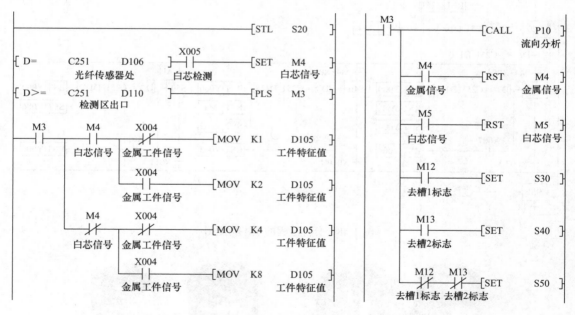

图 4-50　两个一组套件工件检测后流向分析梯形图程序

图 4-51 给出子程序梯形图程序。由图可见，流向分析的算法是：把当前工件的特征值与当前两个出料滑槽中已推入的工件状况值（K1M100）进行一次"或"运算，若运算结果大于当前出料滑槽状况值，则工件可推入出料滑槽 1 或 2，否则推入出料滑槽 3。

例如，设当前两个出料滑槽中已推入的工件状况为：出料滑槽 1 已有一个白色芯塑料工件，出料滑槽 2 已有一个黑色芯金属工件，则 K1M100 = 9（二进制值为 1001）；若当前传送

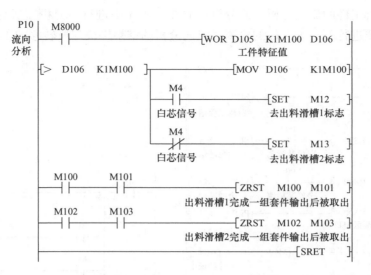

图 4-51 两个一组套件流向分析子程序梯形图程序

的工件为黑色芯塑料工件，其特征值 D105 = 4（二进制值为 0100），两者"或"运算的结果 D106 = 13（二进制值为 1101），比当前状况值大，故工件应推入出料滑槽 2 中。

2. 三个一组套件分拣程序编制

这里以三种芯体（金属、塑料白、塑料黑）与同一颜色工件（白色工件或黑色工件）组成的套件为例，其组成如图 4-52 所示。该套件的分拣要求为，出料滑槽 1 推入的为套件 1（由金属芯白色工件、白色芯白色工件、黑色芯白色工件各一个搭配组合），出料滑槽 2 推入的为套件 2（由金属芯黑色工件、白色芯黑色工件、黑色芯黑色工件各一个搭配组合），各套件中不考虑三个工件的排列顺序，并假定每完成一组套件的输出，就被打包机构取出，而分拣时不满足上述套件关系的工件作为散件推入出料滑槽 3。

金属芯白色工件 白色芯白色工件 黑色芯白色工件

a) 套件1

金属芯黑色工件 白色芯黑色工件 黑色芯黑色工件

b) 套件2

图 4-52 三个一组套件

对于上述三个工件组成套件的分拣，如图 4-53 所示，在主程序步进顺序控制工件检测步 S20 的程序中，当工件被传送至检测区出口时，就能根据检测区中传感器动作记忆下来的数据（M5、M6、M7）的状况，确定芯体的颜色和工件的属性从而赋予一个特征值并存放于数据寄存器 D105 中。由图可知，对黑色芯白色工件，D105 = 1；对白色芯白色工件，D105 = 2；对金属芯白色工件，D105 = 4；对黑色芯黑色工件，D105 = 16；对白色芯黑色工件，D105 = 32；对金属芯黑色工件，D105 = 64。然后根据 D105 的值以及当前出料滑槽中已推出的工件状况进行工件的流向分析，此分析可放在子程序中进行。分析完成后 M5、M6 和 M7 即可复位，以便进行下一个工件的检测。流向分析的结果则决定所转移的工步。

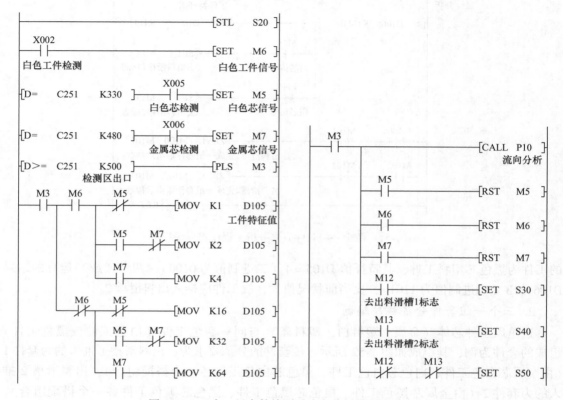

图 4-53　三个一组套件检测后流向分析梯形图程序

　　流向分析的算法是：把当前工件的特征值与当前两个出料滑槽中已推入的工件状态值 K2M100 进行字逻辑或运算，若运算结果大于当前状态值，则工件可推入出料滑槽 1 或 2，否则推入出料滑槽 3。当出料滑槽 1 或出料滑槽 2 达到一组套件，则被打包机构取出，程序是采用区间复位指令 ZRST 对其位元件（M100～M102）和（M104～M106）复位实现的，其子程序如图 4-54 所示。

　　应当指出，上述两种套件分拣的算法程序，均没有考虑套件组合的顺序，如果要求套件按照一定的顺序组成，只要在流向分析子程序中，根据组合顺序要求对去出料滑槽 1、出料滑槽 2 标志 M12 和 M13 加以限定即可实现。

　　（六）调试与运行

　　1）调整气动部分，检查气路是否正确、气压是否合理、气缸的动作速度是否合理。

　　2）检查磁性开关的安装位置是否到位，磁性开关工作是否正常。

　　在分拣单元通电、气源接通的条件下，手动控制 1YV、2YV、3YV，使推料气缸 1、推料气缸 2、推料气缸 3 动作和返回，观察 PLC 输入端 X007、X010、X011 的 LED 是否点亮，若不亮应检查磁性开关的安装位置及接线。

　　3）检查 I/O 接线是否正确。

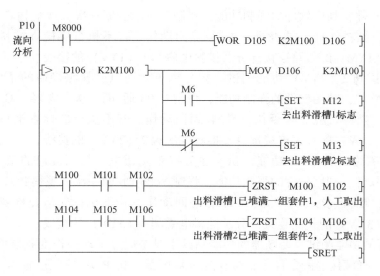

图4-54　三个一组套件流向分析子程序梯形图程序

4）检查光电传感器、光纤传感器、电感式传感器、旋转编码器安装是否合理，距离设定是否合适，保证检测的可靠性。

① 光电传感器、光纤传感器、电感式传感器的功能测试。在分拣单元通电、气源接通的条件下，首先在分拣口放入工件模拟进料口工件检测，观察PLC输入端X003的LED是否点亮，若不亮应检查光电传感器的安装位置及接线。

再在分拣口放入白色工件，观察PLC输入端X002的LED是否点亮，若不亮应检查光纤传感器1的安装位置及接线。

然后在传感器支架下方放入白色芯金属工件，观察PLC输入端X004、X005的LED是否点亮，若不亮应检查电感式传感器1和光纤传感器2的安装位置及接线。

最后在传感器支架下方放入金属芯塑料工件，观察PLC输入端X006的LED是否点亮，若不亮应检查电感式传感器2的安装位置及接线。

② 旋转编码器功能测试。在分拣单元通电、气源接通的条件下，用手转动传送带电动机输出驱动轴，观察PLC输入端X000、X001的LED是否闪亮，若不闪亮或不亮应检查旋转编码器的安装及接线。

5）按钮指示灯的功能测试。

① 按钮的功能测试。分拣单元接通电源，用手按下停止按钮、起动按钮、急停开关、单机/全线转换开关，观察PLC输入端X012、X013、X014、X015的LED是否点亮，若不亮应检查对应的按钮或开关及连接线。

② 指示灯的功能测试。分拣单元通电，进入GX Developer编程软件，利用软件的强制功能，分别强制PLC的Y007、Y010、Y011置1，观察PLC的输出端Y007、Y010、Y011的LED是否点亮，按钮指示灯模块对应的黄色指示灯、绿色指示灯、红色指示灯是否点亮，若不亮应检查指示灯及连接线。

6）气动元件的功能测试。

① 推料电磁阀1（1YV）功能测试。在分拣单元通电、气源接通的条件下，进入GX

Developer 编程软件,利用软件的强制功能,强制 Y004 通/断一次,观察 PLC 输出端 Y004 的 LED 是否点亮,推料气缸 1 是否执行推料/缩回动作。若不执行应检查推料气缸 1 (1A)、推料电磁阀 1 (1YV) 的气路连接部分及推料电磁阀 1 (1YV) 的接线。

② 推料电磁阀 2 (2YV) 功能测试。在分拣单元通电、气源接通的条件下,进入 GX Developer 编程软件,利用软件的强制功能,强制 Y005 通/断一次,观察 PLC 输出端 Y005 的 LED 是否点亮,推料气缸 2 是否执行推料/缩回动作。若不执行应检查推料气缸 2 (2A)、推料电磁阀 2 (2YV) 的气路连接部分及推料电磁阀 2 (2YV) 的接线。

③ 推料电磁阀 3 (3YV) 功能测试。在分拣单元通电、气源接通的条件下,进入 GX Developer 编程软件,利用软件的强制功能,强制 Y006 通/断一次,观察 PLC 输出端 Y006 的 LED 是否点亮,推料气缸 3 是否执行推料/缩回动作。若不执行应检查推料气缸 3 (3A)、推料电磁阀 3 (3YV) 的气路连接部分及推料电磁阀 3 (3YV) 的接线。

7) 变频器的功能测试。变频器的功能测试主要是通过手动操作变频器面板进行的,在分拣单元通电、气源接通的条件下,接通变频器电源,将 P.79 的值设置为 1,变频器固定为 PU 运行模式,然后在面板上按下起动指令键 RUN,起动变频器并观察电动机的运行情况。若不能运行应检查变频器及接线。

(七) 问题与思考

1) 运行过程中若出现工件不能准确被推入出料滑槽或者黑色芯体工件被推入第一个出料滑槽等现象,请分析其原因,总结处理方法。

2) 如果需要考虑紧急停止等因素,程序应如何编制?

3) 旋转编码器的 A、B、Z 分别代表什么?是否必须都要与 PLC 输入端连接?

4) 何为脉冲当量?试述脉冲当量的测试方法,并编制控制程序。

5) 若分拣单元三相异步电动机调速时,变频器采用模拟量适配器 FX₃ᵤ - 3A - ADP 控制,如果要实时显示变频器的运行频率,试编制控制程序。

6) 若分拣单元三相异步电动机调速时,变频器采用通信适配器 FX₃ᵤ-485ADP 控制,如果要实时显示变频器的运行频率,试编制控制程序。

7) 查找我国快递行业智能分拣机器人相关资料和视频,写一篇关于智能分拣系统的观(读)后感。

五、任务实施与考核

(一) 任务实施

基于分拣单元单站运行,要求学生以小组 (2~3 人) 为单位,完成机械部分、传感器、气路等拆装,电气部分接线,PLC 程序编制及单元的调试运行。

学生应完成的学习材料要求如下:

1) 分拣单元拆装与调试工作计划。

2) 气动回路原理图。

3) PLC I/O 接线图。

4) 梯形图。

5) 任务实施记录单,见表 4-31。

表 4-31 任务实施记录单

课 程 名 称	自动化生产线拆装与调试		
学习情境四	分拣单元的拆装与调试		
实 施 方 式	学生集中时间独立完成，教师检查指导		
序号	实 施 过 程	出现的问题	解决的方法
实施总结			
班级		组号	姓名
指导教师签字			日期

（二）任务考核

填写任务实施考核评价表，见表 4-32。

表 4-32 任务实施考核评价表

课程名称	自动化生产线拆装与调试					
学习情境四	分拣单元的拆装与调试					
评价项目	内容	配分	要　　求	互评	教师评价	综合评价
实施过程	机械部分拆装与调整	20 分	能正确使用拆装工具完成机械部分的拆装，机械部分动作顺畅协调，紧固件无松动，辅助件安装到位			
	气路部分拆装与连接	10 分	气动系统拆装正确，气动元件安装紧固，气路连接正确，无漏气现象，气缸运行顺畅平稳，动作速度合理			
	电气部分拆装与接线	10 分	PLC拆装正确，接线规范整齐，接线符合工艺要求（接线端口的导线应套上标号管，且标注规范，PLC侧所有端子接线必须采用压接方式），接线端子连接牢固，无松动现象，电气接线满足原理图要求			
功能测试	传感器功能测试	5 分	磁性开关、光纤传感器、电感式传感器调试能按控制要求正确指示			
	电磁阀功能测试	5 分	电磁阀能按控制要求正确动作			
	分拣单元运行	10 分	初始状态正确，能正确完成分拣控制，能正常起动、停止，状态显示正确			
团队协作职业素养	分工与配合	5 分	任务分配合理，分工明确，配合紧密			
	职业素养	5 分	注重安全操作，工具及器件摆放整齐			
任务书及成果清单的填写	任务书	10 分	搜集信息，引导问题回答正确			
	工作计划	3 分	计划步骤安排合理，时间安排合理			
	材料清单	2 分	材料齐全			
	气动回路原理图	3 分	气动回路原理图绘制正确、规范			
	I/O接线图	4 分	I/O接线图绘制正确，符号规范			
	梯形图	4 分	程序正确			
	调试运行记录单	4 分	气动回路调试及整体运行调试过程记录完整、真实			
总评						
班级		姓名		组号		组长签字
指导教师签字				日期		

输送单元的拆装与调试

教学目标	能力目标	1. 会分析输送单元的工作过程 2. 能进行本单元气路的连接 3. 会进行本单元传感器的安装接线，并能正确调试 4. 能进行程序的离线和在线调试 5. 会伺服系统的安装及电气接线，并能根据控制要求设置伺服驱动器参数 6. 能在规定时间内完成输送单元的安装与调整，能根据控制要求完成程序的编制与调试，并能解决安装与运行过程中出现的问题
	知识目标	1. 熟悉输送单元的结构组成及工作过程 2. 掌握伺服电动机的特性及伺服驱动器的基本原理 3. 掌握 FX_{3U} 系列 PLC 定位指令的功能和编程方法 4. 熟练使用步进指令编制伺服电动机运动控制程序
教 学 重 点		气路的调整、传感器的调试、机械手装置运动控制程序的编制
教 学 难 点		归零控制及定位控制的编程，控制程序的编制与调试运行
教学方法、手段建议		采用项目教学法、任务驱动法、理实一体化教学法等开展教学，在教学过程中，教师讲授与学生讨论相结合，传统教学与信息化技术相结合，充分利用云课堂教学平台、微课等教学手段，将教室与实训室有机融合，引导学生做中学、学中做，教、学、做合一
参 考 学 时		16 学时

一、输送单元的组成及工作过程

YL‑335B 出厂配置时，输送单元在网络系统中担任着主站的角色，它接收来自触摸屏的系统主令信号，读取网络上各从站的状态信息，加以综合后，向各从站发送控制要求，协调整个系统的工作。

输送单元主要由机械手装置、直线运动传动组件、拖链装置、电磁阀组、伺服电动机及伺服驱动器、传感器、PLC 模块、接线端口、按钮指示灯模块等组成。其装置侧部分如图 5-1 所示。

输送单元的功能是驱动机械手装置精确定位到指定单元的物料台，在物料台上抓取工件，把抓取到的工件输送到指定位置然后放下。

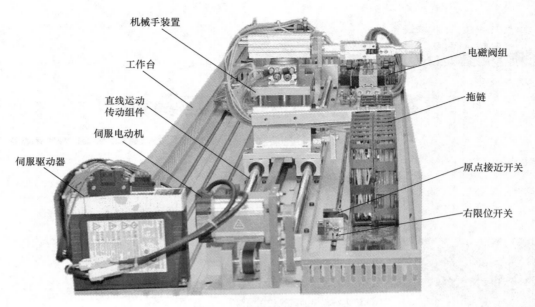

图 5-1　输送单元装置侧部分

1. 机械手装置

　　机械手装置是一个能实现三自由度运动（即升降、伸缩、气动手指夹紧/松开和沿垂直轴旋转的四维运动）的工作单元，该装置整体安装在直线运动传动组件的滑动溜板上，在直线运动传动组件的带动下整体作直线往复运动，定位到其他各工作单元的物料台，然后完成抓取和放下工件的功能。图5-2是该装置的实物图。

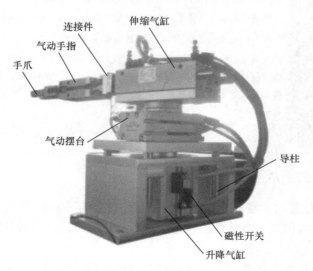

图 5-2　机械手装置

　　具体构成如下：

　　1）气动手指：用于在各个工作站物料台上抓取/放下工件，由一个双电控二位五通电磁换向阀控制。

2）伸缩气缸：用于驱动手臂伸出缩回，由一个单电控二位五通电磁换向阀控制。

3）摆动气缸（气动摆台）：用于驱动手臂正反向90°旋转，由一个双电控二位五通电磁换向阀控制。

4）升降气缸：用于驱动整个机械手装置提升与下降，由一个单电控二位五通电磁换向阀控制。

2. 直线运动传动组件

直线运动传动组件用以拖动机械手装置作往复直线运动，完成精确定位的功能。该组件的俯视图如图5-3所示。

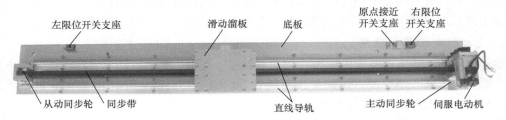

图5-3 直线运动传动组件

直线运动传动组件和机械手装置组装起来的示意图如图5-4所示。

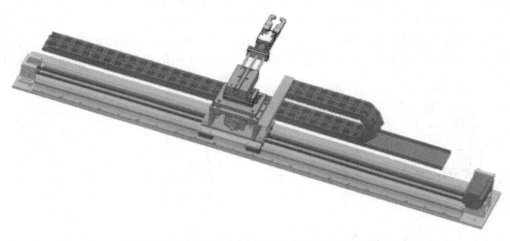

图5-4 直线运动传动组件和机械手装置组装示意图

直线运动传动组件由直线导轨底板，伺服电动机及伺服驱动器，同步轮，同步带，直线导轨，滑动溜板，拖链带，原点接近开关（也称原点开关、原点传感器）和左、右限位开关组成。

伺服电动机由伺服驱动器驱动，通过同步轮和同步带带动滑动溜板沿直线导轨作往复直线运动，从而带动固定在滑动溜板上的机械手装置作往复直线运动。同步轮齿距为5mm，共12个齿，即旋转一周搬运机械手的位移为60mm。

机械手装置上所有气管和导线沿拖链带敷设，进入线槽后分别连接到电磁阀组和接线端口上。

原点接近开关和左、右限位开关安装在直线导轨底板上，如图5-5所示。

图 5-5　原点接近开关和右限位开关

原点接近开关是一个无触点的电感式传感器，用来提供直线运动的起始点信号。关于电感式传感器的工作原理及选用、安装注意事项请参阅学习情境一。

左、右限位开关均是有触点的微动开关，用来提供越程故障时的保护信号。当滑动溜板在运动中越过左或右限位位置时，限位开关会动作，从而向系统发出越程故障信号。

3. 气动控制回路原理图

输送单元的气动系统主要由气源、气动汇流排、气缸、单电控和双电控二位五通电磁换向阀、单向节流阀、消声器、快速接头和气管等组成，它们的主要作用是完成机械手的伸缩、夹紧/松开、升降、旋转等操作。

输送单元气动控制回路原理图如图 5-6 所示。图中 1A、2A、3A 和 4A 分别为升降气缸、伸缩气缸、摆动气缸和气动手指。1B1、1B2 分别为安装在升降气缸上两个工作位置的磁性开关。2B1、2B2 分别为安装在伸缩气缸上两个工作位置的磁性开关。3B1、3B2 分别为安装在摆动气缸上两个工作位置的磁性开关。4B1 为安装在气动手指上的夹紧位置检测的磁性开关。1YV、2YV 分别为控制升降气缸和伸缩气缸的单电控二位五通电磁换向阀。（3YV1，3YV2）和（4YV1，4YV2）分别为控制摆动气缸和气动手指的双电控二位五通电磁换向阀。

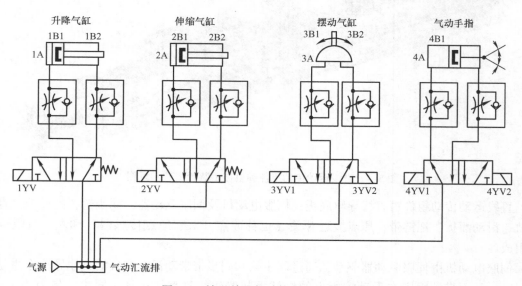

图 5-6　输送单元气动控制回路原理图

双电控二位五通电磁换向阀如图 5-7 所示。双电控电磁阀与单电控电磁阀的区别在于，对于单电控电磁阀，在无电控信号时，阀芯在弹簧力的作用下会被复位，而对于双电控电磁阀，在两端都无电控信号时，阀芯的位置取决于前一个电控信号。

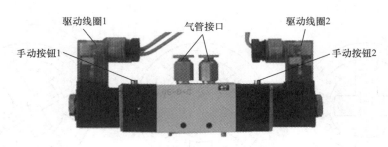

图 5-7　双电控二位五通电磁换向阀

注意：双电控电磁阀的两个电控信号不能同时为"1"，即在控制过程中不允许两个线圈同时得电，否则，可能会造成电磁线圈烧毁，当然，在这种情况下阀芯的位置是不确定的。

二、知识链接

输送单元中，驱动机械手装置沿直线导轨作往复运动的动力源，可以是步进电动机，也可以是伺服电动机，视任务的内容而定。变更任务要求时，由于所选用的步进电动机和伺服电动机，其安装孔大小及孔距相同，更换是十分容易的。步进电动机和伺服电动机都是机电一体化技术的关键产品，具体介绍如下。

（一）认知步进电动机及其驱动装置

1. 步进电动机简介

步进电动机是将电脉冲信号转换为相应的角位移或直线位移的一种特殊执行电动机。每输入一个电脉冲信号，电动机就转动一个角度，它的运动形式是步进式的，所以称为步进电动机。

（1）步进电动机的工作原理　下面以最简单的三相反应式步进电动机为例，简单介绍步进电动机的工作原理。

图 5-8 是三相反应式步进电动机的原理图。定子铁心为凸极式，共有三对（六个）磁极，每两个空间相对的磁极上绕有一相控制绕组。转子用软磁性材料制成，也是凸极结构，只有四个齿，齿宽等于定子的极宽。

当 A 相控制绕组通电，其余两相均不通电时，电动机内建立以定子 A 相极为轴线的磁场。由于磁通具有力图走磁阻最小路径的特点，使转子齿 1、3 的轴线与定子 A 相极轴线对齐，如图 5-8a 所示。若 A 相控制绕组断电、B 相控制绕组通电，转子在反应转矩的作用下，逆时针转过 30°，使转子齿 2、4 的轴线与定子 B 相极轴线对齐，即转子走了一步，如图 5-8b 所示。若再断开 B 相，使 C 相控制绕组通电，则转子逆时针方向再转过 30°，使转子齿 1、3 的轴线与定子 C 相极轴线对齐，如图 5-8c 所示。如此按 A—B—C—A 的顺序轮流通电，转子就会一步一步地沿逆时针方向转动。

其转速取决于各相控制绕组通电与断电的频率，旋转方向取决于控制绕组轮流通电的顺序。若按 A—C—B—A 的顺序通电，则电动机沿顺时针方向转动。

上述通电方式称为三相单三拍。"三相"是指三相步进电动机；"单三拍"是指每次只有一相控制绕组通电，控制绕组每改变一次通电状态称为一拍，"三拍"是指改变三次通电

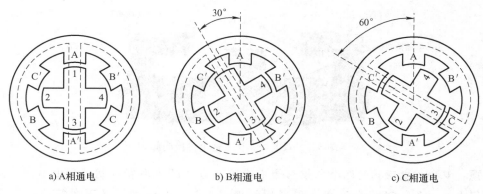

a) A相通电   b) B相通电   c) C相通电

图 5-8　三相反应式步进电动机的原理图

状态为一个循环。把每一拍转子转过的角度称为步距角。三相单三拍运行时，步距角为30°。显然，这个角度太大，不能付诸实用。

如果把控制绕组的通电方式改为 A→AB→B→BC→C→CA→A，则完成一个循环需六次改变通电状态，称为三相单、双六拍通电方式。当 A、B 两相绕组同时通电时，转子齿的位置应同时考虑到两对定子极的作用，A 相极和 B 相极对转子齿所产生的磁拉力相平衡的中间位置，才是转子的平衡位置。这样，三相单、双六拍通电方式下转子平衡位置增加了一倍，步距角为 15°。进一步减少步距角的措施是采用定子磁极带有小齿、转子齿数很多的结构，分析表明，这样结构的步进电动机，其步距角可以做得很小。一般地说，实际的步进电动机产品，都采用这种方法实现步距角的细分。例如输送单元所选用的 Kinco 三相步进电动机 3S57Q－04056，其步距角在整步方式下为 1.8°，半步方式下为 0.9°。除了步距角外，步进电动机还有保持转矩、阻尼转矩等技术参数，这些参数的物理意义请参阅有关步进电动机的专门资料。3S57Q－04056 部分技术参数见表 5-1。

表 5-1　3S57Q－04056 部分技术参数

参 数 名 称	步距角/°	相电流/A	保持转矩/(N·m)	阻尼转矩/(N·m)	电动机转动惯量/(kg·cm²)
参数值	1.2×(1±5%)	5.6	0.9	0.04	0.3

（2）步进电动机的使用　使用步进电动机一是要注意正确地安装，二是要注意正确地接线。

安装步进电动机，必须严格按照产品说明的要求进行。步进电动机是精密装置，安装时注意不要敲打它的轴端，更千万不要拆卸电动机。

不同的步进电动机的接线有所不同，3S57Q－04056 的接线如图 5-9 所示，三相绕组的六根引出线，必须按头尾相连的原则连接成三角形。改变绕组的通电顺序就能改变步进电动机的转动方向。

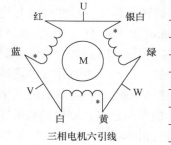

三相电机六引线

线色	电动机信号
红色	U
银白色	U
蓝色	V
白色	V
黄色	W
绿色	W

图 5-9　3S57Q－04056 的接线

2. 步进电动机的驱动装置

步进电动机需要专门的驱动装置（驱动器）供电，驱动器和步进电动机是一个有机的整体，步进电动机的运行性能是电动机及其驱动器二者配合所反映的综合效果。

步进电动机大都有其对应的驱动器，例如，与 Kinco 三相步进电动机 3S57Q－04056 配套的驱动器是 Kinco 3M458 三相步进电动机驱动器。图 5-10 和图 5-11 分别是它的外观图和典型接线图。图中，驱动器可采用直流 24～40V 电源供电。YL－335B 中，该电源由输送单元专用的开关稳压电源（DC 24V，8A）供给。输出电流和控制信号规格为：

1）输出相电流为 3.0～5.8A，输出相电流通过拨动开关设定；驱动器采用自然风冷的冷却方式。

2）控制信号输入电流为 6～20mA，控制信号的输入电路采用光耦合器隔离。输送单元 PLC 输出端使用的是 DC 24V 工作电源，所使用的限流电阻 R_1 为 2kΩ。

图 5-10　Kinco 3M458 外观图

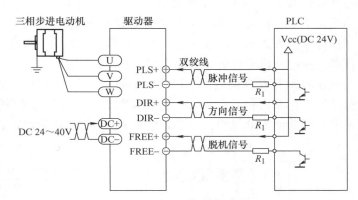

图 5-11　Kinco 3M458 的典型接线图

由图可见，步进电动机驱动器的功能是接收来自控制器（PLC）的一定数量和频率的脉冲信号以及电动机旋转方向信号，为步进电动机输出三相功率脉冲信号。

步进电动机驱动器的组成包括脉冲分配器和脉冲放大器两部分，主要解决向步进电动机的各相绕组分配输出脉冲和功率放大两个问题。

脉冲分配器是一个数字逻辑单元，它接收来自控制器的脉冲信号和方向信号，把脉冲信号按一定的逻辑关系分配到每相脉冲放大器上，使步进电动机按选定的运行方式工作。由于步进电动机各相绕组是按一定的通电顺序并不断循环来实现步进功能的，因此脉冲分配器也称为环形分配器。实现这种分配功能的方法有多种，例如，可以由双稳态触发器和门电路组成，也可由可编程逻辑器件组成。

脉冲放大器的作用是进行脉冲功率放大。由于脉冲分配器能够输出的电流很小（毫安级），而步进电动机工作时需要的电流较大，因此需要进行功率放大。此外，输出的脉冲波形、幅度、波形前沿陡度等因素对步进电动机的运行性能也有重要影响。3M458 驱动器采取如下措施，大大改善了步进电动机的运行性能：

① 内部驱动直流电压达 40V，能提供更好的高速性能。

② 具有电动机静态锁紧状态下的自动半流功能，可大大降低电动机的发热。而为调试方便，驱动器还有一对脱机信号输入线 FREE＋和 FREE－（见图 5-11），当这一信号为 ON

时，驱动器将断开输入到步进电动机的电源回路。YL-335B 没有使用这一信号，目的是使步进电动机在上电后，即使静止时也保持自动半流的锁紧状态。

③ 3M458 驱动器采用交流伺服驱动原理，把直流电压通过脉宽调制技术变为三路阶梯式正弦波形电流，如图 5-12 所示。

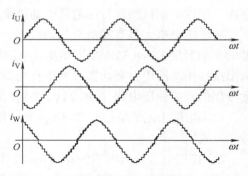

图 5-12 相位差 120°的三相阶梯式正弦电流

阶梯式正弦波形电流按固定时序分别流过三路绕组，其每个阶梯对应电动机转动一步。通过改变驱动器输出正弦电流的频率来改变电动机转速，而输出的阶梯数确定了每步转过的角度，每步转过的角度越小，其阶梯数就越多，即细分就越大，从理论上说此角度可以设得足够小，所以细分数可以很大。3M458 驱动器的驱动细分功能最高可达 10000 步/转，细分可以通过拨动开关设定。

细分驱动方式不仅可以减小步进电动机的步距角，提高分辨率，而且可以减少或消除低频振动，使电动机运行更加平稳均匀。

在 3M458 驱动器的侧面连接端子中间有一个红色的八位 DIP 功能设定开关，可以设定驱动器的工作方式和工作参数，包括细分设置、静态电流设置和运行电流设置。图 5-13 是该 DIP 开关功能划分说明，表 5-2 和表 5-3 分别为细分设置表和电流设置表。

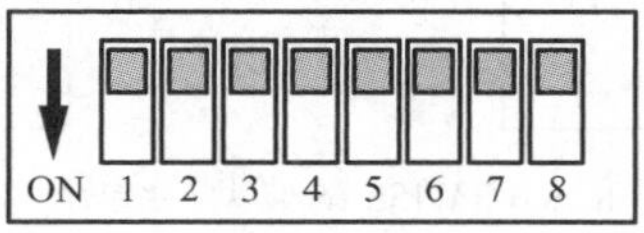

开关序号	ON功能	OFF功能
DIP1～DIP3	细分设置用	细分设置用
DIP4	静态电流全流	静态电流半流
DIP5～DIP8	电流设置用	电流设置用

图 5-13 3M458 驱动器 DIP 开关功能划分说明

表 5-2 细分设置表

DIP1	DIP2	DIP3	细 分
ON	ON	ON	400 步/转
ON	ON	OFF	500 步/转
ON	OFF	ON	600 步/转
ON	OFF	OFF	1000 步/转
OFF	ON	ON	2000 步/转
OFF	ON	OFF	4000 步/转
OFF	OFF	ON	5000 步/转
OFF	OFF	OFF	10000 步/转

表 5-3 电流设置表

DIP5	DIP6	DIP7	DIP8	输出电流
OFF	OFF	OFF	OFF	3.0A
OFF	OFF	OFF	ON	4.0A
OFF	OFF	ON	ON	4.6A
OFF	ON	ON	ON	5.2A
ON	ON	ON	ON	5.8A

步进电动机传动组件的基本技术数据如下：

3S57Q 04056 步进电动机的步距角为 1.8°，即在无细分的条件下 200 个脉冲电动机转一圈（通过驱动器设置细分精度最高可以达到 10000 个脉冲电动机转一圈）。

对于采用步进电动机作为动力源的 YL-335B 系统，出厂时驱动器细分设置为 10000 步/转。如前所述，直线运动传动组件的同步轮齿距为 5mm，共 12 个齿，旋转一周搬运机械手的位移为 60mm，即每步机械手位移 0.006mm。电动机驱动电流设为 5.2A。静态锁定方式为静态半流。

3. 使用步进电动机应注意的问题

控制步进电动机运行时，应注意考虑防止步进电动机在运行中失步的问题。步进电动机失步包括丢步和越步。丢步时，转子前进的步数小于脉冲数；越步时，转子前进的步数多于脉冲数。丢步严重时，转子将停留在一个位置上或围绕一个位置振动；越步严重时，设备将发生过冲。

使机械手装置返回原点的操作，可能会出现越步情况。当机械手装置回到原点时，原点接近开关动作，使指令输入 OFF，但如果到达原点前速度过高，惯性转矩将大于步进电动机的保持转矩而使步进电动机越步，因此回原点的操作应确保足够低速为宜。（注：所谓保持转矩是指电动机各相绕组通额定电流，且处于静态锁定状态时，电动机所能输出的最大转矩，它是步进电动机最主要的参数之一）当步进电动机驱动机械手装置高速运行紧急停止时，越步情况将不可避免，因此急停复位后应采取先低速返回原点重新校准、再恢复原有操作的方法。由于电动机绕组本身是感性负载，输入频率越高，励磁电流就越小。输入频率高，磁通量变化加剧，涡流损失加大。因此，输入频率增高时，输出力矩降低。最高工作频率的输出力矩只能达到低频转矩的 40%~50%。进行高速定位控制时，如果指定频率过高，会出现丢步现象。

此外，如果机械部件调整不当，会使机械负载增大。步进电动机不能过负载运行，哪怕是瞬间，都会造成失步，严重时停转或不规则原地反复振动。

（二）认知伺服电动机及伺服驱动器

1. 永磁交流伺服系统概述

现代高性能的伺服系统，大多数采用永磁交流伺服系统，其中包括永磁同步交流伺服电动机和全数字永磁同步交流伺服驱动器两部分。

（1）交流伺服电动机工作原理　交流伺服电动机内部的转子是永久磁铁，驱动器控制的 U/V/W 三相电形成电磁场，转子在此磁场的作用下转动，同时电动机自带的编码器反馈信号给驱动器，驱动器根据反馈值与目标值进行比较，调整转子转动的角度。伺服电动机的精度决定于编码器的精度（线数）。

永磁同步交流伺服驱动器主要由伺服控制单元、功率驱动单元、通信接口单元、伺服电动机及相应的反馈检测器件组成，其中伺服控制单元包括位置控制器、速度控制器、转矩和电流控制器等。系统结构组成如图 5-14 所示。

伺服驱动器控制伺服电动机（Permanent Magnetic Servo Motor，PMSM）时，可分别工作在电流（转矩）、速度、位置控制方式下。系统基于电动机的两相电流反馈（I_a、I_b）和电动机位置反馈工作。将测得的相电流（I_a、I_b）结合位置信息，经坐标变化（从 abc 坐标系

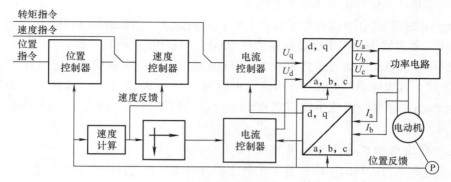

图 5-14　系统结构组成

转换到转子 dq 坐标系），得到 I_d，I_q 分量，分别进入各自的电流调节器。电流控制器的输出经过反向坐标变化（从 dq 坐标系转换到 abc 坐标系），得到三相电压指令。控制芯片通过这三相电压指令，经过反向、延时后，得到 6 路脉宽调制（Pulse Width Modulation，PWM）波输出到功率器件，控制电动机运行。

伺服驱动器均采用数字信号处理器（DSP）作为控制核心，其优点是可以实现比较复杂的控制算法，实现数字化、网络化和智能化。功率器件普遍采用以智能功率模块（Intelligent Power Module，IPM）为核心设计的驱动电路，IPM 内部集成了驱动电路，同时具有过电压、过电流、过热、欠电压等故障检测保护电路，在主电路中还加入软起动电路，以减小起动过程对驱动器的冲击。

功率驱动单元首先通过整流电路对输入的三相电或者单相电进行整流，得到相应的直流电。再通过三相正弦 PWM 电压型逆变器变频来驱动三相永磁同步交流伺服电动机。

逆变部分（DC - AC）采用集保护电路和功率开关于一体的智能功率模块（IPM），主要拓扑结构是采用了三相桥式电路，原理图如图 5-15 所示。采用脉宽调制（PWM）技术，通过改变功率晶体管交替导通的时间来改变逆变器输出波形的频率，通过改变每半周期内晶体管的通断时间比（也就是说通过改变脉冲宽度）来改变逆变器输出电压幅值的大小，以达到调节功率的目的。

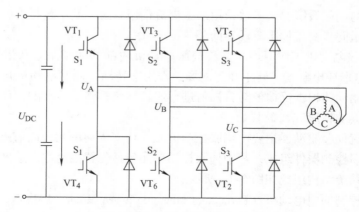

图 5-15　三相桥式电路原理图

（2）系统的位置控制模式　图 5-14 和图 5-15 说明如下两点。

1）伺服驱动器输出到伺服电动机的三相电压波形基本是正弦波（高次谐波被绕组电感滤除），而不是像步进电动机那样是三相脉冲序列，即使从位置控制器输入的是脉冲信号。

2）伺服系统用作定位控制时，位置指令输入到位置控制器，速度控制器输入端前面的电子开关切换到位置控制器输出端，同样，电流控制器输入端前面的电子开关切换到速度控制器输出端。因此，位置控制模式下的伺服系统是一个三闭环控制系统，两个内环分别是电流环和速度环。

由自动控制理论可知，这样的系统结构提高了系统的快速性、稳定性和抗干扰能力。在足够高的开环增益下，系统的稳态误差接近为零。这就是说，在稳态时，伺服电动机以指令脉冲和反馈脉冲近似相等时的速度运行。反之，在达到稳态前，系统将在偏差信号作用下驱动电动机加速或减速。若指令脉冲突然消失（例如紧急停车时，PLC 立即停止向伺服驱动器发出驱动脉冲），伺服电动机仍会运行到反馈脉冲数等于指令脉冲消失前的脉冲数才停止。

（3）位置控制模式下电子齿轮的概念　位置控制模式下，等效的单闭环系统框图如图 5-16 所示。

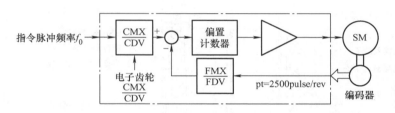

图 5-16　等效的单闭环系统框图

图中，指令脉冲信号和电动机编码器反馈脉冲信号进入驱动器后，均通过电子齿轮变换才进行偏差计算。电子齿轮实际是一个分-倍频器，合理搭配它们的分-倍频值，可以灵活地设置指令脉冲的行程。

例如 YL－335B 所使用的松下 MINAS A5 系列 AC 伺服电动机及伺服驱动器，电动机编码器反馈脉冲为 2500ppr。默认情况下，驱动器反馈脉冲电子齿轮分-倍频值为 4 倍频。如果希望指令脉冲为 6000ppr，那么就应把指令脉冲电子齿轮的分-倍频值设置为 10000/6000。从而实现 PLC 每输出 6000 个脉冲，伺服电动机旋转一周，驱动机械手恰好移动 60mm 的整数倍关系。具体设置方法将在后面内容说明。

2. 松下 MINAS A5 系列 AC 伺服电动机及伺服驱动器

在 YL－335B 的输送单元中，采用了松下 MINAS－A5 系列的 MSME022G1S 永磁同步交流伺服电动机以及 MADHT1507E 全数字永磁同步交流伺服驱动器作为运输机械手的运动控制装置。该伺服电动机外观及各部分名称如图 5-17 所示。

MSME022G1S 的含义："MSME"表示电动机类型为大惯量；"02"表示电动机的额定功率为 200W；"2"表示电压规格为 200V；"G"表示编码器为增量式编码器，脉冲数为 2500p/r，分辨率为 10000，输出信号线数为 5；"1S"表示标准设计，电动机结构为有键槽、无保持制动器、无油封。

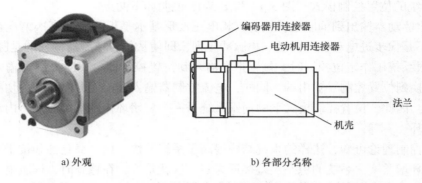

a) 外观   b) 各部分名称

图 5-17   MSME022G1S 永磁同步交流伺服电动机的外观及各部分名称

MADHT1507E 的含义："MADH" 表示松下 A5 系列 A 型驱动器；"T1" 表示最大瞬时输出电流为 10A；"5" 表示电源电压规格为单相 200V；"07" 表示电流监测器额定电流为 7.5A；"E" 表示 A5E 系列。驱动器的外观及面板如图 5-18 所示。

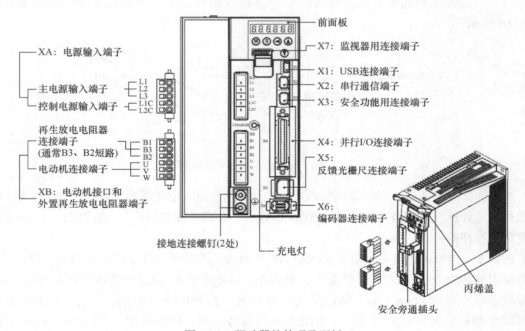

图 5-18   驱动器的外观及面板

下面着重介绍该伺服驱动器的接线和参数设置。

（1）接线   MADHT1507E 伺服驱动器面板上有多个接线端子，各接线端子说明如下。

1）XA：电源输入端子。AC 220V 电源连接到 L1、L3 主电源输入端子，同时连接到控制电源输入端子 L1C、L2C 上。

2）XB：电动机接口和外置再生放电电阻器端子。U、V、W 端子用于连接电动机。必须注意，电源电压务必依照驱动器铭牌上的指示，电动机连接端子（U、V、W）不可以接地或短路，交流伺服电动机的旋转方向不像感应电动机可以通过交换三相相序来改变，必须保证驱动器上的 U、V、W 端子与电动机主电路接线端子按规定的次序一一对应，否则可能造成驱动器损坏。电动机的接地端子、驱动器的接地端子以及滤波器的接地端子必须保证可靠地连接到同一个接地点上。机身也必须接地。B1、B3、B2 端子外接再生放电电阻器，YL－335B 没有外接再生放电电阻器。

3）X6：编码器连接端子。连接电缆应选用带有屏蔽层的双绞电缆，屏蔽层应接到电动机侧的接地端子上，并且应确保将编码器电缆屏蔽层连接到插头的外壳（FG）上。

4）X4：并行 I/O 连接端子。其部分引脚信号定义与选择的控制模式有关，不同模式下的接线请参考《松下 MINAS A5 系列驱动器使用手册》。YL－335B 输送单元中，伺服电动机用于定位控制，选用位置控制模式。所采用的是简化接线方式，伺服驱动器电气接线图如图 5-19 所示。

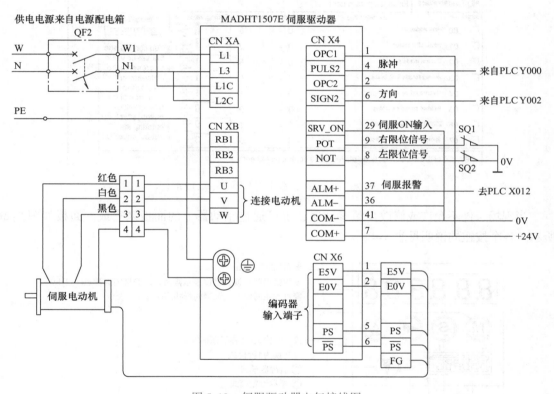

图 5-19　伺服驱动器电气接线图

（2）伺服驱动器的参数设置与调整　松下的伺服驱动器有七种控制运行方式，即位置控制、速度控制、转矩控制、位置/速度控制、位置/转矩控制、速度/转矩控制、全闭环控制。位置控制方式就是输入脉冲串来使电动机定位运行，电动机转速与脉冲串频率相关，电动机转动的角度与脉冲个数相关。速度控制方式有两种：一是通过输入直流 －10 ～ +10V 指令电压调速；二是选用驱动器内设置的内部速度来调速；转矩控制方式是通过输入直流 －10 ～ +10V 指令电压调节电动机的输出转矩，这种方式下运行必须进行速度限制，有两种限速方法：①设置驱动器内的参数来限速；②输入模拟量电压限速。

（3）参数设置方式操作说明　MADHT1507E 伺服驱动器的参数分为 7 类，即：分类 0（基本设定）；分类 1（增益调整）；分类 2（振动抑制功能）；分类 3（速度、转矩控制、全

143

闭环控制)；分类 4（I/F 监视器设定）；分类 5（扩展设定）；分类 6（特殊设定）。共有 210 个参数，分别为 Pr0.00 ~ Pr6.39，参数可以通过与 PC 连接后在专门的调试软件上进行设置，也可以在驱动器上的面板上进行设置。

在 PC 上安装驱动器参数设置软件 PANATERM 后，通过与伺服驱动器建立起通信，就可将伺服驱动器的参数状态读出来，然后进行修改或设置，再写入驱动器，使用非常方便，如图 5-20 所示。

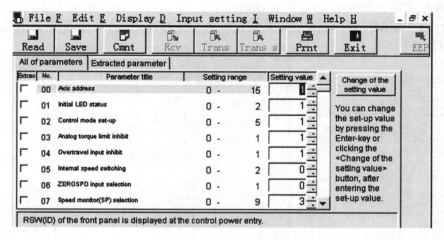

图 5-20　驱动器参数设置软件 PANATERM

当现场条件不允许或修改少量参数时，也可通过驱动器上的面板来完成。面板如图 5-21 所示。各个按钮的说明见表 5-4。

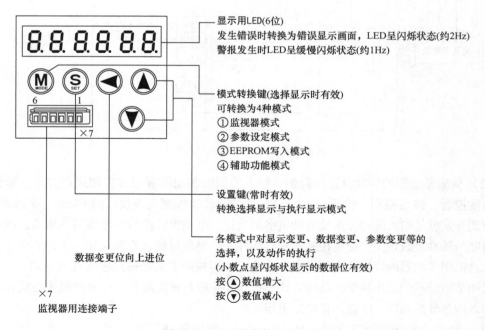

图 5-21　驱动器参数设置面板

表5-4　伺服驱动器面板按钮说明

按 键 说 明	激 活 条 件	功　　能
模式转换键	在选择显示时有效	在以下4种模式之间切换：①监视器模式；②参数设定模式；③EEPROM写入模式；④辅助功能模式
设置键	常时有效	用来在选择显示和执行显示之间切换
▼ ▲	仅对小数点闪烁的那一位数据位有效	改变各模式里的显示内容、更改参数、选择参数或执行选中的操作
◀		把小数点移动到更高位

在面板上进行参数设置操作说明如下：

1）参数设置。伺服驱动器上电后，先按"SET"键进入监视器模式，再按"MODE"键选择参数设定模式，选择显示为"Pr_ 000."。此时按向上、向下或向左的方向键选择所需设定的参数的编号，按"SET"键进入。然后按向上、向下或向左的方向键调整参数，调整完后，按"SET"键返回。选择其他项再调整。

2）参数保存。按"MODE"键选择EEPROM写入模式，选择显示为"EE-SEt"。按"SET"键确认，出现"EEP-"，然后按向上键5s，出现"StArt"表示写入开始，再出现"FiniSh"和"rESEt"表示写入结束，然后重新上电即保存。

3）参数的初始化。此操作应选择辅助功能模式。需按"MODE"键，选择显示"AF-Acl"，然后按向上、向下键，当出现"AF-ini"时，按"SET"键，即进入参数初始化功能，显示"ini"。此时持续按向上键（约5s），直至显示"StArt"，表示参数初始化开始，再显示"FiniSh"时，表示参数初始化结束。参数初始化过程如图5-22所示。

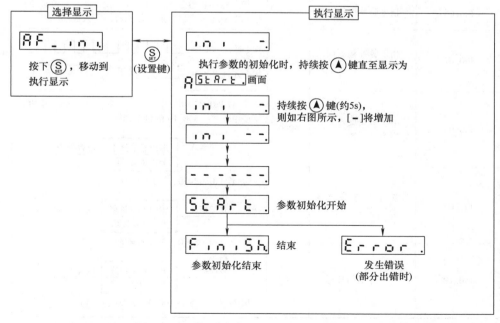

图5-22　A5伺服驱动器参数初始化过程

部分参数说明：在 YL－335B 上，伺服驱动器工作于位置控制模式，FX_{3U}－48MT 的 Y000 输出脉冲作为伺服驱动器的位置指令，脉冲的数量决定伺服电动机的旋转位移，即机械手的直线位移；脉冲的频率决定伺服电动机的旋转速度，即机械手的运动速度。FX_{3U}－48MT 的 Y002 输出信号作为伺服驱动器的方向指令。对于控制要求较为简单的情况，伺服驱动器可选择自动调整模式。根据上述要求，伺服驱动器参数设置见表5-5。

表 5-5　伺服驱动器参数设置

序号	参数		设置值	功能和含义	初始值
	参数编号	参数名称			
1	Pr5.28	LED 初始状态	1	显示电动机转速	
2	Pr0.01	控制模式设定	0	设定范围：0～6 0：位置控制模式	0
3	Pr5.04	驱动禁止输入设定	2	设定范围：0～2 0：POT—正方向驱动禁止（右限位动作）；NOT—负方向驱动禁止（左限位动作）。但不发生报警 1：POT、NOT 无效 2：POT/NOT 任何单方的输入，将发生 Err38.0（驱动禁止输入保护）出错报警	1
4	Pr0.04	惯量比	250	实时自动调整有效时，实时推断惯量比，每 30min 保存在 EEPROM 中	
5	Pr0.02	设定实时自动增益调整	1	设定值为 0 时，实时自动调整功能无效；为 1 时是标准模式，实时自动调整有效，是重视稳定性的模式。不进行可变载荷并且也不使用摩擦补偿	1
6	Pr0.03	实时自动调整机器刚性设置	13	实时自动增益调整有效时的机械刚性设定。此参数值设得越大，响应越快，但变得容易产生振动	13
7	Pr0.06	指令脉冲极性设置	0	指令脉冲和指令方向的设置。设置此参数值必须在控制电源断电重启之后才能修改、写入成功	0
8	Pr0.07	指令脉冲输入模式设置	3	指令脉冲 PULS ＋ 指令方向 SIGN　"L" 低电平　"H" 高电平	1
9	Pr0.08	电动机每旋转一转的指令脉冲数	6000	① 若 Pr0.08≠0，电动机每旋转 1 转的指令脉冲数不受 Pr0.09、Pr0.10 的设定影响 指令脉冲输入 → [编码器分辨率/Pr0.08设定值] → 位置指令	
10	Pr0.09	第 1 指令分倍频分子	0	② 若 Pr0.08＝0，Pr0.09＝0 指令脉冲输入 → [编码器分辨率/Pr0.10设定值] → 位置指令	
11	Pr0.10	指令分倍频分母	6000	③ 若 Pr0.08＝0，Pr0.09≠0 指令脉冲输入 → [Pr0.09设定值/Pr0.10设定值] → 位置指令 编码器分辨率为 10000（2500p/r×4）	

注：1. 表中参数 Pr0.01、Pr5.04、Pr0.06、Pr0.07、Pr0.08 的设置必须在控制电源断电重启之后才能修改、写入成功。

2. 其他参数的说明及设置方法请参阅松下 MINASA5 系列伺服电动机、驱动器使用说明书。

参数设置的进一步说明：

1）Pr5.04 是保护参数，用以设定越程故障发生时的保护策略。设定为 2 时，则当左限位开关或右限位开关动作，都会发生 Err38.0（驱动禁止输入保护）出错报警，伺服电动机立即停止。只有当越程信号复位，并且驱动器断电后再重新上电时，报警才能复位。

2）Pr0.02、Pr0.03 是动态参数，设置实时自动调整功能是否有效，有效时系统的机械刚性如何。对于 YL-335B 正常运行的情况，只需按默认值设置，无需修改。Pr0.04 是当实时自动调整功能有效时（Pr0.02 = 1），系统在运行中实时推断出来的惯量比（惯量比是指电动机轴换算的负载惯量与伺服电动机轴的旋转惯量的比值的百分比），也无需设置。

3）Pr0.06、Pr0.07 分别设定指令脉冲旋转方向和指令脉冲输入方式。

① Pr0.07 规定了确定指令脉冲旋转方向的方式：a）两相正交脉冲（0 或 2）；b）CW 和 CCW（1）；c）指令脉冲 + 指令方向（3）。用 PLC 的高速脉冲输出驱动时，应选择 Pr0.07 = 3。

② Pr0.06 = 0，Pr0.07 = 3，则指令方向信号 SIGN 为高电平（有电流输入）时，正向旋转。例如，使用 FX 系列 PLC 的定位控制指令驱动伺服系统时，需选择 Pr0.06 = 0。

③ Pr0.06 = 1，Pr0.07 = 3，则指令方向信号 SIGN 为低电平（无电流输入）时，正向旋转。例如，使用 FX 系列 PLC 的脉冲输出指令驱动伺服系统时，需选择 Pr0.06 = 1。

4）Pr0.08、Pr0.09、Pr0.10 用于电子齿轮设置。由于当 Pr0.08 ≠ 0 时，电动机每转 1 转的指令脉冲数不受 Pr0.09、P0.10 的设定影响，故只需设置 Pr0.08 即可。

YL-335B 中，同步轮齿数 = 12，齿距 = 5mm，每转 60mm，为便于编程计算，希望脉冲当量为 0.01mm，即伺服电动机转一圈，需要 PLC 发出 6000 个脉冲。故设定 Pr0.08 = 6000。

（三）FX_{3U} 系列 PLC 的脉冲输出功能及位控编程

晶体管输出的 FX_{3U} 系列 PLC 的 CPU 单元支持高速脉冲输出功能，但仅限于 Y000 ~ Y003 点。输出脉冲的频率最高可达 100kHz。

对输送单元伺服电动机的控制主要是返回原点和定位控制，可以使用 FX_{3U} 的脉冲输出指令 FNC57（PLSY）、带加减速的脉冲输出指令 FNC59（PLSR）、可变速脉冲输出指令 FNC157（PLSV）、原点回归指令 FNC156（ZRN）、相对定位指令 FNC158（DRVI）及绝对定位指令 FNC159（DRVA）来实现。下面分别介绍各指令的编程应用。

1. 脉冲输出指令 FNC57（PLSY）

脉冲输出指令（PLSY）的名称、编号（位数）、助记符、功能、操作数及程序步等使用要素见表 5-6。

表 5-6　脉冲输出指令使用要素

指 令 名 称	指令编号（位数）	助记符	功　能	操　作　数			程序步
				[S1.]	[S2.]	[D.]	
脉冲输出	FNC57（16/32）	PLSY	用于对外输出脉冲信号	K、H、KnX、KnY、KnM、KnS、T、C、D、R、U□\G□、V、Z		Y	7 步（16 位）13 步（32 位）

PLSY 指令是对外输出脉冲信号的指令，晶体管输出型 PLC 支持此指令，其使用说明如图 5-23 所示。

[S1.]：指定输出脉冲的频率（Hz）。允许设定范围：1 ~ 32767Hz（16 位），1 ~ 100000Hz（基本单元时）/200000Hz（带高速输出特殊适配器时）（32 位）。

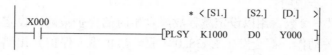

图 5-23　PLSY 指令使用说明

[S2.]：指定输出脉冲数（PLS）。允许设定范围：1 ~ 32767 PLS（16 位），1 ~ 2147483647 PLS（32 位）。

[D.]：指定输出脉冲的位元件地址。允许设定范围：Y000、Y001。

与 PLSY 指令相关的特殊辅助继电器和特殊数据寄存器有：

M8029：指令执行结束标志。

M8340：Y000 脉冲输出监控。

M8350：Y001 脉冲输出监控。

M8349：停止 Y000 脉冲输出（即刻停止）。

M8359：停止 Y001 脉冲输出（即刻停止）。

（D8141，D8140）：Y000 输出脉冲累计。

（D8143，D8142）：Y001 输出脉冲累计。

（D8137，D8136）：对 Y000、Y001 输出脉冲和累计。

以上特殊数据寄存器均具有累加功能，因此在使用之前需要对它们进行清零，可以使用传送指令或区间复位指令执行。

在图 5-23 中，当 X000 为 ON 时，Y000 输出频率 1000Hz 的脉冲，脉冲数由 D0 设定。脉冲输出完成后 M8029 为 ON，当要再次启动脉冲输出指令时，需要将脉冲输出指令执行 ON→OFF（1 次以上 OFF 运算）后再次驱动。

FX₃U 系列 PLC 相关的特殊辅助继电器和特殊数据寄存器说明分别见表 5-7 和表 5-8。

表 5-7　FX₃U 系列 PLC 相关的特殊辅助继电器

软元件编号				名　称	属　性
Y000	Y001	Y002	Y003[1]		
M8029				指令执行结束标志	读出专用
M8329				指令执行异常结束标志	读出专用
M8338				加减速动作[2]	
M8340	M8350	M8360	M8370	脉冲输出中监控（BUSY/READY）	读出专用
M8341	M8351	M8361	M8371	清零信号输出功能有效[2]	可驱动
M8342	M8352	M8362	M8372	原点回归方向指定[2]	可驱动
M8343	M8353	M8363	M8373	正转极限	可驱动
M8344	M8354	M8364	M8374	反转极限	可驱动
M8345	M8355	M8365	M8375	近点信号逻辑反转[2]	可驱动
M8346	M8356	M8366	M8376	零点信号逻辑反转[2]	可驱动
M8348	M8358	M8368	M8378	定位指令执行中	读出专用
M8349	M8359	M8369	M8379	脉冲输出停止[2]	可驱动
M8464	M8465	M8466	M8467	清零信号软元件指定功能有效[2]	可驱动

① 在 FX₃U 系列 PLC 上连接 2 台高速脉冲输出适配器 FX₃U - 2HSY - ADP 时，与脉冲输出端 Y003 有关的软元件有效。

② 由 RUN→STOP 时，清零。

表 5-8　FX$_{3U}$ 系列 PLC 相关的特殊数据寄存器

软元件编号							名　称	数据长度	初始值
Y000		Y001		Y002		Y003 [①]			
D8340	低位	D8350	低位	D8360	低位	D8370	低位	当前值寄存器	32 位	0
D8341	高位	D8351	高位	D8361	高位	D8371	高位			
D8342		D8352		D8362		D8372		基底速度	16 位	0
D8343	低位	D8353	低位	D8363	低位	D8373	低位	最高速度	32 位	100000
D8344	高位	D8354	高位	D8364	高位	D8374	高位			
D8345		D8355		D8365		D8375		爬行速度	16 位	1000
D8346	低位	D8356	低位	D8366	低位	D8376	低位	原点回归速度	32 位	5000
D8347	高位	D8357	高位	D8367	高位	D8377	高位			
D8348		D8358		D8368		D8378		加速时间	16 位	100
D8349		D8359		D8369		D8379		减速时间	16 位	100
D8464		D8465		D8466		D8467		清零信号软元件指定	16 位	

注：速度单位为 Hz，加速、减速时间单位为 ms。

① 在 FX$_{3U}$ 系列 PLC 上连接 2 台高速脉冲输出适配器 FX$_{3U}$-2HSY-ADP 时，与脉冲输出端 Y003 有关的软元件有效。

2. 带加减速的脉冲输出指令 FNC59（PLSR）

带加减速的脉冲输出指令（PLSR）的名称、编号（位数）、助记符、功能、操作数及程序步等使用要素见表 5-9。

表 5-9　带加减速的脉冲输出指令使用要素

指令名称	指令编号（位数）	助记符	功　能	操　作　数				程序步
				[S1.]	[S2.]	[S3.]	[D.]	
带加减速的脉冲输出	FNC59（16/32）	PLSR	带加减速脉冲输出	K、H、KnX、KnY、KnM、KnS、T、C、D、R、U□\G□、V、Z			Y	9 步（16 位）17 步（32 位）

PLSR 指令是对外输出脉冲信号的指令，指令使用说明如图 5-24 所示。

图 5-24　PLSR 指令使用说明

[S1.]：指定输出脉冲的频率（Hz）。允许设定范围：10 ~ 32767Hz（16 位），10 ~ 100000Hz（基本单元时）/200000Hz（高速输出特殊适配器时）（32 位）。

[S2.]：指定输出脉冲数（PLS）。允许设定范围：1 ~ 32767 PLS（16 位），1 ~ 2147483647 PLS（32 位）。

[S3.]：指定脉冲加减速时间（ms）。允许设定范围：50 ~ 5000ms（16/32 位）。

[D.]：指定输出脉冲的位元件地址。允许设定范围：Y000、Y001。

与 PLSR 指令相关的特殊辅助继电器和特殊数据寄存器与 PLSY 指令相同。

在图 5-24 中，当 X001 为 ON 时，Y000 输出 20000 个频率为 2000Hz 的脉冲，加减速时间为 1s（1000ms），其输出曲线如图 5-25 所示。

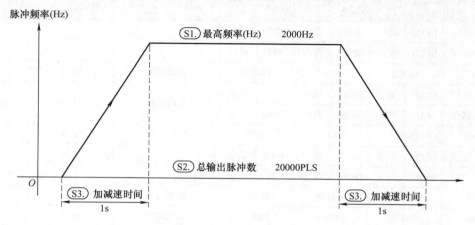

图 5-25　PLSR 指令输出曲线

脉冲输出完成后 M8029 为 ON，当要再次启动脉冲输出指令时，需要将脉冲输出指令执行 ON→OFF（1 次以上 OFF 运算）后再次驱动。

3. 可变速脉冲输出指令 FNC157（PLSV）

可变速脉冲输出指令（PLSV）的名称、编号（位数）、助记符、功能、操作数及程序步等使用要素见表 5-10。

表 5-10　可变速脉冲输出指令使用要素

指令名称	指令编号（位数）	助记符	功　能	操　作　数			程序步
				[S.]	[D1.]	[D2.]	
可变速脉冲输出	FNC157（16/32）	PLSV	用于输出带旋转方向的可变脉冲	K，H，KnX，KnY，KnM，KnS，T，C，D，R，U□ \ G□，V，Z	Y	Y，M，S，D□.b	7 步（16 位）13 步（32 位）

PLSV 指令是输出带旋转方向的可变脉冲指令，指令使用说明如图 5-26 所示。

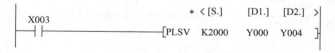

图 5-26　PLSV 指令使用说明

[S.]：指定输出脉冲的频率。对于 16 位指令，这一源操作数的范围为 −32768 ~ +32767Hz（0 除外）；对于 32 位指令，范围为 −100 ~ +100kHz（0 除外），通过高速适配器输出设定范围为 −200 ~ +200kHz（0 除外）。

[D1.]：指定输出脉冲的位元件地址。允许设定范围：Y000 ~ Y002。

[D2.]：指定旋转方向的位元件地址。当 [S.] 为正时，此输出为 ON；而 [S.] 为负时，此输出为 OFF。

与 PLSV 指令相关的特殊辅助继电器和特殊数据寄存器有：

指令执行结束标志：M8029。

定位用特殊辅助继电器：M8340～M8379。

定位用特殊数据寄存器：D8340～D8379。

在图 5-26 中，当 X003 为 ON 时，从 Y000 输出频率为 2000Hz 的脉冲串，使电动机正转，Y004 为 ON。

4. 原点回归指令 FNC156（ZRN）

原点回归指令主要用于 PLC 在执行初始化运行或断电后重新上电时，搜索和记录原点位置信息。该指令要求提供一个近原点的信号（近点信号），原点回归动作须从近点信号的前端开始，以指定的原点回归速度开始移动；当近点信号由 OFF 变为 ON 时，减速至爬行速度；最后，当近点信号由 ON 变为 OFF 时，在停止脉冲输出的同时，使当前值寄存器（Y000：［D8341，D8340］，Y001：［D8351，D8350］）清零。动作过程示意如图 5-27 所示。

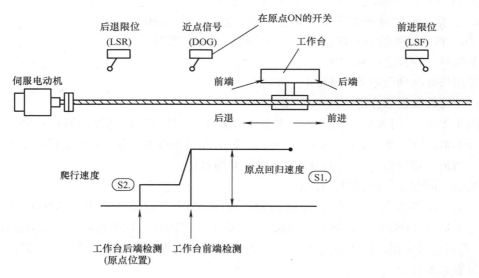

图 5-27　原点回归示意

原点回归指令（ZRN）的名称、编号（位数）、助记符、功能、操作数及程序步等使用要素见表 5-11。

表 5-11　原点回归指令使用要素

指令名称	指令编号（位数）	助记符	功 能	操 作 数				程序步
				[S1.]	[S2.]	[S3.]	[D.]	
原点回归	FNC156（16/32）	ZRN	执行原点回归，使机械位置与 PLC 内的当前值寄存器一致	K，H，KnX，KnY，KnM，KnS，T，C，D，R，U□\G□，V，Z		X，Y，M，S，D□.b	Y	9 步（16 位）17 步（32 位）

151

ZRN 指令是定位单元回归原点的指令，使机械位置与 PLC 内的当前值寄存器一致，指令使用说明如图 5-28 所示。

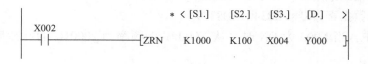

图 5-28　ZRN 指令使用说明

［S1.］：指定原点回归速度（频率）。对于 16 位指令，这一源操作数的范围为 10 ~ 32767Hz；对于 32 位指令，范围为 10 ~ 100kHz，通过高速适配器输出设定范围为 10 ~ 200kHz。

［S2.］：指定爬行速度（频率）。设定的范围为 10 ~ 32767Hz。

［S3.］：指定近点信号（DOG）的软元件地址。

［D.］：指定输出脉冲的位元件地址。允许设定范围：Y000 ~ Y002。

与 ZRN 指令相关的特殊辅助继电器和特殊数据寄存器有：

指令执行结束标志：M8029。

定位用特殊辅助继电器：M8340 ~ M8379。

定位用特殊数据寄存器：D8340 ~ D8379。

在图 5-28 中，当 X002 为 ON 时，机械以 1000Hz 的原点回归速度向原点移动，在碰到近点信号 X004（由 OFF 变 ON 时），就开始减速为爬行速度 100Hz，并以爬行速度继续向原点移动，当近点信号由 ON 变为 OFF 时，机械立即停止。

使用原点回归指令编程时应注意：

1）回归动作必须从近点信号的前端开始，因此当前值寄存器［Y000：（D8341，D8340），Y001：（D8351，D8350），Y002：（D8361，D8360）］数值将向减少方向动作。

2）近点信号宜指定输入继电器（X），否则由于可编程序控制器运算周期的影响，会引起原点位置的偏移增大。

3）在原点回归过程中，指令驱动触点变为 OFF 状态时，将不减速而停止。并且在"脉冲输出中"标志（Y000：M8340，Y001：M8350，Y002：M360）处于 ON 时，将不接受指令的再次驱动。仅当回归过程完成，执行完成标志（M8029）动作的同时，脉冲输出中标志才变为 OFF。

4）安装 YL–335B 时，通常把原点接近开关的中间位置设定为原点位置，并且恰好与供料单元出料台中心线重合。使用原点回归指令使机械手装置返回原点时，按上述动作过程，机械手装置应该在原点接近开关动作的下降沿停止，显然这时机械手装置并不在原点位置上，因此，原点回归指令执行完成后，应该再用下面所述的相对或绝对定位指令，驱动机械手装置向前低速移动一小段距离，才能真正到达原点。

5. 相对定位指令 FNC158（DRVI）

相对定位指令（DRVI）的名称、编号（位数）、助记符、功能、操作数及程序步等使用要素见表 5-12。

表 5-12　相对定位指令使用要素

指令名称	指令编号 （位数）	助记符	功　能	操　作　数				程序步
				[S1.]	[S2.]	[D1.]	[D2.]	
相对定位	FNC158 （16/32）	DRVI	用于相对方式 执行单速定位	K，H，KnX，KnY， KnM，KnS，T，C，D， R，U□\G□，V，Z		Y	Y，M，S， D□.b	9步（16位） 17步（32位）

DRVI 指令是以相对方式执行单速定位的指令，用带符号的数据指定从当前位置开始的定位移动方式，也称为增量驱动方式，指令使用说明如图 5-29 所示。

图 5-29　DRVI 指令使用说明

[S1.]：指定输出脉冲数（相对地址），给出目标位置信息，对于相对定位指令，指定从当前位置到目标位置所需输出的脉冲数（带符号）。对于 16 位指令，这一源操作数的范围为 −32768 ~ +32767 PLS（0 除外）；对于 32 位指令，范围为 −999999 ~ +999999 PLS（0除外）。

[S2.] 指定输出脉冲频率。对于 16 位指令，这一源操作数的范围为 10 ~ 32767Hz；对于 32 位指令，范围为 10 ~ 100kHz，通过高速适配器输出设定范围为 10 ~ 200kHz。

[D1.]：指定输出脉冲的位元件地址。允许设定范围：Y000 ~ Y002。

[D2.]：指定旋转方向的软元件地址。当输出脉冲数为正时，此输出为 ON；当输出脉冲数为负时，此输出为 OFF。

与 DRVI 指令相关的特殊辅助继电器与特殊数据寄存器有：

指令执行结束标志：M8029。

定位用特殊辅助继电器：M8340 ~ M8379（FX$_{3U}$）。

定位用特殊数据寄存器：D8340 ~ D8379（FX$_{3U}$）。

在图 5-29 中，当 X004 为 ON 时，PLC 从 Y000 以 20000Hz 的频率发出 20000 个脉冲，使电动机正转，Y004 为 ON。

6. 绝对定位指令 FNC159（DRVA）

绝对定位指令（DRVA）的名称、编号（位数）、助记符、功能、操作数及程序步等使用要素见表 5-13。

表 5-13　绝对定位指令使用要素

指令名称	指令编号 （位数）	助记符	功　能	操　作　数				程序步
				[S1.]	[S2.]	[D1.]	[D2.]	
绝对定位	FNC159 （16/32）	DRVA	用于绝对方式执 行单速定位	K，H，KnX，KnY， KnM，KnS，T，C，D， R，U□\G□，V，Z		Y	Y，M，S， D□.b	9步（16位） 17步（32位）

DRVA 指令是以绝对方式执行单速定位的指令，采用从原点位置开始（以原点为参考位置）的定位移动方式，指令使用说明如图 5-30 所示。

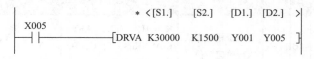

图 5-30　DRVA 指令使用说明

[S1.]：指定输出脉冲数（绝对地址），给出目标位置信息，对于绝对定位指令，指定目标位置对于原点的坐标值（带符号的脉冲数），执行指令时，输出的脉冲数是输出目标设定值与当前值之差。对于 16 位指令，这一源操作数的范围为 −32768 ～ +32767 PLS（0 除外）；对于 32 位指令，范围为 −999999 ～ +999999 PLS（0 除外），通过高速适配器输出设定范围为 −200 ～ +200kHz（0 除外）。

[S2.]　指定输出脉冲频率。对于 16 位指令，这一源操作数的范围为 10 ～ 32767Hz；对于 32 位指令，范围为 10 ～ 100kHz，通过高速适配器输出设定范围为 10 ～ 200kHz。

[D1.]：指定输出脉冲的位元件地址。允许设定范围：Y000 ～ Y002。

[D2.]：指定旋转方向的软元件地址。当输出脉冲数为正时，此输出为 ON；当输出脉冲数为负时，此输出为 OFF。

与 DRVA 指令相关的特殊辅助继电器和特殊数据寄存器有：

指令执行结束标志：M8029。

定位用特殊辅助继电器：M8340 ～ M8379。

定位用特殊数据寄存器：D8340 ～ D8379。

在图 5-30 中，当 X005 为 ON 时，PLC 从 Y001 以 1500Hz 的频率发出 30000 个脉冲，电动机转向信号由 Y005 给出。如果当前位置值小于 K30000，Y005 为 ON，电动机正转使机械装置移动到 K30000 处；如果当前位置值大于 K30000，Y005 为 OFF，电动机反转使机械装置移动到 K30000 处。

使用 DRVI、DRVA 指令编程时应注意：

定位指令 DRVI、DRVA 都可以用来定位控制，其不同之处在于 DRVI 是用相对于当前位置的移动量来表示目标位置的，而 DRVA 是用相对于原点的绝对位置值来表示目标位置的。它们的运行模式、运行速度要求、指令的驱动和执行及相关软元件基本相同。

由于目标位置的表示方法不同，因此，它们确定电动机转向的方法也不同，DRVI 指令通过输出脉冲数的正、负来决定电动机的转向。而 DRVA 指令的输出脉冲数永远为正，电动机的转向则是通过与当前位置比较后确定的。也就是说，应用 DRVI 指令时，必须在指令中说明电动机的转向，而应用 DRVA 指令时，则无须关心其转向的确定，只需关心目标位置的绝对值，但不管是 DRVI 指令还是 DRVA 指令，一旦参数写入，电动机的方向信号（D2）都是自动完成的，不需要在程序中另行考虑。

对 DRVA 指令来说，还有一点与 DRVI 指令不同的是，DRVI 指令中所指定的脉冲数也就是 PLC 输出的数量，而 DRVA 指定中所指定的数量不是 PLC 实际发出脉冲的数量，其实际输出脉冲数是与指令驱动前当前值寄存器 [Y000：(D8341，D8340)、Y001：(D8351，D8350) 或 Y002：(D8361，D8360)] 相运算的结果。

1）指令执行过程中，Y000 输出的当前值寄存器为（D8341，D8340）（32 位）；Y001 输出的当前值寄存器为（D8351，D8350）（32 位）；Y002 输出的当前值寄存器为（D8361，D8360）（32 位）。对于相对位置控制，当前值寄存器存放增量方式的输出脉冲数；对于绝对位置控制，当前值寄存器存放的是当前绝对位置。当正转时，当前值寄存器的数值增加；反转时，当前值寄存器的数值减小。

2）在指令执行过程中，即使改变操作数的内容，也无法在当前运行中表现出来。只在下一次指令执行时才有效。

3）若在指令执行过程中，指令驱动的触点变为 OFF，将减速停止。此时执行完成标志 M8029 不动作。

指令驱动触点变为 OFF 后，在脉冲输出中监控标志［Y000：（M8340），Y001：（M8350），Y002：（M8360）］处于 ON 时，将不接受指令的再次驱动。

4）执行 DRVI 或 DRVA 指令时，需要如下一些基本参数信息，应在 PLC 上电时（M8002 为 ON），写入相应的特殊寄存器中。

① 指令执行时的最高速度。指定的输出脉冲频率必须小于该最高速度。设定范围为 10 ~ 100kHz。存放于［Y000：（D8344，D8343），Y001：（D8354，D8353），Y002：（D8364，D8363）］中。

② 指令执行时的基底速度。存放于［Y000：（D8342），Y001：（D8352），Y002：（D8362）］中。设定范围为最高速度［Y000：（D8344，D8343），Y001：（D8354，D8353），Y002：（D8364，D8363）］的 1/10 以下，超过该范围时，自动降为最高速度的 1/10 数值运行。

③ 指令执行时的加减速时间。加减速时间表示到达最高速度［Y000：（D8344，D8343），Y001：（D8354，D8353），Y002：（D8364，D8363）］所需的时间。因此，当输出脉冲频率低于最高速度时，实际加减速时间会缩短。设定范围：50 ~ 5000ms。

指令执行时，加速时间存放于［Y000：（D8348），Y001：（D8358），Y002：（D8368）中；减速时间存放于 Y000：（D8349），Y001：（D8359），Y002：（D8369）］中。

5）在使用 DRVI 或 DRVA 指令编程时须注意各操作数的相互配合：

① 加减速时的变速级数固定在 10 级，故一次变速量是最高频率的 1/10。在驱动步进电动机的情况下，设定最高频率时应考虑在步进电动机不失步的范围内。

② 加减速时间不小于 PLC 的扫描时间最大值（D8012 值）的 10 倍，否则加减速各级时间不均等。更具体的设定要求请参阅 FX$_{3U}$ 编程手册。

三、输送单元的拆装

1. 任务目标

1）将输送单元的机械部分拆开成组件和零件的形式，学会正确使用拆装工具。

2）将组件和零件组装成原样，掌握输送单元的正确安装步骤和方法。

3）学会机械部分的装配、气路的连接和调整及电气接线。

2. 输送单元装置侧的拆卸

1）松开底板紧固螺钉，拆下总进气气管，将输送单元搬离设备到拆装工作台。

2）拆卸气路、电磁阀组。

3）依次拆卸接线端子及端子上的导线、端子卡座、线槽、底座等。

4）将输送单元机械部分拆成组件。

5）将各组件拆成散件，并将拆卸下的零配件整理整齐。

3．安装步骤和方法

（1）机械部分的安装　为了提高安装的速度和准确性，对本单元的安装同样遵循先组装成组件，再进行总装的原则。

1）组装直线运动传动组件的步骤。

① 在底板上装配直线导轨：输送单元直线导轨是一对长度较长的精密机械运动部件，安装时应首先调整好两导轨的相互位置（间距和平行度），然后紧定其固定螺栓。由于每导轨固定螺栓达 18 个，紧定时必须按一定的顺序逐步进行，使其运动平稳、受力均匀、运动噪声小。

② 装配大溜板、四个滑块组件：将大溜板与两直线导轨上的四个滑块的位置找准并进行固定，在拧紧固定螺栓的时候，应一边推动大溜板左右运动一边拧紧螺栓，直到滑动顺畅为止。

③ 连接同步带：将连接了四个滑块的大溜板从导轨的一端取出。由于用于滚动的钢球嵌在滑块的橡胶套内，一定要避免橡胶套受到破坏或用力太大致使钢球掉落。将两个同步带固定座安装在大溜板的反面，用于固定同步带的两端。

接下来分别将调整端同步轮安装支架组件、电动机侧同步轮安装支架组件上的同步轮套入同步带的两端，在此过程中应注意电动机侧同步轮安装支架组件的安装方向、两组件的相对位置，并将同步带两端分别固定在各自的同步带固定座内，同时也要注意保持连接安装好后的同步带平顺一致。完成以上安装任务后，再将滑块套在柱形导轨上，套入时，一定不能损坏滑块内的滑动滚珠以及滚珠的保持架。

④ 同步轮安装支架组件装配：先将电动机侧同步轮安装支架组件用螺栓固定在导轨安装底板上，再将调整端同步轮安装支架组件与底板连接，然后调整好同步带的张紧度，锁紧螺栓。

⑤ 伺服电动机安装：将电动机安装板固定在电动机侧同步轮支架组件的相应位置，将电动机活动连接，并在主动轴、电动机轴上分别套接同步轮，安装好同步带，调整电动机位置，锁紧连接螺栓。最后安装左右限位开关以及原点接近开关支架。

注意：伺服电动机或步进电动机都是精密装置，安装时注意不要敲打它的轴端，更千万不要拆卸电动机。

完成装配的直线运动传动组件如图 5-3 所示。

2）组装机械手装置的步骤。

① 提升机构组装如图 5-31 所示。

② 把气动摆台固定在组装好的提升机构上，然后在气动摆台上固定升降台升降气缸安装板，安装时注意要先找好升降台升降气缸安装板与气动摆台连接的原始位置，以便有足够的回转角度。

③ 连接气动手指和升降台升降气缸，然后把升降台升降气缸固定到升降台升降气缸安装板上，完成抓取机械手装置的装配。

在完成以上组件的装配后，把机械手装置固定到直线运动传动组件的大溜板上，如图 5-32

所示。最后，检查气动摆台上的升降台升降气缸、气动手指组件的回转位置是否满足在其余各工作站上抓取和放下工件的要求，进行适当的调整。

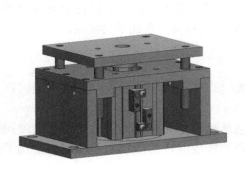

图 5-31　提升机构组装

图 5-32　装配完成的机械手装置

机械部分安装时应注意以下两点：

① 在直线运动传动组件安装过程中，轴承以及轴承座均为精密机械零部件，拆卸以及组装需要较熟练的技能和专用工具，因此，不可轻易对其进行拆卸或修配。

② 在安装机械手装置的过程中，注意要先找好升降台升降气缸安装板与气动摆台连接的原始位置，以便有足够的回转角度。

（2）气动元件（气路）连接　当机械手装置作往复运动时，连接到机械手装置上的气管和电气连接线也随之运动。确保这些气管和电气连接线运动顺畅，不致在移动过程中拉伤或脱落是安装过程中重要的一环。连接到机械手装置上的气管和电气连接线是通过拖链带引出到固定在工作台上的电磁阀组和接线端口上的，其连接示意图如图 5-33 所示。

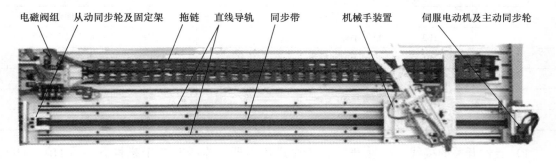

图 5-33　气管和电气连接线示意图

连接到机械手装置上的管线首先绑扎在拖链带安装支架上，然后沿拖链带敷设，进入管线线槽中。绑扎管线时要注意管线引出端到绑扎处保留足够的长度，以免机构运动时被拉紧造成脱落。沿拖链带敷设时注意管线间不要相互交叉。

其余注意事项同学习情境二。另外，气路系统安装完毕后应注意，4 个气缸的初始位置，位置不对时应对照图 5-6 进行调整。

（3）气路调试　同学习情境三。

（4）传感器的安装

1）磁性开关的安装。输送单元有 4 个气动元件，即升降气缸、伸缩气缸、摆动气缸、气动手指，共用了 7 个磁性开关作为气动元件的极限位置检测元件。磁性开关的安装方法与供料单元中磁性开关的安装方法相同，在此不再赘述。

2）电感式传感器的安装。输送单元中的电感式传感器用于机械手装置返回原点位置的检测，其安装方法与供料单元中电感式传感器的安装方法相同，在此不再赘述。

传感器安装时应注意以下两点：

① 磁性开关安装时应注意位置和紧固可靠。

② 电感式传感器安装时应注意安装位置的调整，以免机械手装置返回原点位置时产生到位信号。

（5）装置侧电气接线及工艺要求　电气接线包括输送单元装置侧各传感器、电磁阀等引线到装置侧接线端口之间的接线；该单元装置侧的接线端口的接线端子采用三层端子结构，详见图 0-13。

输送单元装置侧的接线端口上各传感器和电磁阀信号端子的分配见表 5-14。

表 5-14　输送单元装置侧的接线端口信号端子的分配

输入端口中间层			输出端口中间层		
端子号	设备符号	信号线	端子号	设备符号	信号线
2	SC1	原点接近开关检测	2	PULS2	伺服脉冲
3	SQ1	右限位开关	3		
4	SQ2	左限位开关	4	SIGN2	伺服方向
5	1B1	机械手升降下限检测	5	1YV	升降台升降电磁阀
6	1B2	机械手升降上限检测	6	3YV1	摆动气缸左旋电磁阀
7	3B1	机械手旋转左限检测	7	3YV2	摆动气缸右旋电磁阀
8	3B2	机械手旋转右限检测	8	2YV	手爪伸缩电磁阀
9	2B2	机械手伸出检测	9	4YV1	手爪夹紧电磁阀
10	2B1	机械手缩回检测	10	4YV2	手爪放松电磁阀
11	4B1	机械手夹紧检测			
12	ALM +	伺服报警			
13#～17#端子没有连接			11#～14#端子没有连接		

1）磁性开关的接线。磁性开关为两线式传感器，连线时 7 个磁性开关（1B1、1B2、3B1、3B2、2B2、2B1、4B1）的棕色线分别与输送单元装置侧输入端口中间层 5、6、7、8、9、10、11 号端子（见表 5-14）连接，蓝色线分别与该端口下层相对应端子连接。

2）电感式传感器的接线。电感式传感器为三线式传感器，连线时 SC1 的黑色线与输送单元装置侧输入端口中间层 2 号端子（见表 5-14）连接，棕色线与该端口上层对应端子连接，蓝色线与该端口下层对应端子相连。

3）限位开关的接线。左右两限位开关 SQ2 和 SQ1 的常开触点引出线（红色线）分别与输送单元装置侧输入端口中间层 4、3 号端子（见表 5-14）连接。必须注意的是，SQ2、SQ1 均提供一对转换触点，它们的静触点引出线（黑色线）应与该单元装置侧输入端口下层对应端子连接，而常闭触点引出线（黄色线）必须连接到伺服驱动器的控制端口 CNX4 的

NOT（引脚8）和 POT（引脚9）作为硬联锁保护（见图5-19），目的是防范由于程序错误引起越程故障而造成设备损坏。

4）伺服系统的接线。主要包括伺服电动机端子接线、伺服驱动器端子与 PLC 输出端的连线，伺服电动机端子与伺服驱动器之间的接线，连接关系如图5-19所示。

这里主要介绍伺服驱动器与 PLC 输出端及电源之间的接线。伺服驱动器与电源之间的接线如图5-19所示，这里需注意，伺服驱动器输入的电压为单相交流电压。伺服驱动器与 PLC 输出端的连接是通过其控制端口 CNX4 实现的，该端口对外引出9根线，其中黄色线、绿色线、紫色线接直流电源24V，分别连接至输送单元装置侧输入端口上层3、4、5号端子；蓝色线接直流电源0V，与该端口下层12号端子相连；咖啡色线（伺服报警信号）连接至该端口中间层12号端子；灰色线（伺服脉冲）接 PLC 的 Y000，与输送单元装置侧输出端口中间层2号端子（见表5-14）连接；白色线（伺服方向）接 PLC 的 Y002，与输出端口中间层4号端子（见表5-14）连接；红色线与右限位开关的黄色线连接；黑色线与左限位开关的黄色线相接。

5）电磁阀的接线。电磁阀对外引出两根线，连线时4个电磁阀（1YV、3YV1、3YV2、2YV、4YV1、4YV2）的蓝色线分别与输送单元装置侧输出端口中间层5、6、7、8、9、10号端子（见表5-14）连接，红色线分别与该端口上层相应端子连接。

电气接线的注意事项同学习情境一。

4. 检查调试

同学习情境二。

四、输送单元的编程与运行

（一）工作任务

输送单元单站运行的目标是测试设备传送工件的功能，驱动设备可为步进电动机或伺服电动机。进行测试时要求其他各工作单元已经就位，如图5-34所示。供料单元的物料台上放置了工件。

具体测试要求如下：

（1）复位操作　输送单元通电后，机械手装置在初始状态，按下复位按钮 SB2，执行复位操作，使机械手装置回到原点位置。在复位过程中，"正常工作"指示灯 HL1 以1Hz 的频率闪烁。

当机械手装置回到原点位置，且输送单元各个气缸满足初始位置的要求时，则复位完成，"正常工作"指示灯 HL1 常亮。按下起动按钮 SB1，设备起动，"设备运行"指示灯 HL2 也常亮，开始功能测试过程。

（2）正常功能测试

1）机械手装置从供料单元物料台抓取工件，抓取的顺序是：手臂伸出→手爪夹紧抓取工件→升降台上升→手臂缩回。

2）抓取动作完成后，机械手装置向装配单元移动，移动速度不小于300mm/s。

3）机械手装置移动到装配单元装配台的正前方后，即把工件放到装配单元装配台料斗上。机械手装置在装配单元放下工件的顺序是：手臂伸出→升降台下降→手爪松开放下工件→手臂缩回。

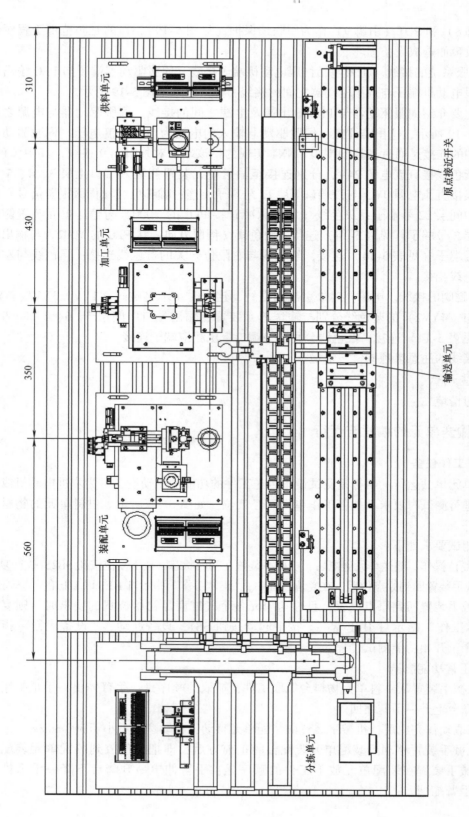

供料单元

加工单元

装配单元

分拣单元

原点接近开关

输送单元

图5-34 YL-335B自动化生产线设备俯视图

310

430

350

560

4）放下工件动作完成 2s 后，机械手装置执行抓取装配单元工件的操作。抓取的顺序与供料单元抓取工件的顺序相同。

5）抓取动作完成后，机械手装置移动到加工单元加工台的正前方，然后把工件放到加工单元加工台上。其动作顺序与装配单元放下工件的顺序相同。

6）放下工件动作完成 2s 后，机械手装置执行抓取加工台工件的操作。抓取的顺序与供料单元抓取工件的顺序相同。

7）机械手装置手臂缩回后，气动摆台逆时针旋转 90°，机械手装置从加工单元向分拣单元运送工件，到达分拣单元，执行向传送带上方进料口放下工件的操作，动作顺序与装配单元放下工件的顺序相同。

8）放下工件动作完成后，机械手装置手臂缩回，然后执行以 400mm/s 的速度返回原点的操作。返回过程中气动摆台顺时针旋转 90°，回到原点停止。

机械手装置返回原点后，一个测试周期结束。当供料单元的物料台上放置了工件时，再按一次起动按钮 SB1，开始新一轮的测试。

（3）非正常运行的功能测试　若在工作过程中按下急停开关 QS，则系统立即停止运行。在急停复位后，应从急停前的断点开始继续运行。

对于使用步进电动机驱动的系统，若急停开关按下时，机械手装置正在向某一目标点移动，则急停复位后机械手装置应首先返回原点位置，然后再向原目标点运动。

在急停状态，绿色指示灯 HL2 以 1Hz 的频率闪烁，直到急停复位后恢复正常运行时，HL2 恢复常亮。

（二）PLC 的 I/O 分配与接线图

上面给出的工作任务，可使用步进电动机或伺服电动机实现驱动。这里需要指出，由于有紧急停止的要求，两者的控制过程是不同的。使用步进电动机驱动时，若急停开关按下，机械手装置正在向某一目标点移动，紧急停止将使步进电动机越步，当前位置信息将丢失，因此急停复位后应采取先返回原点重新校准、再恢复原有操作的方法。而伺服电动机驱动系统本身是一闭环控制系统，急停发生时将减速停止到已发脉冲的指定位置，当前位置被保存。急停复位后就没有必要返回原点。显然前者的控制编程较为复杂。这里将着重介绍使用伺服电动机驱动时的编程方法和程序结构，使用步进电动机驱动时的编程请读者自行完成。

输送单元所需的 I/O 点较多。其中，输入信号包括来自按钮指示灯模块的按钮、开关等主令信号，各构件的传感器信号等；输出信号包括输出到机械手装置各电磁阀的控制信号和输出到伺服驱动器的脉冲信号和方向信号；此外还需考虑在需要时输出信号到按钮指示灯模块的指示灯，以显示本单元或系统的工作状态。

1. I/O 分配

由于输送单元 PLC 需要输出驱动伺服电动机的高速脉冲，因此，PLC 应选用晶体管输出型。基于上述考虑和工作任务的要求，该单元 PLC 选用三菱 FX_{3U}-48MT，为 24 点输入、24 点输出晶体管输出型。I/O 信号分配见表 5-15。

表 5-15　输送单元 PLC 的 I/O 信号分配

序号	PLC输入点	信号名称	信号来源	序号	PLC输出点	信号名称	信号来源
	输入信号				输出信号		
1	X000	原点接近开关检测		1	Y000	脉冲	
2	X001	右限位开关		2	Y001		
3	X002	左限位开关		3	Y002	方向	
4	X003	机械手升降下限检测		4	Y003	升降台升降电磁阀	
5	X004	机械手升降上限检测		5	Y004	摆动气缸左旋电磁阀	装置侧
6	X005	机械手旋转左限检测	装置侧	6	Y005	摆动气缸右旋电磁阀	
7	X006	机械手旋转右限检测		7	Y006	手爪伸缩电磁阀	
8	X007	机械手伸出检测		8	Y007	手爪夹紧电磁阀	
9	X010	机械手缩回检测		9	Y010	手爪放松电磁阀	
10	X011	机械手夹紧检测		10	Y011		
11	X012	伺服报警		11	Y012		
12				12	Y013		
13	X013			13	Y014		
14	~			14	Y015	正常工作指示	
15	X023			15	Y016	设备运行指示	按钮指示灯模块
16	未接线			16	Y017	报警指示	
17							
18	X024	起动按钮					
19	X025	复位按钮	按钮指示灯模块				
20	X026	急停开关					
21	X027	单机/全线转换开关					

2. I/O 接线图

根据工作单元装置的 I/O 信号分配和工作任务的要求，该单元 I/O 接线图如图 5-35 所示。图中，左、右两限位开关 SQ2 和 SQ1 的常开触点分别连接到 PLC 输入点 X002 和 X001。

本单元 PLC 为晶体管输出型 FX₃ᵤ-48MT，供电电源采用 AC 220V 电源，与前面各工作单元的继电器输出型的 PLC 相同。

完成系统的电气接线后，还需对伺服驱动器进行参数设置，具体参数设置数值见表 5-5。

（三）PLC 的安装与接线

首先将 PLC 安装在导轨上，然后进行 PLC 侧接线，包括电源接线、PLC 输入/输出端子的接线以及按钮指示灯模块的接线 3 个部分。

在进行 PLC 接线时一定要依据表 5-14 和图 5-35。其余注意事项同学习情境一。

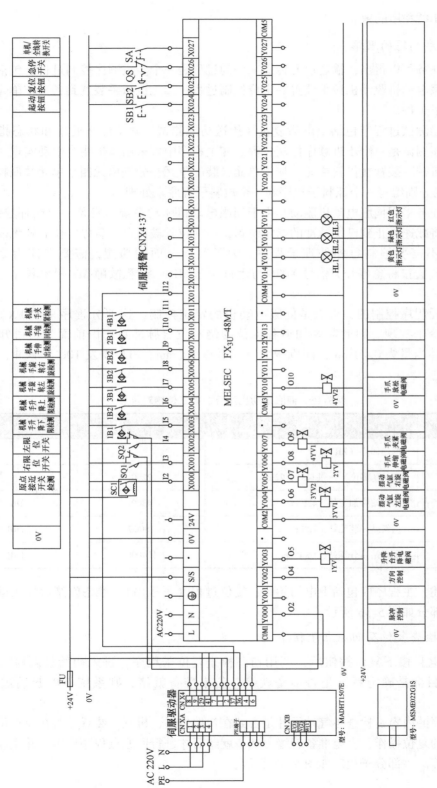

图5-35　输送单元PLC的I/O接线图

（四） PLC 程序的编制

1. 主程序编写的思路

从工作任务可以得出，输送单元传送工件的过程是一个步进顺序控制过程，包括两个方面：一是伺服电动机驱动机械手装置的定位控制过程；二是机械手装置到各工作单元物料台上抓取或放下工件。

整个功能测试过程应包括上电后复位、传送功能测试、紧急停止处理和状态指示等部分，传送功能测试是一个步进顺序控制过程。在主程序中可采用步进指令驱动实现，在整个测试过程中机械手装置在供料单元、加工单元、装配单元、分拣单元四个单元共抓料和放料6 次，这可以分别编写一个抓料子程序和一个放料子程序来处理。

本工作任务采用伺服电动机驱动，由于伺服电动机驱动系统本身是一个闭环控制系统，急停发生时将减速停止到已发脉冲的指定位置，当前位置被保存，急停复位后就无需返回原点。这样就不需要编制急停处理子程序。为了实现上面的功能，需要主控指令（MC、MCR）配合，直接将急停开关信号 X026 与运行状态 M10、越程故障 M7 相串联作为主控块的条件即可。

输送单元程序控制的关键点是伺服电动机的定位控制，这部分程序采用 FX₃U 型 PLC 绝对定位指令来实现。因此需要知道各工位的绝对位置脉冲数。由前面分析可知，伺服驱动器的脉冲当量为 0.01mm，即机械手装置每移动 1mm，PLC 需发 100 个脉冲，这些数据见表 5-16。

表 5-16　伺服电动机运行的各工位绝对位置

序　　号	站　　点	脉　冲　量	移 动 方 向
1	低速回零（ZRN）		
2	ZRN（零位）→供料站，22mm	2200	
3	供料站→加工站，430mm	4300	DIR
4	供料站→装配站，780mm	78000	DIR
5	供料站→分拣站，1040mm	104000	DIR

综上所述，主程序应包括上电初始化、复位过程（子程序）、准备就绪后投入运行等阶段。主程序部分如图 5-36 所示。

2. 初态检查复位及回原点子程序

系统上电且按下复位按钮后，调用初态检查复位子程序，进入初始状态检查及复位操作阶段，目标是确定系统是否准备就绪，若未准备就绪，则系统不能起动进入运行状态。

该子程序的内容是检查各气动元件是否处在初始位置，机械手装置是否在原点位置，否则进行相应的复位操作，直至准备就绪。准备就绪后才进行回原点程序操作，并完成一些简单的逻辑运算。该部分子程序如图 5-37 所示。

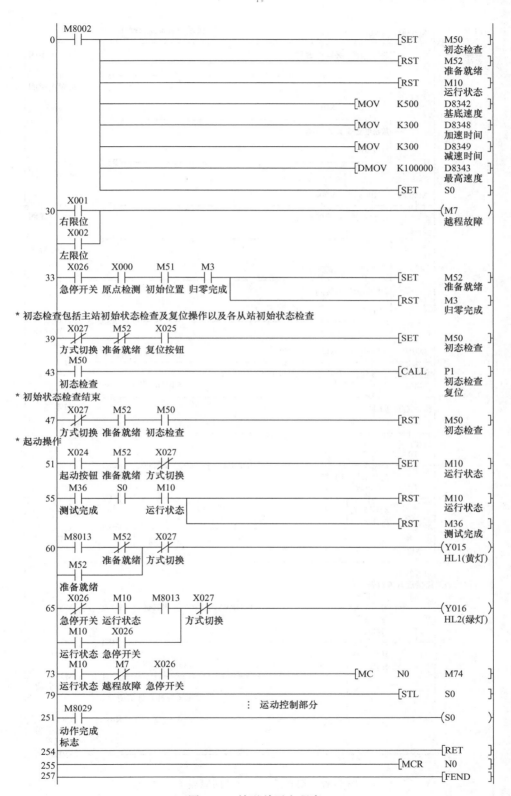

図 5-36　输送单元主程序

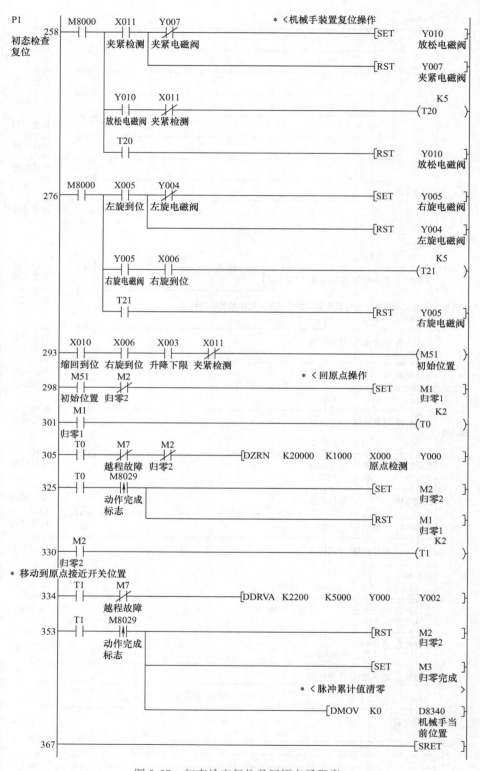

图 5-37　初态检查复位及回原点子程序

应当指出，上述初态检查复位及回原点子程序中，回原点程序采用的是原点回归指令和绝对定位指令。由于原点回归指令不能使机械手装置回到真正的原点，所以程序中出现了"归零1"和"归零2"的程序。实际上这里我们可以直接用带加减速的脉冲输出指令实现回原点的功能，而且程序更简洁。其程序如图5-38所示。

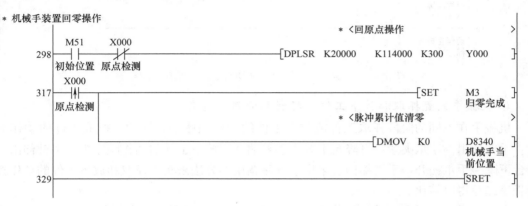

图5-38　使用带加减速的脉冲输出指令实现归零的程序

3. 运动控制部分程序

主程序结构中主控块部分的运动控制是传送工件顺序控制过程，该过程是一个单序列的步进顺序控制过程，其流程图如图5-39所示。

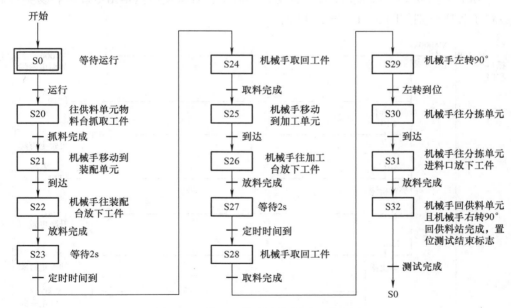

图5-39　传送工件顺序控制过程流程图

其中的第S21、S25、S30、S32步都是伺服电动机驱动机械手分别向装配单元、加工单元、分拣单元和供料单元运动的过程，以S25步向加工单元移动过程为例，梯形图程序如图5-40所示。

由图5-39可知，在一个测试周期内，机械手装置需要进行3次抓取工件的操作和3次放下工件的操作，这可以以子程序调用的方式进行。

＊ 去加工站

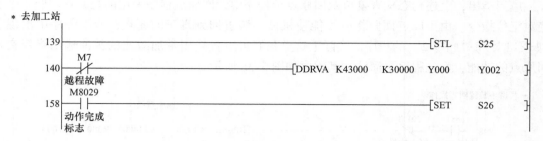

图 5-40　机械手从装配单元移动到加工单元梯形图程序

4. 机械手装置抓取和放下工件（抓料和放料）操作

机械手在不同的阶段抓取工件或放下工件的动作顺序是相同的。抓取工件的动作顺序为：手臂伸出→手爪夹紧→升降台上升→手臂缩回。放下工件的动作顺序为：手臂伸出→升降台下降→手爪松开→手臂缩回。采用子程序调用的方法来实现抓取和放下工件的动作控制使程序编写得以简化。

在机械手执行抓取工件的工作步中，调用"抓料"子程序；在执行放下工件的工作步中，调用"放料"子程序。当抓取或放下工作完成时，"抓料完成"标志 M4 或"放料完成"标志 M5 作为顺序控制程序中步转移的条件。应该指出的是，虽然抓取工件或放下工件都是顺序控制过程，但在编制子程序时不能使用 STL/RET 指令，否则会发生代号为 6606 的错误。实际上，抓取工件和放下工件过程均较为简单，直接使用基本指令即可容易实现。抓料和放料子程序分别如图 5-41、图 5-42 所示。

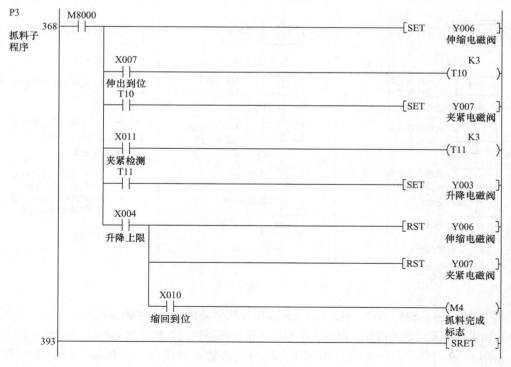

图 5-41　抓料子程序

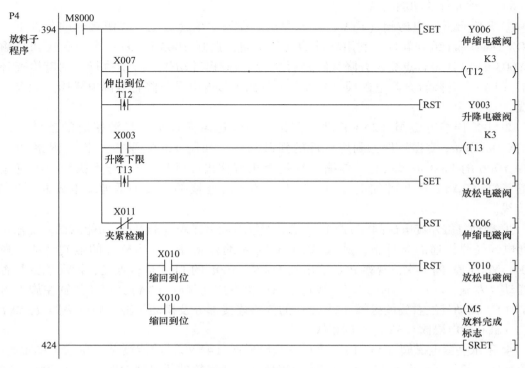

图 5-42 放料子程序

（五）调试与运行

1）调整气动部分，检查气路是否正确、气压是否合理、气缸的动作速度是否合理。

2）检查磁性开关的安装位置是否到位，磁性开关工作是否正常。在输送单元通电、气源接通的条件下，手动控制电磁阀 1YV、2YV、3YV1、3YV2、4YV1、4YV2 工作，使升降气缸、伸缩气缸、摆动气缸、气动手指动作，观察 PLC 输入端 X003、X004、X007、X010、X005、X006 的 LED 是否点亮以及 X011 的 LED 是否点亮，若不亮，则应检查磁性开关的安装位置及接线。

3）检查 I/O 接线是否正确。

4）电感式传感器的功能测试。在输送单元通电、气源接通的条件下，将机械手装置返回到原点位置，观察 PLC 输入端 X000 的 LED 是否点亮，若不亮，则应检查电感式传感器及接线。

5）按钮/指示灯的功能测试。

① 按钮的功能测试。输送单元接通电源，用手按下起动按钮、复位按钮、急停开关、单机/全线转换开关，观察 PLC 输入端 X024、X025、X026、X027 的 LED 是否点亮，若不亮，则应检查对应的按钮或开关及连接线。

② 指示灯的功能测试。输送单元通电，进入 GX Developer 编程软件，利用软件的强制功能，分别强制 PLC 的 Y015、Y016、Y017 置 1，观察 PLC 的输出端 Y015、Y016、Y017 的 LED 是否点亮，按钮指示灯模块对应的黄色指示灯、绿色指示灯、红色指示灯是否点亮，若不亮，则应检查指示灯及连接线。

6）气动元件的功能测试。

① 升降台升降电磁阀（1YV）功能测试。在输送单元通电、气源接通的条件下，进入 GX Developer 编程软件，利用软件的强制功能，强制 Y003 通/断一次，观察 PLC 输出端 Y003 的 LED 是否点亮、升降气缸是否执行下降/提升动作。若不执行，则应检查升降气缸（1A）、升降台升降电磁阀（1YV）的气路连接部分及升降台升降电磁阀（1YV）的接线。

② 手爪伸缩电磁阀（2YV）功能测试。在输送单元通电、气源接通的条件下，进入 GX Developer 编程软件，利用软件的强制功能，强制 Y006 通/断一次，观察 PLC 输出端 Y006 的 LED 是否点亮、伸缩气缸是否执行伸出/缩回动作。若不执行，则应检查伸缩气缸（2A）、手爪伸缩电磁阀（2YV）的气路连接部分及手爪伸缩电磁阀（2YV）的接线。

③ 摆动气缸左旋电磁阀（3YV1）、摆动气缸右旋电磁阀（3YV2）功能测试。在输送单元通电、气源接通的条件下，进入 GX Developer 编程软件，利用软件的强制功能，强制 Y004、Y005 通/断一次，观察 PLC 输出端 Y004、Y005 的 LED 是否点亮，摆动气缸是否执行摆动（左旋、右旋）动作。若不执行，则应检查摆动气缸（3A），摆动气缸左旋电磁阀（3YV1）、摆动气缸右旋电磁阀（3YV2）的气路连接部分及摆动气缸左旋电磁阀（3YV1）、摆动气缸右旋电磁阀（3YV2）的接线。

④ 手爪夹紧电磁阀（4YV1）、手爪放松电磁阀（4YV2）功能测试。在输送单元通电、气源接通的条件下，进入 GX Developer 编程软件，利用软件的强制功能，强制 Y007、Y010 通/断一次，观察 PLC 输出端 Y007、Y010 的 LED 是否点亮，气动手指是否执行夹紧、放松动作。若不执行，则应检查气动手指（4A），手爪夹紧电磁阀（4YV1）、手爪放松电磁阀（4YV2）的气路连接部分及手爪夹紧电磁阀（4YV1）、手爪放松电磁阀（4YV2）的接线。

7）伺服系统的功能测试。伺服系统的功能测试主要是通过 PLC 发出脉冲信号 Y000、脉冲方向信号 Y002 给伺服驱动器，检查伺服电动机的运行速度和正、反换向情况。同时，通过 PLC 设置不同位置的脉冲数与伺服电动机的编码器脉冲数比较，来精确定位机械手装置的位置。若不能运行或位置不准确，应检查伺服系统及连接线。

（六）问题与思考

1）试用位移位指令编制输送单元传送工件顺序控制过程的梯形图程序。

2）若要求输送单元机械手装置在供料单元抓取的工件为金属工件时，直接将工件送往分拣单元；为塑料工件时，则按照供料单元→装配单元→加工单元→分拣单元的顺序运行，最后返回供料单元。传送工件的顺序功能图应如何绘制？

3）若输送单元初态检查部分程序正确，但 PLC 上电后，按下复位按钮，发现机械手状态在复位过程中，经过原点位置后，没有进行归零2动作，而直接越程了，试分析可能的原因。

4）若输送单元初态检查部分程序正确，但 PLC 上电后，按下复位按钮，发现机械手状态在复位过程中，不是向原点方向运动，而是向原点相反的方向运动，试分析可能的原因。

5）如果将伺服电动机驱动抓取机械手的定位控制采用带加减速的脉冲输出指令（PLSR）实现，其程序应如何编制？

6）阅读"中国创新：会在空间站上'行走'的机械臂"相关材料，写一篇关于我国自主研发空间站机械手臂的读后感。

五、任务实施与考核

(一) 任务实施

基于输送单元单站运行，要求学生以小组（2~3 人）为单位，完成机械部分、传感器、气路等拆装，电气部分接线，PLC 程序编制及单元的调试运行。

学生应完成的学习材料要求如下：

1）输送单元拆装与调试工作计划。

2）气动回路原理图。

3）PLC 的 I/O 接线图。

4）梯形图程序。

5）任务实施记录单，见表 5-17。

表 5-17　任务实施记录单

课 程 名 称	自动化生产线拆装与调试		
学习情境五	输送单元的拆装与调试		
实 施 方 式	学生集中时间独立完成，教师检查指导		
序号	实 施 过 程	出现的问题	解决的方法
实施总结			
班级		组号	姓名
指导教师签字			日期

（二）任务考核

填写任务实施考核评价表，见表5-18。

表5-18　任务考核评价表

课程名称	自动化生产线拆装与调试						
学习情境五	输送单元的拆装与调试						
评价项目	内容	配分	要求	互评	教师评价	综合评价	
实施过程	机械部分拆装与调整	20分	能正确使用拆装工具完成机械部分的拆装，机械部分动作顺畅协调，紧固件无松动，辅助件安装到位				
	气路部分拆装与连接	10分	气动系统拆装正确，气动元件安装紧固，气路连接正确，无漏气现象，气缸运行顺畅平稳，动作速度合理				
	电气部分拆装与接线	10分	PLC拆装正确，接线规范整齐，接线符合工艺要求（接线端口的导线应套上标号管，且标注规范，PLC侧所有端子接线必须采用压接方式），接线端子连接牢固，无松动现象，电气接线满足原理图要求				
功能测试	传感器功能测试	5分	磁性开关、电感式传感器调试能按控制要求正确指示				
	电磁阀功能测试	5分	电磁阀能按控制要求正确动作				
	输送单元运行	10分	初始状态正确，能正确回原点，机械手装置能按控制要求完成抓料和放料动作，伺服电动机能驱动机械手装置正常执行传送控制，起动、停止、急停能正常执行，状态显示正确				
团队协作职业素养	分工与配合	5分	任务分配合理，分工明确，配合紧密				
	职业素养	5分	注重安全操作，工具及器件摆放整齐				
任务书及成果清单的填写	任务书	10分	搜集信息，引导问题回答正确				
	工作计划	3分	计划步骤安排合理，时间安排合理				
	材料清单	2分	材料齐全				
	气动回路图	3分	气动回路原理图绘制正确、规范				
	I/O接线图	4分	I/O接线图绘制正确，符号规范				
	梯形图	4分	程序正确				
	调试运行记录单	4分	气动回路调试及整体运行调试过程记录完整、真实				
总评							
班级		姓名		组号		组长签字	
指导教师签字				日期			

YL-335B自动化生产线联机调试

教学目标	能力目标	1. 能进行 $N:N$ 网络的安装、编程与调试 2. 能排除一般的网络故障 3. 能根据工作任务书的要求进行人机界面设置、网络组建及各站控制程序编制 4. 能进行程序的离线和在线调试 5. 能解决自动化生产线安装与运行过程中出现的常见问题 6. 能在规定时间内完成自动化生产线的安装与调试
	知识目标	1. 掌握 FX_{3U} 系列 PLC $N:N$ 通信协议 2. 掌握 FX_{3U} 系列 PLC $N:N$ 网络组建的方法 3. 掌握全线运行各站程序编制的方法 4. 熟练掌握全线运行条件下单站测试及运行界面绘制的方法
教 学 重 点		$N:N$ 网络组建、单站测试及运行界面的绘制
教 学 难 点		单站测试控制程序的编制与全线运行调试
教学方法、手段建议		采用项目教学法、任务驱动法、理实一体化教学法等开展教学，在教学过程中，教师讲授与学生讨论相结合，传统教学与信息化技术相结合，充分利用云课堂教学平台、微课等教学手段，将教室与实训室有机融合，引导学生做中学、学中做，教、学、做合一
参 考 学 时		16 学时

在前面的五个学习情境中，重点介绍了 YL-335B 各组成单元在作为独立设备工作时用 PLC 对其实现控制的基本思路，这相当于模拟了一个简单的单体设备的控制过程。本情境将以 YL-335B 自动化生产线整体运行为载体，介绍如何通过 PLC 实现由几个相对独立的单元组成的一个整体设备（生产线）的控制功能。

一、认知三菱 FX 系列 PLC $N:N$ 网络通信

YL-335B 系统采用每一工作单元由一台 PLC 承担其控制任务，各 PLC 之间通过 RS-485 串行通信实现互联的分布式控制方式。组建成网络后，系统中每一个工作单元也称作工作站。

PLC 网络的具体通信模式取决于所选厂家的 PLC 类型。YL – 335B 的标准配置为：若 PLC 选用 FX 系列，则通信方式采用 $N:N$ 网络通信。

（一）三菱 FX 系列 PLC $N:N$ 通信网络的特性

FX 系列 PLC 支持以下 5 种类型的通信：

1）$N:N$ 网络：FX_{1N}、FX_{2N}、FX_{2NC}、FX_{3U} 等 PLC 进行的数据传输可建立在 $N:N$ 网络通信的基础上。使用这种网络，能链接小规模系统中的数据。它适合于数量不超过 8 台 PLC（FX_{1N}、FX_{2N}、FX_{2NC}、FX_{3U}）之间的互联。

2）并行链接：这种网络采用 100 个辅助继电器和 10 个数据寄存器在 1:1 的基础上来完成数据传输。

3）计算机链接（用专用协议进行数据传输）：用 RS – 485（422）单元进行的数据传输在 1: n（16）的基础上完成。

4）无协议通信（用 RS 指令进行数据传输）：用各种 RS – 232 单元，包括个人计算机、条形码阅读器和打印机，来进行数据通信，可通过无协议通信完成，这种通信使用 RS 指令或者一个 FX_{2N}-232IF 特殊功能模块。

5）可选编程端口：对于 FX_{1N}、FX_{2N}、FX_{2NC}、FX_{3U} 系列的 PLC，当该端口连接在 FX_{3U}-232BD、FX_{1N}-232ADP、FX_{3U}-422BD、FX_{2N}-422BD 上时，可以和外围设备（编程工具、数据访问单元、电气操作终端等）互连。

采用三菱 FX 系列 PLC 的 YL – 335B 系统选用 $N:N$ 网络实现各工作站的数据通信，这里只介绍 $N:N$ 网络的基本特性和组网方法。其他通信类型请参阅《FX 通信用户手册》。

$N:N$ 网络建立在 RS – 485 传输标准上，网络中必须有一台 PLC 为主站，其他 PLC 为从站，网络中站点的总数不超过 8 个。图 6-1 所示是 YL – 335B 系统中 $N:N$ 网络的配置。

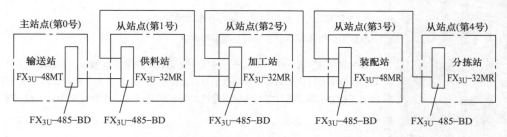

图 6-1　YL – 335B 系统中 $N:N$ 网络的配置

系统中使用的 RS – 485 通信接口板为 FX_{3U} – 485 – BD，最大延伸距离为 50m，网络的站点数为 5 个。

$N:N$ 网络的通信协议是固定的：通信方式采用半双工通信，波特率固定为 38400bit/s；数据长度、奇偶校验、停止位、标题字符、终结字符以及和校验等也均是固定的。

$N:N$ 网络是采用广播方式进行通信的：网络中每一站点都指定一个由特殊辅助继电器和特殊数据寄存器组成的链接存储区，各个站点链接存储区地址编号都是相同的。各站点向自己站点链接存储区中规定的数据发送区写入数据。网络上任何 1 台 PLC 中的数据发送区的状态会反映给网络中的其他 PLC，因此，数据可供通过 PLC 链接连接起来的所有 PLC 共享，且所有单元的数据都能同时完成更新。

（二）安装与连接 $N:N$ 网络

在进行通信网络安装前，应断开电源。各站 PLC 应安装三菱 $FX_{3U}-485-BD$ 通信板。通信板的外形与外形尺寸如图 6-2 所示。

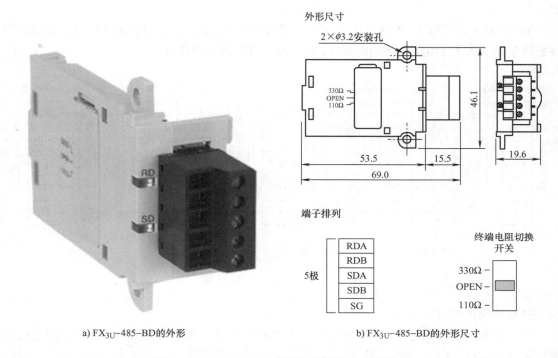

a) $FX_{3U}-485-BD$ 的外形　　　　　　　b) $FX_{3U}-485-BD$ 的外形尺寸

图 6-2　$FX_{3U}-485-BD$ 通信板的外形与外形尺寸

1. 三菱通信板 $FX_{3U}-485-BD$ 的特点

1）用 $FX_{3U}-485-BD$ 可以增加一个模拟输出点。如果使用 $FX_{3U}-485-BD$，它是被内部安装在 PLC 的顶部，因此不需要改变 PLC 的安装区域。

2）可以通过切换专用的辅助继电器来设置 D-A 转换是电压输出（DC 0~10V）还是电流输出（DC 4~20mA）。特殊辅助继电器 M8114 可切换输出模式：当 M8114 为 OFF 时，为电压输出模式（DC 0~10V）；当 M8114 为 ON 时，为电流输出模式（DC 4~20mA）。特殊数字寄存器 D8114 可存储模拟输出的数据值。各个通道转换后的数字值被存储在专用的特殊数据寄存器中。

2. 三菱通信板 $FX_{3U}-485-BD$ 接线注意事项

1）不要将信号电缆作为高压电源电缆附件，也不要将它们放在同一个干线管道中，否则可能会受到干扰或者浪涌。应使信号电缆和电源电缆保存一个安全的距离，最少 100mm。

2）将屏蔽线或屏蔽接地，但是它们的接地点和高电压线不能是同一个。

3）绝对不要对任何电缆末端进行焊接，确保连接电缆的数量不会超过单元的设计数量。

4）绝对不要连接尺寸不允许的电缆。

5）固定电缆，这样任何应力不会直接作用到端子排或者电缆连接区上。

6）端子的拧紧力矩是 0.5～0.6N·m。要拧紧，防止故障。

警告：*安装/拆除扩展板或者在扩展板上接线之前要先切断电源，以避免触电或者产品损坏。*

YL－335B 系统的 $N:N$ 网络中，各站点间用屏蔽双绞线相连，如图6-3 所示，接线时须注意终端站要接上 110Ω 的终端电阻（FX₃U－485－BD 通信板附件）。

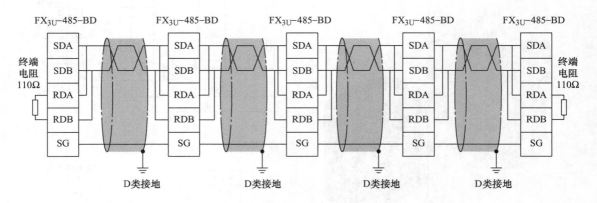

图6-3　YL－335B 各站点连接

进行网络连接时应注意：

1）终端电阻必须设置在线路的两端，如图6-3 所示，在端子 RDA 和 RDB 之间连接终端电阻（110Ω）。FX₃U－485－BD 中内置了终端电阻，因此只需通过终端电阻切换开关设定即可（设定在110Ω）。

2）组网连接每台 PLC 的 FX₃U－485－BD 双绞电缆的屏蔽层必须采取 D 类接地。

3）屏蔽双绞线的线径应在指定范围内，否则端子可能接触不良，从而不能确保正常的通信。连线时宜用压接工具把电缆插入端子，如果连接不稳定，通信会出现错误。

如果网络上各站点 PLC 已完成网络参数的设置，则在完成网络连接后，再接通各 PLC 工作电源，可以看到，各站通信板上的 SD LED 和 RD LED 都出现点亮/熄灭交替的闪烁状态，说明 $N:N$ 网络已经组建成功。

如果 RD LED 处于点亮/熄灭的闪烁状态，而 SD LED 没有（根本不亮），这时须检查站点编号的设置、传输速率（波特率）和从站的总数目。

（三）编制 $N:N$ 网络参数程序

1. 网络组建的基本概念和过程

FX 系列 PLC $N:N$ 网络的组建主要是用编程方式对各站点 PLC 设置网络参数实现的。

FX 系列 PLC 规定了与 $N:N$ 网络相关的标志位（特殊辅助继电器）和存储网络参数及网络状态的特殊数据寄存器。当 PLC 为 FX₃U 或 FX₃U(C) 时，$N:N$ 网络的相关标志位（特殊辅助继电器）见表6-1，相关特殊数据寄存器见表6-2。

表6-1　特殊辅助继电器

特　性	辅助继电器	名　称	描　述	响应类型
只读	M8038	$N:N$网络参数设置	用来设置$N:N$网络参数	主、从站
只读	M8183	主站点的通信错误	当主站点产生通信错误时 ON	从站
只读	M8184 ~ M8190	从站点的通信错误	当从站点产生通信错误时 ON	主、从站
只读	M8191	数据通信	当与其他站点通信时 ON	主、从站

注：在 CPU 错误、程序错误或停止状态下，对每一站点处产生的通信错误数目不能计数。M8184 ~ M8190 是从站点的通信错误标志，第1从站用 M8184，第7从站用 M8190。

表6-2　特殊数据寄存器

特　性	数据寄存器	名　称	描　述	响应类型
只读	D8173	站点号	存储自己的站点号	主、从站
只读	D8174	从站点总数	存储从站点的总数	主、从站
只读	D8175	刷新范围	存储刷新范围	主、从站
只写	D8176	站点号设置	设置自己的站点号	主、从站
只写	D8177	从站点总数设置	设置从站点总数	主站
只写	D8178	刷新范围设置	设置刷新范围模式号	主站
读写	D8179	重试次数设置	设置重试次数	主站
读写	D8180	通信超时设置	设置通信超时	主站
只读	D8201	当前网络扫描时间	存储当前网络扫描时间	主、从站
只读	D8202	最大网络扫描时间	存储最大网络扫描时间	主、从站
只读	D8203	主站点通信错误数目	存储主站点通信错误数目	从站
只读	D8204 ~ D8210	从站点通信错误数目	存储从站点通信错误数目	主、从站
只读	D8211	主站点通信错误代码	存储主站点通信错误代码	从站
只读	D8212 ~ D8218	从站点通信错误代码	存储从站点通信错误代码	主、从站

注：在 CPU 错误、程序错误或停止状态下，对其自身站点处产生的通信错误数目不能计数。D8204 ~ D8210 存储从站点的通信错误数目，第1从站用 D8204，第7从站用 D8210。

在表6-1中，特殊辅助继电器 M8038（$N:N$网络参数设置继电器，只读）用来设置$N:N$网络参数。

对于主站点，用编程方法设置网络参数，就是在程序开始的第0步（LD M8038），向特殊数据寄存器 D8176 ~ D8180 写入相应的参数，仅此而已。对于从站点，则更为简单，只需在第0步（LD M8038）向 D8176 写入站点号即可。

图6-4给出了设置输送站（主站）网络参数的程序。

上述程序说明如下：

1）编程时注意，必须确保把以上程序作为$N:N$网络参数设定程序从第0步开始写入，在不属于上述程序的任何指令或设备执行时结束。这段程序不需要执行，只需把其编入此位置，自动变为有效。

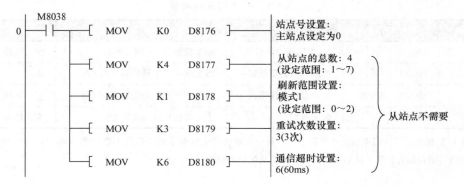

图 6-4　主站点网络参数设置程序

2）特殊数据寄存器 D8178 用于设置刷新范围，刷新范围指的是各站点的链接存储区。对于从站点，不需要此设定。根据网络中信息交换的数据量不同，可选择表 6-3 三种刷新范围。三种模式下 $N:N$ 网络共享的辅助继电器和数据寄存器见表 6-4。

表 6-3　$N:N$ 网络刷新范围

通信元件	刷新范围		
	模式 0	模式 1	模式 2
	FX1S、FX1N、FX2N、FX2NC、FX3U	FX1N、FX2N、FX2NC、FX3U	FX1N、FX2N、FX2NC、FX3U
位元件	0	32 点	64 点
字元件	4 点	4 点	8 点

表 6-4　$N:N$ 网络共享的辅助继电器和数据寄存器

站号	模式 0		模式 1		模式 2	
	位元件	字元件	位元件	字元件	位元件	字元件
0	—	D0 ~ D3	M1000 ~ M1031	D0 ~ D3	M1000 ~ M1063	D0 ~ D7
1	—	D10 ~ D13	M1064 ~ M1095	D10 ~ D13	M1064 ~ M1127	D10 ~ D17
2	—	D20 ~ D23	M1128 ~ M1159	D20 ~ D23	M1128 ~ M1191	D20 ~ D27
3	—	D30 ~ D33	M1192 ~ M1223	D30 ~ D33	M1192 ~ M1255	D30 ~ D37
4	—	D40 ~ D43	M1256 ~ M1287	D40 ~ D43	M1256 ~ M1319	D40 ~ D47
5	—	D50 ~ D53	M1320 ~ M1351	D50 ~ D53	M1320 ~ M1383	D50 ~ D57
6	—	D60 ~ D63	M1384 ~ M1415	D60 ~ D63	M1384 ~ M1447	D60 ~ D67
7	—	D70 ~ D73	M1448 ~ M1479	D70 ~ D73	M1448 ~ M1511	D70 ~ D77

在图 6-4 所示的程序例子里，刷新范围设定为模式 1。这时每一站点占用 32×8 个位软元件，4×8 个字软元件作为链接存储区。在运行中，对于第 0 号站（主站），希望发送到网络的开关量数据应写入位软元件 M1000 ~ M1031 中，而希望发送到网络的数字量数据应写入字软元件 D0 ~ D3 中，其他各站点如此类推。

3）特殊数据寄存器 D8179 设定重试次数，设定范围为 0 ~ 10（默认为 3），对于从站点，不需要此设定。如果一个主站点试图以此重试次数（或更高）与从站通信，此站点将发生通信错误。

4）特殊数据寄存器 D8180 设定通信超时值，设定范围为 5～255（默认为5），此值乘以 10ms 就是通信超时的持续驻留时间。

5）对于从站点，网络参数设置只需设定站点号即可。例如供料站（1号站）的设置，如图 6-5 所示。

图 6-5　从站点号设置程序示例

按上述对主站和各从站编程，完成网络连接后，再接通各 PLC 工作电源，即使在 STOP 状态下，通信也将在进行。

2. N∶N 网络调试与运行举例

（1）任务要求　供料站、加工站、装配站、分拣站、输送站的 PLC（共 5 台）用 FX_{3U}-485-BD 通信板连接，以输送站作为主站，站号为 0，供料站、加工站、装配站、分拣站作为从站，站号分别为 1～4。要求实现以下功能：

1）0 号站的 X001～X004 分别对应 1 号站～4 号站的 Y000（注：即当网络工作正常时，按下 0 号站 X001，则 1 号站的 Y000 输出，以此类推）。

2）1 号站～4 号站的 D200 的值等于 50 时，对应 0 号站的 Y001、Y002、Y003、Y004 输出。

3）从 1 号站读取 4 号站的 D220 的值，保存到 1 号站的 D220 中。

（2）连接网络和编写、调试程序　连接好通信板，编写主站程序和从站程序，在编程软件中进行监控，改变相关输入点和数据寄存器的状态，观察不同站的相关量的变化，看现象是否符合任务要求，如果符合则说明完成任务，如果不符合则应检查硬件和软件是否正确，修改重新调试，直到满足要求为止。

图 6-6 和图 6-7 分别给出输送站和供料站的参考程序。程序中使用了站点通信错误标志位（特殊辅助继电器 M8183～M8187，见表 6-1）。例如，当某从站发生通信故障时，不允许主站从该从站的网络元件读取数据。使用站点通信错误标志位编程，对于确保通信数据的可靠性是有益的，但应注意，站点不能识别自身的错误，为每一站点编写错误程序是不必要的。

其余各工作站的程序，请读者自行编写。

3. 通信时间的概念

数据在网络上传输需要耗费时间，N∶N 网络是采用广播方式进行通信的，每完成一次刷新所需用的时间就是通信时间（ms），网络中站点数越多，数据刷新范围越大，通信时间就越长。通信时间与网络中总站点数及通信设备刷新模式的关系见表 6-5。

此外，对于 N∶N 网络，无论连接站点数多少或采用何种通信设备模式，与 PLC 单机运行相比，每一个站点 PLC 的扫描时间将增长 10%。为了确保网络通信的及时性，在编写与网络有关的程序时，需要根据网络上通信量的大小，选择合适的刷新模式。另一方面，在网络编程中，也常需考虑通信时间。

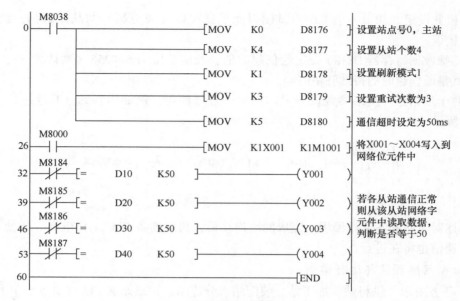

图 6-6　输送站网络读写程序

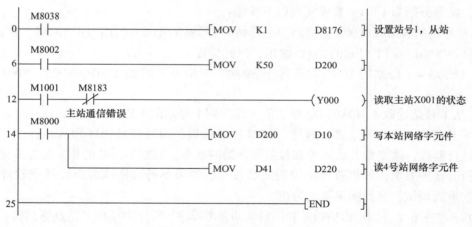

图 6-7　供料站网络读写程序

表 6-5　通信时间与总站点数及通信设备模式的关系

序　号	总的站点数	通信时间/ms		
		模式 0 位软元件：0 点 字软元件：4 点	模式 1 位软元件：32 点 字软元件：4 点	模式 2 位软元件：64 点 字软元件：8 点
1	2	18	22	34
2	3	26	32	50
3	4	33	42	66
4	5	41	52	83
5	6	49	62	99
6	7	57	72	115
7	8	65	82	131

二、认知 TPC7062KS 人机界面

YL-335B 采用了北京昆仑通态自动化软件科技公司研发的人机界面 TPC7062KS。它是一款以嵌入式低功耗 CUP 为核心（主频400MHz）的高性能嵌入式一体化触摸屏。该产品设计采用了7in（1in=0.0254m）高亮度 TFT 液晶显示屏（分辨率为 800×480）、四线电阻式触摸屏（分辨率4096×4096），同时还预装了微软嵌入式实时多任务操作系统 WinCE.NET（中文版）和 MCGS 嵌入式组态软件（运行版）。

（一）TPC7062KS 人机界面的硬件连接

TPC7062KS 人机界面的电源进线、各种通信接口均在其背面，如图6-8所示。其中USB1 口用来连接鼠标和 U 盘等，USB2 口用作工程项目下载，COM（RS-232）用来连接PLC。下载线和通信线如图6-9所示。

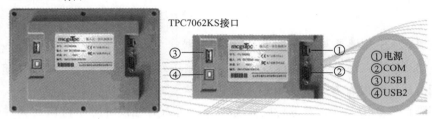

图6-8 TPC7062KS 的背面

图6-9 下载线与通信线

1. TPC7062KS 触摸屏与个人计算机的连接

在 YL-335B 中，TPC7062KS 触摸屏是通过 USB2 口与个人计算机连接的，连接以前，个人计算机应先安装 MCGS 组态软件。目前 TPC 7062Ti 触摸屏已支持与其他工控设备进行有线或无线网络通信。

当需要在 MCGS 组态软件上把资料下载到 HMI 时，单击"工具"菜单，在其下拉菜单中选择"下载配置"命令，然后在"下载配置"对话框中单击"联机运行"按钮，再单击"工程下载"按钮即可进行下载，如图6-10所示。如果工程项目要在计算机中模拟测试，则单击"模拟运行"按钮，然后下载工程。

a) 选择"下载配置"命令

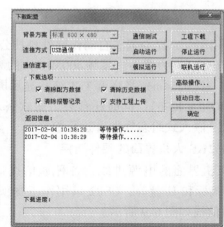
b) "下载配置"对话框

图 6-10 工程下载方法

2. TPC7062KS 触摸屏与 FX₃U 系列 PLC 的连接

在 YL-335B 中，触摸屏通过 COM 口直接与输送站的 PLC（FX₃U-48MT）的编程口连接。所使用的通信线带有 RS-232/RS-422 转换器，如图 6-9 所示。

为了实现正常通信，除正确进行硬件连接外，还需对触摸屏的串行口 0 属性进行设置，这将在设备窗口组态中实现，设置方法将在后文中详细说明。

（二）触摸屏设备组态

为了通过触摸屏设备操作机器或系统，必须给触摸屏设备组态用户界面，该过程称为"组态阶段"。系统组态就是通过 PLC 以"变量"方式进行操作单元与机械设备或过程之间的通信。变量值写入 PLC 的存储区域（地址），由操作单元从该区域读取。

运行 MCGS 嵌入版组态环境软件，在出现的界面上，选择菜单命令"文件→新建工程"，弹出工作台界面如图 6-11 所示。MCGS 嵌入版用"工作台"对话框来管理构成用户应用系统的五个部分，对应工作台上的五个标签：主控窗口、设备窗口、用户窗口、实时数据库和运行策略，它们对应五个不同的选项卡，每一个选项卡负责管理用户应用系统的一个部分，用鼠标单击不同的标签可选取不同选项卡，对应用系统的相应部分进行组态操作。

（1）主控窗口　MCGS 嵌入版的主控窗口是组态工程的主窗口，是所有设备窗口和用户窗口的父窗口，它相当于一个大的容器，可以放置一个设备窗口和多个用户窗口，负责这些窗口的管理和调度，并调度用户策略的运行。同时，主控窗口又是组态工程结构的主框架，可在主控窗口内设置系统运行流程及特征参数，方便用户的操作。

（2）设备窗口　设备窗口是 MCGS 嵌入版系统与作为测控对象的外部设备建立联系的后台作业环境，负责驱动外部设备，控制外部设备的工作状态。系统通过设备与数据之间的通道，把外部设备的运行数据采集进来，送入实时数据库，供系统其他部分调用，并且把实时数据库中的数据输出到外部设备，实现对外部设备的操作与控制。

（3）用户窗口　用户窗口本身是一个"容器"，用来放置各种图形对象（图元、图符和

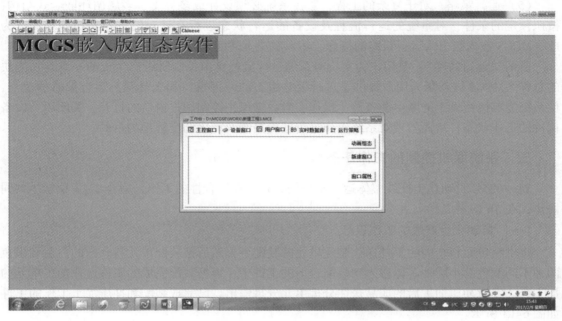

图 6-11 工作台界面

动画构件），不同的图形对象对应不同的功能。通过对用户窗口内多个图形对象的组态，生成美观的图形界面，为实现动画显示效果做准备。

（4）实时数据库 在 MCGS 嵌入版中，用数据对象来描述系统中的实时数据，用对象变量代替传统意义上的值变量，把数据库技术管理的所有数据对象的集合称为实时数据库。

实时数据库是 MCGS 嵌入版系统的核心，是应用系统的数据处理中心。系统各个部分均以实时数据库为公用区交换数据，实现各个部分协调动作。

设备窗口通过设备构件驱动外部设备，将采集的数据送入实时数据库；由用户窗口组成的图形对象，与实时数据库中的数据对象建立连接关系，以动画形式实现数据的可视化；运行策略通过策略构件，对数据进行操作和处理。实时数据库数据流图如图 6-12 所示。

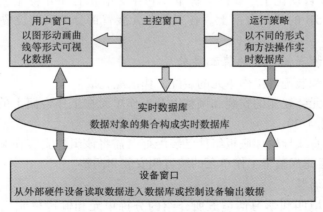

图 6-12 实时数据库数据流图

（5）运行策略　对于复杂的工程，监控系统必须设计成多分支、多层循环嵌套式结构，按照预定的条件，对系统的运行流程及设备的运行状态进行有针对性选择和精确控制。为此，MCGS 嵌入版引入运行策略的概念，用以解决上述问题。

所谓"运行策略"，是用户为实现对系统运行流程自由控制所组态生成的一系列功能块的总称。MCGS 嵌入版为用户提供了进行策略组态的专用窗口和工具箱。运行策略的建立，使系统能够按照设定的顺序和条件，操作实时数据库，控制用户窗口的打开、关闭以及设备构件的工作状态，从而实现对系统工作过程精确控制及有序调度管理的目的。

三、系统联机控制的工作任务

YL-335B 自动化生产线整体运行工作任务是一项综合性的工作，适合 2～3 位学生共同协作，在 5h 内完成。

（一）自动化生产线的工作目标

将供料单元料仓内的工件送往装配单元的装配台，然后把装配单元料仓内的白色和黑色两种不同颜色的小圆柱芯体嵌入到装配台上的工件中，再把装配完成的工件送往加工单元的加工台，完成冲压加工后的成品送往分拣单元分拣输出。已完成装配和冲压加工工作的工件如图 6-13 所示。

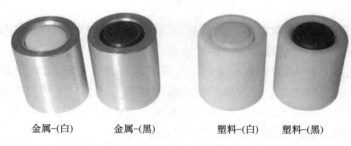

金属-(白)　　金属-(黑)　　塑料-(白)　　塑料-(黑)

图 6-13　已完成装配工作的工件

（二）需要完成的工作任务

1. 自动化生产线设备部件安装

完成 YL-335B 自动化生产线的分拣单元和输送单元的部分装配工作，并把这些工作单元安装在 YL-335B 的工作台面上。各工作单元装置部分的安装位置按照学习情境五中图 5-34 布局。

2. 各工作单元装置侧部分的装配要求

1）供料、加工和装配等工作单元的装配工作已经完成。

2）完成分拣单元装置侧的安装和调整以及工作单元在工作台面上的定位。装配的效果参照学习情境四中图 4-39。

3）输送单元的直线导轨和底板组件已装配好，需将该组件安装在工作台上，并完成其余部件的装配，直至完成整个工作单元的装置侧安装和调整。

3. 气路连接及调整

1）按照学习情境四和学习情境五所介绍的分拣单元和输送单元气动控制回路原理图（图 4-3、图 5-6）完成两个单元的气路连接。

2）接通气源后检查各工作单元气缸初始位置是否符合要求，如不符合需适当调整。

3）完成气路调整，确保各气缸运行顺畅和平稳。

4. 电路设计和电路连接

根据生产线的运行要求完成分拣和输送单元的电路设计和电路连接。

1）设计分拣单元的电气控制电路，并根据所设计的电路图连接电路。电路图应包括PLC 的 I/O 端子分配和变频器主电路及控制电路。电路连接完成后应根据运行要求设定变频器有关参数，并现场测试旋转编码器的脉冲当量（测试 3 次取平均值，有效数字为小数后 3位），上述参数应记录在所提供的电路图上。

2）设计输送单元的电气控制电路，并根据所设计的电路图连接电路。电路图应包括PLC 的 I/O 端子分配、伺服电动机及其驱动器控制电路。电路连接完成后应根据运行要求设定伺服驱动器有关参数，参数应记录在所提供的电路图上。

5. 各站 PLC 网络连接

系统采用 $N:N$ 网络的分布式网络控制，并指定输送单元作为系统主站。系统主令工作信号由触摸屏人机界面提供，但系统紧急停止信号由输送单元的按钮指示灯模块的急停开关提供。安装在工作桌面上的指示灯应能显示整个系统的主要工作状态，如复位、起动、停止、报警等。

6. 连接触摸屏并组态用户界面

触摸屏应连接到系统主站的 PLC 编程口。TPC7062KS 人机界面上组态画面要求：用户窗口包括首页界面、输送站测试界面及运行界面三个界面。

为生产安全起见，系统应设置操作员组和技师组两个用户组别，具有操作员组及以上权限（操作员组或负责人）的用户才能起动系统。

（1）首页界面组态要求 首页界面是起动界面，在触摸屏上电并进行权限检查后运行，屏幕上方的标题文字向右循环移动，循环周期约为 14s，界面上设置有显示输送单元按钮指示灯模块上的转换开关 SA 位置的 2 盏指示灯。当 SA 处于测试模式位置时，具有操作员及以上权限的用户可触摸"测试模式"按钮进入输送站测试界面；当 SA 处于运行模式位置时，如果输送单元各气缸均在初始位置且机械手装置已复位到原点（这时界面上的"原点指示"指示灯被点亮），则具有技师权限的用户可触摸"运行模式"按钮进入运行界面，如图 6-14 所示。

（2）输送站测试界面组态要求 输送站测试界面如图 6-15 所示，其组态应具有下列功能：

1）为单步测试机械手装置的动作，应设置分别控制升降气缸、伸缩气缸、摆动气缸和气动手指的按键开关，并设置显示各气缸状态的指示灯。

2）设置使机械手装置复位到原点位置的复位按钮以及"原点指示"指示灯。当机械手装置动作测试完成、各气缸均处于初始位置后，触摸复位按钮，使 PLC 执行复位程序驱动机械手装置返回到直线运动传动组件的原点位置。复位完成后，"原点指示"指示灯被点亮。此时输送单元处于初始状态，界面上的"初始状态指示"指示灯被点亮。

3）设置用以测试设备传送工件功能的起动测试按钮，此项测试须在输送单元处于初始状态时才能进行，起动后界面上应能显示机械手当前位置和伺服电动机当前给定的转速

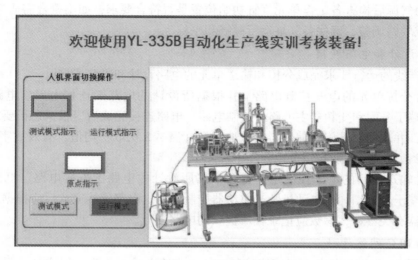

图6-14　首页界面

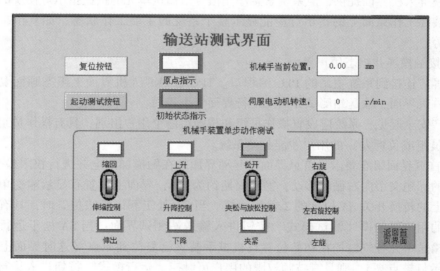

图6-15　输送站测试界面

（机械手当前位置为该装置相对原点的坐标，单位为 mm，显示精度为 0.01mm；伺服电动机当前给定的转速的单位为 r/min，用正负号指示旋转的方向）。

4）输送站测试界面应设置返回首页界面的按钮，当各项测试完成、输送单元处于初始状态且回到原点时，可触摸该按钮切换到首页界面。

（3）运行界面组态要求　运行界面如图6-16所示，其组态应具有下列功能：

1）提供系统工作方式（单站/全线）转换信号和系统起动和停止信号。

2）在人机界面上设定分拣单元变频器的输入运行频率（20～40Hz），实时显示变频器输出频率（显示精度为 0.1Hz）。

3）在人机界面上动态显示输送单元机械手当前位置和伺服电动机转速（要求同输送站测试界面）。

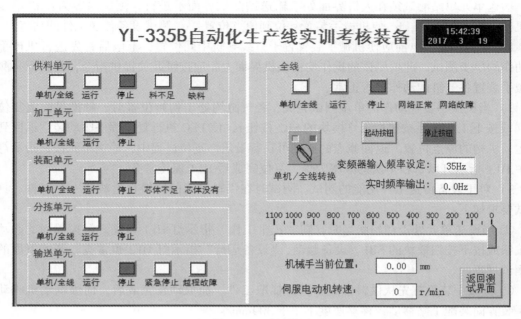

图6-16 运行界面

4）指示网络的运行状态（正常、故障）。

5）指示各工作单元的运行、故障状态。其中故障状态包括：

① 供料单元的供料不足状态和缺料状态。

② 装配单元的芯体不足状态和芯体没有状态。

③ 输送单元机械手装置越程故障（左或右限位开关动作）。

6）当系统停止全线运行时，若工作方式选择到单站方式，按下"返回测试界面"按钮，则返回到输送站测试界面。

7．程序编制及调试

系统的工作模式分为单站测试模式和全线运行模式。

从单站测试模式切换到全线运行模式的条件是：各工作站均处于停止状态，各站的按钮指示灯模块上的单机/全线转换开关置于"全线"位置，此时若人机界面中选择开关切换到全线运行模式，则系统进入全线运行状态。

要从全线运行模式切换到单站测试模式，仅限当前工作周期完成后人机界面中选择开关切换到单站测试模式时才有效。

在全线运行模式下，各工作站仅通过网络接受来自人机界面的主令信号，除主站急停开关外，所有本站主令信号无效。

（1）单站测试模式　单站测试模式下，供料单元、加工单元、装配单元及分拣单元工作的主令信号和工作状态显示信号来自其 PLC 旁边的按钮指示灯模块，并且，按钮指示灯模块上的单机/全线转换开关 SA 应置于"单站"（即"单机"）位置。输送单元单站测试通过触摸屏实现。供料单元、加工单元（暂不考虑紧急停止要求）、装配单元、分拣单元的具体控制要求与前面四个情境单独运行要求相同。

输送单元单站测试要求：

输送单元单站测试须在人机界面处于输送站测试界面下进行。测试内容为：a. 单步测试机械手装置的动作；b. 使机械手装置复位到原点位置；c. 测试设备传送工件的功能。

1）输送单元上电前应使机械手装置置于直线导轨中间位置，上电后首先进行机械手装置动作的单步测试。此项测试的操作均由人机界面上相应按键开关提供指令，其目标是测试机械手装置各气缸的动作是否正常。

2）当机械手装置动作的单步测试完成，各气缸均处于初始位置后，触摸界面上复位按钮（或按下工作单元按钮指示灯模块的 SB2 按钮），使 PLC 执行复位程序驱动装置返回到直线运动机构的原点位置。返回原点的速度可自行设定。复位过程中，输送单元按钮指示灯模块中 HL1 指示灯以每秒 1 次的频率闪烁，复位完成后 HL1 保持常亮。

3）对于设备传送工件功能的测试，测试时在供料单元的物料台上放置一个工件。具体测试要求如下：

① 当输送单元处于初始状态时，则"正常工作"指示灯 HL1 常亮。触摸界面的起动测试按钮或按下按钮模块的 SB1，设备起动，"设备运行"指示灯 HL2 也常亮，开始下面的功能测试过程。

② 机械手装置首先从供料单元物料台抓取工件。抓取动作完成后，伺服电动机驱动机械手装置向装配工站移动，移动速度不小于 300mm/s。

③ 机械手装置移动到装配单元装配台的正前方后，把工件放到装配台上，放下工件动作完成 2s 后，机械手装置又重新取回工件。

④ 机械手装置移动到加工单元加工台的正前方后，把工件放到加工台上，放下工件动作完成 2s 后，机械手装置又重新取回工件。

⑤ 机械手手臂缩回后，摆台逆时针旋转 90°，伺服电动机驱动机械手装置从加工单元向分拣单元运送工件，到达分拣单元传送带上方进料口后把工件放下。

⑥ 放下工件动作完成机械手手臂缩回后，摆台顺时针旋转 90°，然后伺服电动机驱动机械手装置以 400mm/s 的速度返回原点停止。

当抓取机械手装置回到原点后，一个测试周期结束，指示灯 HL2 熄灭。当供料单元的物料台上放置了工件时，再次触摸起动测试按钮，即开始新一轮的测试。

（2）系统正常的全线运行模式 全线运行模式下各工作站部件的工作顺序以及对输送单元机械手装置运行速度的要求与单站测试模式一致。全线运行步骤如下：

1）初始状态。人机界面切换到运行界面后，输送单元 PLC 程序应首先检查网络通信是否正常，各工作站是否处于初始状态。初始状态是指：

① 各从站的单机/全线转换开关均置于全线运行模式。

② 输送单元在初始状态。

③ 供料单元料仓内有足够的工件。

④ 装配单元料仓内有足够的芯体。

⑤ 各从站单元的各个气缸均处于初始位置，分拣单元传送带电动机在停止状态。

上述条件中任一条件不满足，则绿色警示灯以 2Hz 的频率闪烁，红色和橙色警示灯均熄灭。这时系统不能起动。

如果网络正常且上述各工作站均处于初始状态，则允许起动系统。此时若触摸人机界面上的起动按钮，系统起动，绿色警示灯和橙色警示灯均常亮，并且输送单元、供料单元、装配单元、加工单元和分拣单元的指示灯 HL3 常亮，表示系统在全线运行模式下运行。

2）供料单元运行。系统起动后，若供料单元的物料台上没有工件，则应把工件推到物料台上，并向系统发出物料台上有工件的信号。若供料单元的料仓内没有工件或工件不足，则向系统发出报警或预警信号。物料台上的工件被输送单元的机械手装置取出后，若系统仍然需要推出工件进行装配，则进行下一次推出工件操作。

3）输送单元运行 1。当工件推到供料单元物料台后，输送单元机械手装置应执行抓取供料单元工件的操作。动作完成后，伺服电动机驱动机械手装置移动到装配单元装配台的正前方，然后把工件放到装配单元装配台上。

4）装配单元运行。装配单元装配台的传感器检测到工件到来后，开始执行装配过程。装配动作完成后，向系统发出装配完成信号。

如果装配单元的料仓没有小圆柱芯体或小圆柱芯体不足，应向系统发出报警或预警信号。

5）输送单元运行 2。系统接收到装配完成信号后，输送单元机械手装置应执行抓取已装配工件的操作。抓取动作完成后，伺服电动机驱动机械手装置移动到加工单元加工台的正前方，把工件放到加工单元的加工台上。

6）加工单元运行。加工单元加工台的工件被检出后，执行冲压加工过程。当加工好的工件重新送回待料位置时，向系统发出冲压加工完成信号。

7）输送单元运行 3。系统接收到冲压完成信号后，输送单元机械手装置应抓取已冲压的工件，然后从加工单元向分拣单元运送工件，到达分拣单元传送带上方进料口后把工件放下，然后执行返回原点的操作。

8）分拣单元运行。输送单元机械手装置放下工件、缩回到位后，分拣单元的变频器即起动，驱动传动电动机以 80% 最高运行频率（由人机界面指定）的速度，把工件带入分拣区进行分拣，工件分拣原则与单站运行相同。当分拣气缸活塞杆推出工件并返回后，应向系统发出分拣完成信号。

9）工作周期结束。仅当分拣单元分拣工作完成，并且输送单元机械手装置回到原点后，系统的一个工作周期才认为结束。如果在工作周期期间没有触摸过停止按钮，系统在延时1s 后开始下一周期工作。如果在工作周期期间曾经触摸过停止按钮，系统工作结束，橙色警示灯熄灭，绿色警示灯仍保持常亮。系统工作结束后若再按下起动按钮，则系统又重新工作。

（3）异常工作状态测试

1）工件供给状态的信号警示。如果发生来自供料单元或装配单元的"工件或芯体不足"的预报警信号或"工件或芯体没有"的报警信号，则系统动作如下：

① 如果发生"工件或芯体不足"的预报警信号，红色警示灯以 1Hz 的频率闪烁，绿色和橙色灯保持常亮，系统继续工作。

② 如果发生"工件或芯体没有"的报警信号，警示灯中红色灯以亮 1s、灭 0.5s 的方式闪烁，橙色警示灯熄灭，绿色灯保持常亮。

若"工件没有"的报警信号来自供料单元，且供料单元物料台上已推出工件，则系统继续运行，直至完成该工作周期尚未完成的工作。当该工作周期工作结束后，系统将停止工作，除非"工件没有"的报警信号消失，否则系统不能再起动。

若"芯体没有"的报警信号来自装配单元，且装配单元回转台上已落下小圆柱芯体，则系统继续运行，直至完成该工作周期尚未完成的工作。当该工作周期工作结束后，系统将停止工作，除非"芯体没有"的报警信号消失，系统不能再起动。

2）急停与复位。系统工作过程中按下输送站的急停开关，则输送单元立即停车。在急停复位后，应从急停前的断点开始继续运行。

四、系统联机运行功能的实现

（一）设备的安装和调整

YL-335B 分拣单元、输送单元的机械安装、气路连接及调整、电气接线等，其工作步骤和注意事项在前面学习情境四、学习情境五中已经详细描述，这里不再重复。

系统整体安装时，必须确定各工作单元的安装定位，为此首先要确定安装的基准点，即从铝合金桌面右侧边缘算起。在学习情境五中图 5-34 指出了基准点到原点距离（X 方向）为 310mm，这一点应首先确定。然后根据：①原点位置与供料单元物料台中心沿 X 方向重合；②供料单元物料台中心至加工单元加工台中心距离 430mm；③加工单元加工台中心至装配单元装配台中心距离 350mm；④装配单元装配台中心至分拣单元进料口中心距离 560mm；即可确定各工作单元在 X 方向的位置。

由于工作台的安装特点，原点位置一旦确定后，输送单元的安装位置也已确定。

在空的工作台上进行系统安装的步骤是：

1）完成输送单元装置侧的安装，包括直线运动传动组件、机械手装置、拖链装置、电磁阀组件、装置侧电气接口等的安装；机械手装置上各传感器引出线、连接到各气缸的气管沿拖链的敷设和绑扎；连接到装置侧电气接口的接线；单元气路的连接等。

2）完成供料、加工和装配 3 个工作单元在工作台上的定位。它们沿 Y 方向的定位，以输送单元机械手装置在伸出状态时能顺利在它们的物料台上抓取和放下工件为准。

3）分拣单元在完成其装置侧的装配后，在工作台上定位安装。沿 Y 方向的定位，应使传送带上进料口中心点与输送单元直线导轨中心线重合；沿 X 方向的定位，应确保输送站机械手装置运送工件到分拣单元时，能准确地把工件放到进料口中心上。

需要指出的是，在安装工作完成后，必须进行必要的检查、局部试验的工作，确保及时发现问题。在投入全线运行前，应清理工作台上残留线头、管线及工具等，养成良好的职业习惯。

（二）有关参数的设置与测试

按工作任务书规定，电气接线完成后，应进行变频器、伺服驱动器有关参数的设定，并现场测试旋转编码器的脉冲当量。上述工作，已在前面学习情境四、学习情境五中进行了详细介绍，这里不再重复。

（三）人机界面组态

1. 工程分析和创建

根据工作任务，对工程分析并规划如下：

（1）工程框架 有 3 个用户界面，即首页界面、输送站测试界面和运行界面，其中首页界面是起动界面；1 个策略，即循环策略。

（2）数据对象 数据对象有 3 个界面上所用工作状态的指示灯、单机/全线转换旋钮、按钮（有测试模式按钮、运行模式按钮、复位按钮、起动测试按钮、返回首页界面按钮、起动按钮、停止按钮)、机械手装置单步动作测试的各按键开关、变频器频率设定、实时频率输出、伺服电动机转速、机械手当前位置等。

（3）图形制作

1）首页界面。

① 图片：通过位图装载实现。

② 文字：通过标签构件实现。

③ 状态指示灯、按钮：由对象元件库引入。

2）输送站测试界面。

① 文字：通过标签构件实现。

② 各状态指示灯：由对象元件库引入。

③ 机械手装置单步动作测试用的按键开关、起动测试按钮、复位按钮、返回首页界面按钮：由对象元件库引入。

④ 机械手当前位置、伺服电动机转速：通过标签构件实现。

3）运行界面。

① 文字：通过标签构件实现。

② 各工作站以及全线的工作状态指示灯、时钟：由对象元件库引入。

③ 单机/全线转换旋钮、起动按钮、停止按钮：由对象元件库引入。

④ 变频器频率设定：通过输入框构件实现。

⑤ 实时频率输出、伺服电动机转速：通过标签构件实现。

⑥ 机械手当前位置：通过标签构件和滑动输入器实现。

（4）流程控制　通过循环策略中的脚本程序策略块实现。

进行上述规划后，就可以创建工程，然后进行组态。步骤是：运行 MCGS 嵌入版组态环境软件，单击"新建工程"。在"新建工程设置"界面中选择触摸屏型号，若在 TPC 类型中找不到"TPC7062KS"，则选择"TPC7062K"，进入"工作台"对话框。在该对话框中单击"新建窗口"按钮，建立"窗口 0"、"窗口 1"、"窗口 2"，如图 6-17 所示。然后分别设置 3 个窗口的属性。

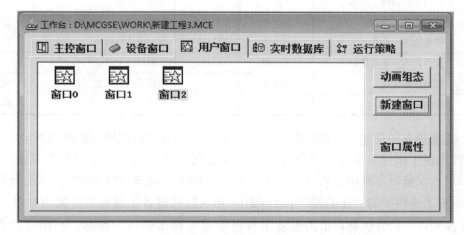

图 6-17　新建窗口操作

2. 定义数据对象和连接设备

（1）定义数据对象　定义数据对象的步骤：

1）单击工作台中的"实时数据库"标签，进入实时数据库选项卡。

2）单击"新增对象"按钮，在选项卡的数据对象列表中，增加新的数据对象，系统默认定义的名称为 Data1、Data2、Data3 等（多次单击按钮可增加多个数据对象）。

3）选中对象，单击"对象属性"按钮，或双击选中对象，则打开"数据对象属性设置"对话框。然后编辑属性。表6-6列出了全部与PLC连接的数据对象。

表6-6　触摸屏与PLC连接的数据对象

序　号	对 象 名 称	类　型	序　号	对 象 名 称	类　型
1	原点指示	开关型	23	升降控制	开关型
2	下降状态	开关型	24	夹紧与放松控制	开关型
3	提升状态	开关型	25	左右旋控制	开关型
4	左旋状态	开关型	26	运行_ 全线	开关型
5	右旋状态	开关型	27	急停_ 输送	开关型
6	伸出状态	开关型	28	单机全线_ 供料	开关型
7	缩回状态	开关型	29	运行_ 供料	开关型
8	夹紧状态	开关型	30	料不足_ 供料	开关型
9	运行模式	开关型	31	缺料_ 供料	开关型
10	越程故障_ 输送	开关型	32	单机全线_ 加工	开关型
11	运行_ 输送	开关型	33	运行_ 加工	开关型
12	单机全线_ 输送	开关型	34	单机全线_ 装配	开关型
13	单机全线_ 全线	开关型	35	运行_ 装配	开关型
14	初始状态	开关型	36	芯体不足_ 装配	开关型
15	停止按钮_ 全线	开关型	37	芯体没有_ 装配	开关型
16	起动按钮_ 全线	开关型	38	单机全线_ 分拣	开关型
17	单机全线切换_ 全线	开关型	39	运行_ 分拣	开关型
18	网络正常_ 全线	开关型	40	频率输出	数值型
19	网络故障_ 全线	开关型	41	伺服电动机转速	数值型
20	复位按钮_ 单站测试	开关型	42	变频器频率设定	数值型
21	起动测试按钮	开关型	43	机械手当前位置	数值型
22	伸缩控制	开关型	44	移动	数值型

（2）连接设备　使定义好的数据对象和PLC内部变量进行连接，步骤如下：

1）首先在工作台中单击"设备窗口"标签使其激活，然后在工作台中双击"设备窗口"图标进入设备组态画面，打开"设备组态"对话框，对话框内为空白，没有任何设备。

2）单击工具栏中的"工具箱"图标 🔧，初次打开设备工具箱时可能为空白，需要定制所需设备工具。其方法是：单击设备工具箱中的"设备管理"按钮，弹出"设备管理"对话框，如图6-18所示。在左边的"可选设备"列表中，选择"通用串口父设备"，然后单击"增加"按钮，将其添加到"选定设备"列表中。用同样的方法选择"三菱_ FX 系列编程口"，将其添加到"选定设备"列表中。单击"确认"按钮后返回到设备组态对话框，此时，设备工具箱列表中已有刚刚定制的两个设备工具，如图 6-19 所示。

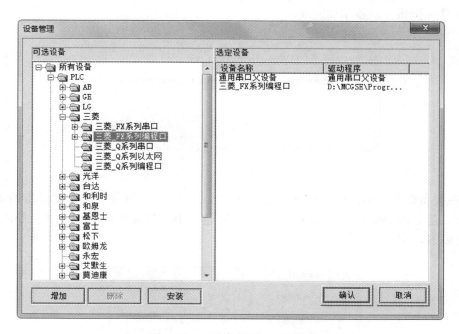

图 6-18　"设备管理"对话框

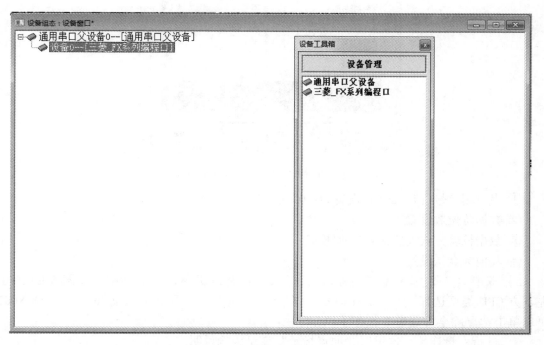

图 6-19　"设备组态"对话框

3）在设备工具箱中，按先后顺序双击"通用串口父设备"和"三菱_ FX 系列编程口"，将其添加至设备组态画面，如图 6-19 所示。弹出提示对话框"是否使用'三菱_ FX 系列编程口'驱动的默认通信参数设置串口父设备参数?"，如图 6-20 所示，选择"是"。单击"存盘"按钮，设备添加完成。

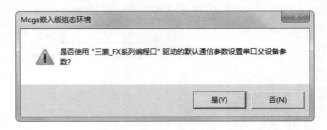

图 6-20　提示对话框

4）在设备组态对话框中，双击"通用串口父设备"，进行通用串口父设备的基本属性设置，按三菱 FX 系列编程口的通信要求，设置通用串口父设备的基本属性，如图 6-21 所示。设置如下：

图 6-21　通用串口父设备的基本属性设置

① 串口端口号（1~255）设置为：0－COM1。

② 数据位位数设置为：0－7 位。

③ 数据校验方式设置为：2－偶校验；

④ 其他为默认设置。

5）双击"三菱_ FX 系列编程口"，进入"设备编辑窗口"对话框，如图 6-22 所示。左下方 CPU 类型选择"4－FX3UCPU"。右方"通道名称"默认为只读 X000~只读 X007，可以单击"删除全部通道"按钮予以删除。

6）进行变量连接，这里以"原点指示"变量为例说明。

① 单击"增加设备通道"按钮，弹出"添加设备通道"对话框，如图 6-23 所示。

图 6-22　"设备编辑窗口"对话框

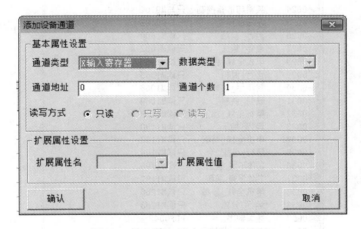

图 6-23　"添加设备通道"对话框

参数设置如下：

a. 通道类型：X 输入寄存器。

b. 通道地址：0。

c. 通道个数：1。

d. 读写方式：只读。

② 单击"确认"按钮，完成基本属性设置。

③ 双击"只读 X0000"通道对应的连接变量，从数据中心选择变量"原点指示"。

用同样的方法按表 6-6 的数据增加其他通道,连接变量,如图 6-24 所示,完成后单击"确认"按钮。

索引	连接变量	通道名称	通道处理
0000		通信状态	
0001	原点指示	只读X0000	
0002	下降状态	只读X0003	
0003	提升状态	只读X0004	
0004	左旋状态	只读X0005	
0005	右旋状态	只读X0006	
0006	伸出状态	只读X0007	
0007	缩回状态	只读X0010	
0008	夹紧状态	只读X0011	
0009	运行模式	只读X0027	
0010	越程故障_输送	只读M0007	
0011	运行_输送	只读M0010	
0012	单机全线_输送	只读M0034	
0013	单机全线_全线	只读M0035	
0014	初始状态	只读M0051	
0015	停止按钮_全线	只写M0061	
0016	起动按钮_全线	只写M0062	
0017	单机全线切...	读写M0063	
0018	网络正常_全线	只读M0070	
0019	网络故障_全线	只读M0071	
0020	复位按钮_单...	只写M0100	
0021	起动测试按钮	只写M0101	
0022	伸缩控制	只写M0102	
0023	升降控制	只写M0103	
0024	夹紧与放松控制	只写M0104	
0025	左右旋控制	只写M0105	
0026	运行_全线	只读M1000	
0027	急停_输送	只读M1002	
0028	单机全线_供料	只读M1064	
0029	运行_供料	只读M1066	
0030	料不足_供料	只读M1068	
0031	缺料_供料	只读M1069	
0032	单机全线_加工	只读M1128	
0033	运行_加工	只读M1130	
0034	单机全线_装配	只读M1192	
0035	运行_装配	只读M1194	
0036	芯体不足_装配	只读M1196	
0037	芯体没有_装配	只读M1197	
0038	单机全线_分拣	只读M1256	
0039	运行_分拣	只读M1258	
0040	频率输出	DDF0040	
0041	伺服电动机转速	只读DWB0202	
0042	变频器频率设定	只写DWUB1002	
0043	机械手当前位置	DDF2000	

图 6-24　连接变量的全部通道

3. 工程安全机制

(1) 定义用户和用户组　为了保证整个系统能安全运行,需要对系统权限进行管理。选择"工具"菜单,在其下拉菜单中选择"用户权限管理"命令,弹出"用户管理器"对话框,如图 6-25 所示。

在 MCGS 中，固定有一个名为"管理员组"的用户组和一个名为"负责人"的用户，它们的名称不能修改。管理员组中的用户有权利在运行时管理所有的权限分配工作，管理员组的这些特性是由 MCGS 系统决定的，其他所有用户组都没有这些权利。

在图 6-25 所示"用户管理器"对话框中，上半部分为已建用户的用户名列表，下半部为已建用户组的列表。在对话框底部的按钮有"新增用户""复制用户""删除用户"等对用户操作的按钮。

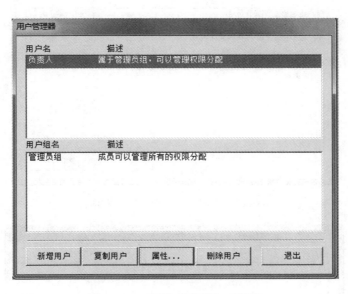

图 6-25　"用户管理器"对话框

当激活用户组名列表时，在窗口底部显示的按钮是"新增用户组""复制用户组""删除用户组"等对用户组操作的按钮，如图 6-26 所示。

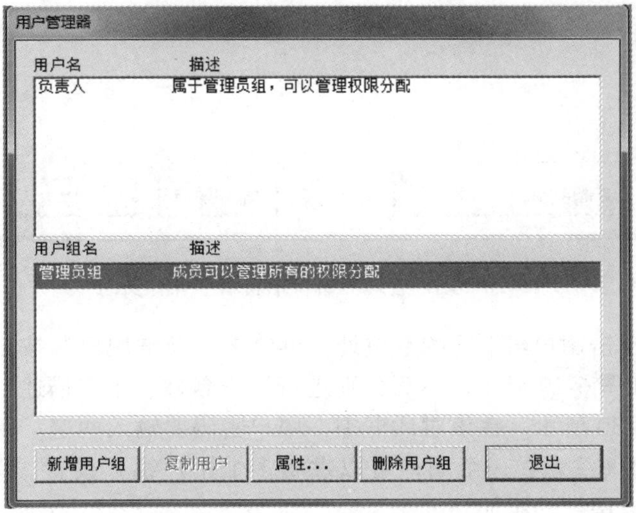

图 6-26　激活用户组名

在图 6-26 中，单击"新增用户组"按钮，弹出"用户组属性设置"对话框，如图 6-27 所示。用户组名称为"操作员组"，用户组描述为"成员仅能进行操作"，单击"确认"按钮，回到"用户管理器"对话框，此时用户组名下面显示新增加的操作员组，如图 6-28 所示。

图 6-27　"用户组属性设置"对话框

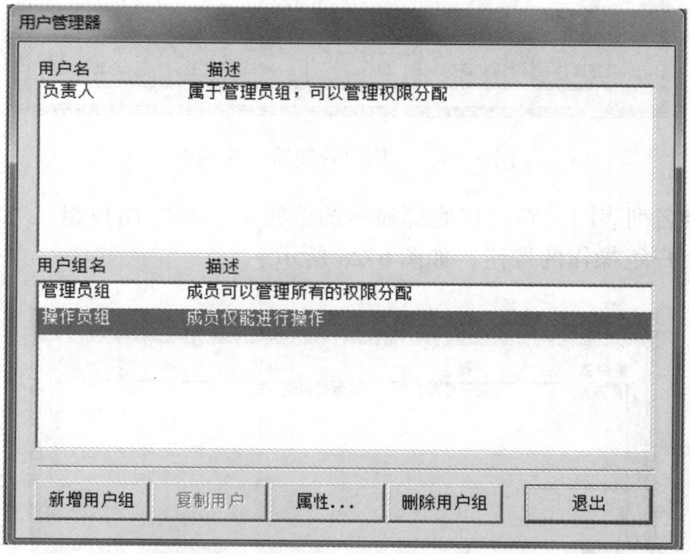

图 6-28　用户管理器窗口中新增"操作员组"

在图 6-28 中，单击用户名下面的空白处，再单击"新增用户"按钮，会弹出"用户属性设置"对话框，如图 6-29 所示。然后分别进行用户名称、用户描述、用户密码和隶属用户组的设置，如图 6-30 所示。在该对话框中，用户密码要输入两遍。用户所隶属的用户组可通过勾选操作员组（注意：一个用户可以隶属多个用户组）设置。单击"确认"按钮，如图 6-29 所示，完成用户的添加。

按照上述同样的方法进行技师组及隶属技师组的组员小吴的添加，如图 6-31 所示。

图 6-29　"用户属性设置"对话框

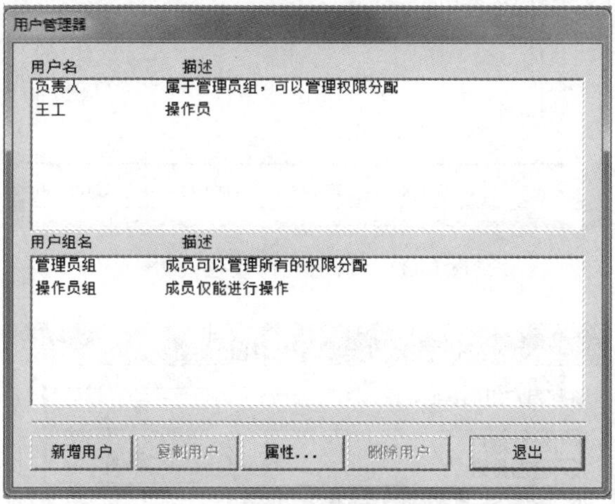

图 6-30　用户管理器中新增一个用户

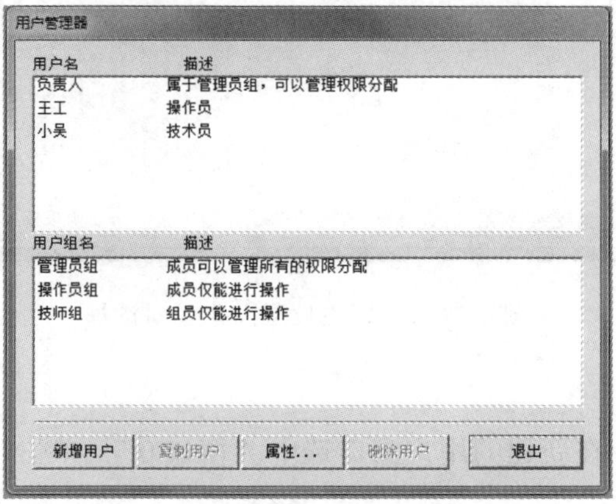

图 6-31　进行用户组和用户添加

（2）系统权限设置 为了更好地保证工程安全、稳定可靠地运行，防止与工程系统无关的人员进入或退出工程系统，MCGS 系统提供了对工程运行时进入或退出工程的权限管理。在工作台中单击"主控窗口"，再单击"系统属性"按钮，弹出"主控窗口属性设置"对话框，如图 6-32 所示，选择"进入登录，退出不登录"。单击"权限设置"按钮，弹出"用户权限设置"对话框。选择"管理员组"和"操作员组"，如图 6-33 所示。单击"确认"按钮，返回"主控窗口属性设置"对话框。

图 6-32　系统运行权限设置

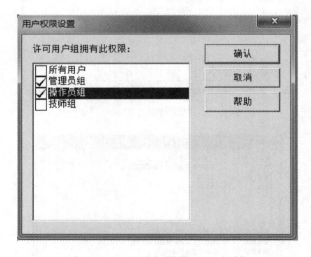

图 6-33　"用户权限设置"对话框

4. 首页界面组态

（1）建立首页界面 在新建的用户窗口选中"窗口 0"，单击"窗口属性"按钮，进行用户窗口属性设置，包括：

1）将窗口名称改为"首页界面"，窗口标题改为"首页界面"，如图 6-34 所示。

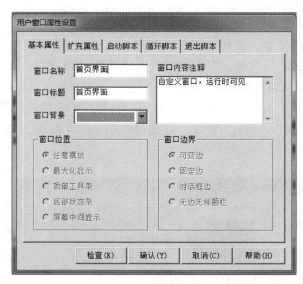

图6-34　用户窗口属性设置

2）在"用户窗口"中，右键单击"首页界面"窗口图标，在下拉菜单中选择"设置为起动窗口"选项，将该窗口设置为运行时自动加载的窗口。

（2）绘制首页界面　选中"首页界面"，单击"动画组态"，进入动画组态对话框开始编辑画面。

1）装载位图。单击工具栏中的"工具箱"图标，打开"工具箱"，在"工具箱"内选择"位图"图标，鼠标的光标呈十字形，在界面左上角位置拖拽鼠标，拉出一个矩形，使其填充窗口右侧适当大小。

在位图上单击右键，选择"装载位图"，找到要装载的位图，单击选择该位图，如图6-35所示，然后单击"打开"按钮，则图片装载到了界面右侧。

图6-35　查找要装载的位图

2）制作测试模式指示和运行模式指示状态指示灯。下面以运行模式指示状态指示灯为例介绍。

① 单击工具箱中的"插入元件"图标，弹出"对象元件库管理"对话框，单击"对象元件列表"中的"指示灯"选项，在右侧列表框中选择"指示灯6"，单击"确认"按钮。双击指示灯，弹出的对话框如图6-36所示。

② 选择"数据对象"标签，单击"?"按钮，从数据中心选择"模式切换"变量。

③ 选择"动画连接"标签，单击"填充颜色"，右边出现"$\boxed{>}$"按钮，如图6-37所示。

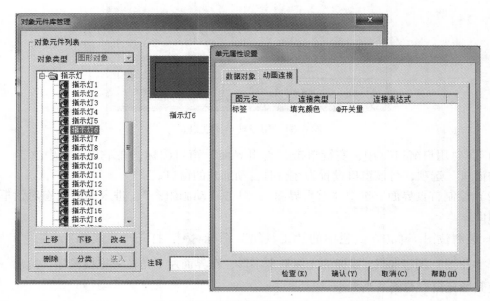

图6-36 指示灯元件及其属性

图6-37 指示灯元件属性设置（一）

④ 单击 "＞" 按钮，弹出图 6-38 所示对话框。在该对话框中选择 "属性设置" 标签，进入 "属性设置" 选项卡，选择填充颜色为白色。再选择 "填充颜色" 标签，进入 "填充颜色" 选项卡，选择分段点 0 对应颜色为白色，分段点 1 对应颜色为浅绿色，如图 6-39 所示，单击 "确认" 按钮完成。

图 6-38 指示灯元件属性设置（二）

图 6-39 指示灯元件属性设置（三）

3）制作测试模式按钮和运行模式按钮。下面以测试模式按钮为例介绍。

① 单击工具箱中的 "标准按钮" 图标 ，在界面中拖出一个大小合适的按钮，双击按钮，弹出图 6-40 所示对话框。

② 如图 6-40a 所示，"基本属性" 选项卡中，无论是抬起还是按下状态，文本都设置为 "测试模式"；"抬起" 状态字体设置为宋体，字体大小设置为五号，背景颜色设置为浅绿色；"按下" 状态字体大小设置为小五号，其他同 "抬起" 状态。

a)"基本属性"选项卡

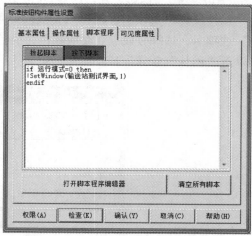

b)"脚本程序"选项卡

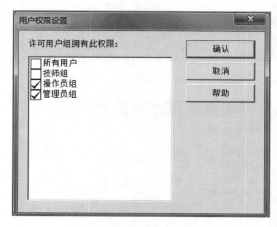

c)"操作权限"设置

图 6-40　测试模式按钮构件属性设置

③ 如图 6-40b 所示，"脚本程序"选项卡中，单击"按下脚本"，并在方框内输入如下脚本程序：

> if　运行模式 =0　then
>
> ！SetWindow(输送站测试界面,1)
>
> endif

④ 单击"权限"按钮，在弹出的用户权限设置对话框中勾选"管理员组"和"操作员组"，然后单击"确认"按钮，如图 6-40c 所示。

⑤ 其他项默认。然后单击"确认"按钮完成。

（3）制作循环移动的文字框图

1）选择"工具箱"内的"标签"图标 **A**，拖拽到界面上方中心位置，根据需要拉出一个大小适合的矩形。在鼠标光标闪烁位置输入文字"欢迎使用 YL－335B 自动化生产线实训考核装备！"，按"Enter"键或在界面任意位置单击鼠标，完成文字输入。

2）静态属性设置如下：单击工具栏上的"填充色"按钮，设定文字框的背景颜色为没有填充；单击工具栏上的"线色"按钮，设置文字框的边线颜色为没有边线；单击工具栏上的"字符字体"按钮，设置文字字体为华文细黑，字型为粗体，大小为二号；单击工具栏上的"字符颜色"按钮，将文字颜色设为蓝色。

3）为了使文字循环移动，在"位置动画连接"中勾选"水平移动"，这时在对话框上端就增添"水平移动"标签。水平移动选项卡的设置如图6-41所示。

图6-41　设置水平移动属性

设置说明如下：

①　为了实现"水平移动"的动画连接，首先要确定对应连接对象的表达式，然后再定义表达式的值所对应的位置偏移量。为此，在实时数据库中定义一个内部数据对象"移动"作为表达式，它是一个与文字对象的位置偏移量成比例的增量值，当表达式"移动"的值为0时，文字对象的位置向左移动0点（即不动），当表达式"移动"的值为1时，对象的位置向右移动5点（5），这就是说"移动"变量与文字对象的位置之间是斜率为5的线性关系。

②　触摸屏图形对象所在的水平位置定义为：以左上角为坐标原点，单位为像素点，向左为负方向，向右为正方向。TPC7062KS的分辨率是800×480，文字串"欢迎使用YL-335B自动化生产线实训考核装备！"向右全部移出的偏移量约为700像素，故表达式"移动"的值为140。文字循环移动的策略是，如果文字串向右全部移出，则返回初始位置重新移动。

③　组态"循环策略"的具体操作如下：

a. 在"运行策略"中，双击"循环策略"进入"策略组态"对话框。

b. 双击 图标，进入"策略属性设置"对话框，将循环时间设为100ms，按"确认"按钮。

c. 在"策略组态"对话框中，单击工具栏中的"新增策略行" 按钮，增加一策略行，如图6-42所示。

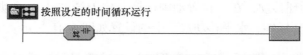

图6-42　新增策略行操作

d. 右击 图标，在弹出的快捷菜单中选择"策略工具箱"命令，弹出"策略工具箱"对话框，单击"脚本程序"，将鼠标移到策略块图标 上并单击，添加脚本程序构件，如图6-43所示。

图6-43　添加脚本程序构件

e. 双击 图标进行策略条件设置，表达式中输入1，即始终满足条件。

f. 双击 图标进入脚本程序编辑环境，输入下面的程序：

```
if   移动 <= 140   then
       移动 = 移动 +1
else
       移动 = -140
endif
```

g. 单击"确认"，脚本程序编写完毕。

（4）编制首页界面的启动脚本　在"用户窗口"中，先选中"首页界面"窗口图标，然后单击"窗口属性"按钮，便打开"用户窗口属性设置"对话框如图6-44所示，单击"启动脚本"标签，编制启动脚本"! LogOn( )"，如图6-45所示，单击"确认"按钮完成。

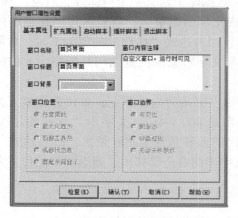

图6-44　首页界面用户窗口属性设置

图6-45　首页界面启动脚本设置

5. 输送站测试界面组态

（1）建立输送站测试界面

1）选中"窗口1"，单击"窗口属性"按钮，进行用户窗口属性设置。

2）将窗口名称改为"输送站测试界面"，窗口标题改为"输送站测试界面"；选择"窗口背景"下拉菜单，在"其他颜色"中选择所需的颜色，如图6-46所示。

（2）输送站测试界面制作和组态　按下列步骤制作和组态输送站测试界面。

1）制作输送站测试界面的标题文字。方法与前述相同，这里不再赘述。

2）制作复位按钮和起动测试按钮。下面以起动测试按钮为例介绍。

① 单击工具箱中的"标准按钮"图标，在界面中拖出一个大小合适的按钮，双击按钮，弹出图6-47所示对话框。

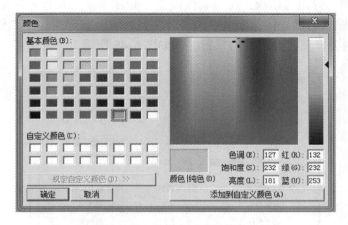

图6-46　选择窗口背景颜色

图6-47　"标准按钮构件属性设置"对话框

② 在"基本属性"选项卡中，无论是抬起还是按下状态，文本都设置为"起动测试按钮"；"抬起"状态字体设置为宋体，字体大小设置为五号，背景颜色设置为浅绿色；"按下"状态字体大小设置为五号，其他同"抬起"状态。

③ 在"操作属性"选项卡中，"抬起"状态下，数据对象操作清0，起动按钮；"按下"状态下，数据对象操作置1，起动按钮。

④ 其他项默认。单击"确认"按钮完成。

3）制作状态指示灯。方法同首页界面状态指示灯的制作，这里不再赘述。

4）制作机械手当前位置和伺服电动机转速数据显示制作。数据的显示可以用标签的"显示输出"属性设置，下面以伺服电动机转速显示为例。

① 选中工具箱中"标签"图标 **A**，拖动鼠标，绘制1个显示框。

② 双击显示框，弹出对话框，在"属性设置"选项卡静态属性选项组中，填充颜色设置为"白色"，在输入输出连接选项组中，勾选"显示输出"选项，在"标签动画组态属性设置"对话框中则会出现"显示输出"标签，如图6-48所示。

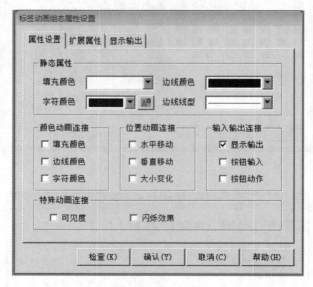

图6-48 标签动画组态属性设置（一）

③ 单击"显示输出"标签，设置显示输出属性。参数设置如下：

a. 表达式：伺服电动机转速。

b. 单位：r/min。

c. 输出值类型：数值量输出。

d. 输出格式：十进制。

e. 小数位数：0。

④ 单击"确认"按钮，如图6-49所示，制作完毕。

5）制作机械手装置单步动作测试画面并组态。由图6-15可知机械手装置单步动作组态包括4个按键开关和指示气缸工作状态的8个指示灯，指示灯的组态方法与前述相同，下面仅以伸缩控制为例介绍按键开关的制作。

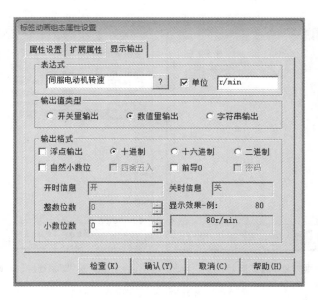

图6-49 标签动画组态属性设置（二）

① 单击工具箱中的"插入元件"图标 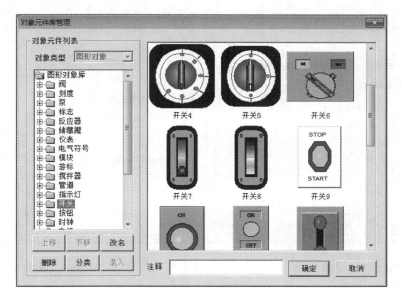，弹出"对象元件库管理"对话框，如图6-50所示，单击"对象元件列表"中的"开关"选项，在右侧列表框中选择"开关8"，单击"确定"按钮，双击开关，弹出图6-51所示的对话框。

图6-50 开关元件库

② 在"数据对象"选项卡中，分别单击"按钮输入"和"可见度"右边的"?"按钮，在数据中心中均选择"伸缩控制"变量，单击"确认"按钮。

③ 在"动画连接"选项卡中，分别单击"按钮输入"和"可见度"右边的"?"按钮，在数据中心中均选择"伸缩控制"变量，单击"确认"按钮。

a)"数据对象"选项卡设置   b)"动画连接"选项卡设置

图 6-51　按键开关属性设置（一）

④ 在图 6-51 中，分别单击"按钮输入"和"可见度"右边的"＞"按钮，在"属性设置"选项卡的输入输出连接选项组选择"按钮动作"，在"按钮动作"选项卡选择"数据对象值操作"，同时将伸缩控制变量取反，其他项默认，如图 6-52 所示。

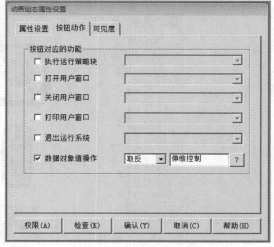

a)"属性设置"选项卡设置   b)"按钮动作"选项卡设置

图 6-52　按键开关属性设置（二）

6）制作圆角矩形框。单击工具箱中"圆角矩形"图标 ⬭，在界面的左上方拖出一个大小适合的圆角矩形，双击圆角矩形，出现图 6-53 所示的对话框。

属性设置为：填充颜色设置为"没有填充"；边线颜色选红色；其他默认。

7）制作返回首页界面按钮。单击工具箱中"标准按钮"图标 ⬜，在界面中拖出一个大小合适的按钮，双击该按钮，弹出"标准按钮构件属性设置"对话框。在"基本属性"

图 6-53　圆角矩形框属性设置

选项卡中，抬起和按下文本均输入返回首面界面，背景颜色选择浅红色；在"脚本程序"选项卡中单击"按下脚本"，并在方框内输入脚本程序如下：

　　　　if　初始状态=1　and　原点指示=1　then

　　　　！SetWindow(首页界面,1)

　　　　endif

其他选项设置默认，然后单击"确认"按钮完成，如图 6-54 所示。

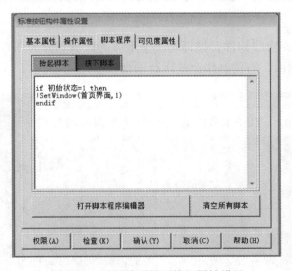

图 6-54　返回首页界面按钮属性设置

6. 运行界面组态

（1）建立运行界面

1）选中"窗口 2"，单击"窗口属性"按钮，进行用户窗口属性设置。

2）将窗口名称改为"运行界面"，窗口标题改为"运行界面"；选择"窗口背景"下拉菜单，在"其他颜色"中选择所需的颜色。

（2）运行界面制作和组态　按如下步骤制作和组态运行界面。

1）制作运行界面的标题文字、插入时钟。标题文字制作方法与首页界面的标题文字制作相同，单击工具箱中的"插入元件"图标 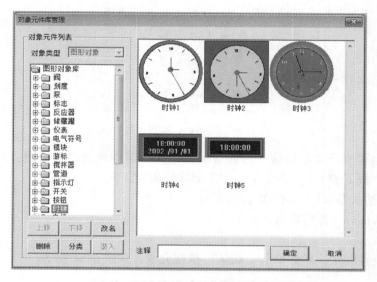，弹出"对象元件库管理"对话框。单击对话框左侧"对象元件列表"中的"时钟"选项，在右侧列表框中选择"时钟4"，然后单击"确定"按钮，如图 6-55 所示。此时界面左上角会出现刚选择的时钟 4 图形，将其调整为适当大小，移动到界面右上角位置即可。

图 6-55　时钟元件库

2）在工具箱中选择直线构件，把标题文字下方的区域划分为图 6-56 所示的两部分。区域左侧制作各站单元画面，右侧制作全线运行画面。

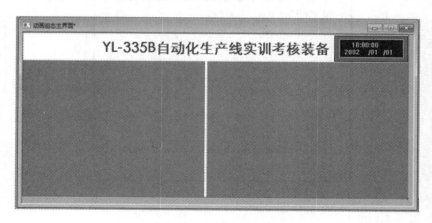

图 6-56　划分界面区域

3）制作各站单元画面并组态。以供料单元组态为例，其画面如图 6-57 所示，图中指出了各构件的名称。这些构件均为状态指示灯，其制作方法与首页界面的运行模式指示状态指示灯类似，但"料不足"和"缺料"须有闪烁报警功能。下面以"料不足"指示灯为例说明：

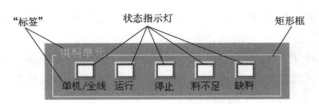

图 6-57　供料单元组态画面

① 单击工具箱中的"插入元件"图标 ，弹出"对象元件库管理"对话框，单击"对象元件列表"中的"指示灯"选项，在右侧列表框中选择"指示灯6"，单击"确认"按钮。双击指示灯，弹出"单元属性设置"对话框。

② 在"数据对象"选项卡中，单击"填充颜色"，右角出现" ? "按钮，单击该按钮，在数据中心中选择"料不足_供料"变量。

③ 在"动画连接"选项卡中，单击"填充颜色"，右边出现" > "按钮，单击该按钮，弹出"标签动画组态属性设置"对话框。在该对话框中单击"属性设置"选项卡，选择填充颜色为白色，特殊动画连接选项组勾选"闪烁效果"，此时"填充颜色"标签旁边就会出现"闪烁效果"标签，如图6-58a所示。

a) "属性设置"选项卡

b) "填充颜色"选项卡

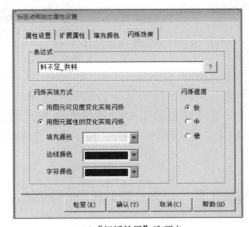

c) "闪烁效果"选项卡

图 6-58　具有报警时闪烁功能的指示灯制作

④ 单击"填充颜色"标签，进入"填充颜色"选项卡，选择分段点 0 对应颜色为白色，分段点 1 对应颜为红色，如图 6-58b 所示。

⑤ 单击"闪烁效果"标签，进入"闪烁效果"选项卡，表达式选择为"料不足_ 供料"；在闪烁实现方式选项组中点选"用图元属性的变化实现闪烁"；填充颜色选择黄色，如图 6-58c 所示，单击"确认"按钮完成。

4）制作全线部分画面。

① 制作单机全线转换旋钮。单击工具箱中"插入元件"图标 📇，弹出"对象元件库管理"对话框，选择"开关 6"，单击"确认"按钮。双击旋钮，弹如图 6-59 所示的对话框。"数据对象"选项卡的"按钮输入"和"可见度"数据对象连接均为"单机全线切换"，单击"确认"按钮完成。

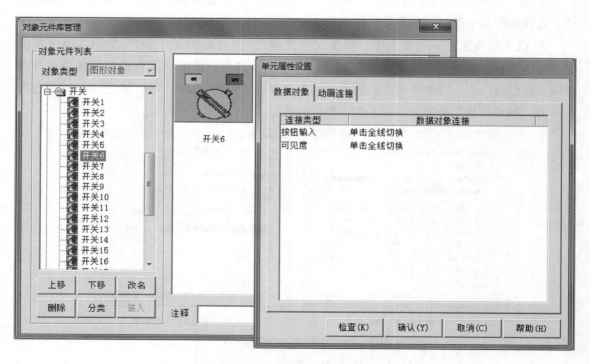

图 6-59 转换旋钮元件及其属性

② 制作数值输入框。

a. 单击工具箱中的"输入框"图标，拖动鼠标，绘制 1 个输入框。

b. 双击输入框，进行属性设置，这里只需要设置操作属性。具体设置内容分别为对应数据对象的名称：变频器频率设定；使用单位：Hz；最小值：20；最大值：40；小数点位：0。设置结果如图 6-60 所示。

③ 制作滑动输入器。

a. 单击工具箱中的"滑动输入器"图标，当鼠标呈十字形后，拖动鼠标到适当大小，并调整滑动块到适当的位置。

b. 双击滑动输入器构件，弹出图 6-61 所示对话框。

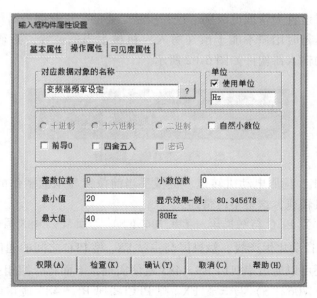

图 6-60　输入框构件属性设置

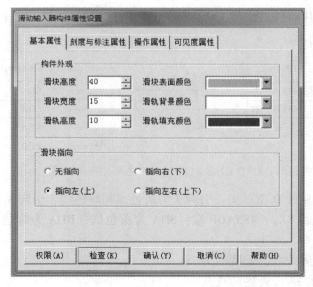

图 6-61　滑动输入器构件属性设置

按照下面的值设置各个参数：

"基本属性"选项卡中，滑块指向：指向左（上）。

"刻度与标注属性"选项卡中，"主划线数目"：11；"次划线数目"：2；小数位数：0。

"操作属性"选项卡中，对应数据对象名称：机械当前位置；滑块在最左（下）边时对应的值：1100；滑块在最右（上）边时对应的值：0。

其他为默认值。

c. 单击"权限"按钮，进入用户权限设置对话框，选择管理员组，按"确认"按钮完成制作。

注意，用户权限设置为管理员级别，这一步是必要的，这是因为滑动输入器构件具有读写属性，为了确保运行时用户不能干预（写入）机械手当前位置，必须对用户权限加以限制。制作完成的滑动输入器构件如图 6-62 所示。

图 6-62　滑动输入器构件

④ 实时频率输出、伺服电动机转速、机械手当前位置显示框制作的方法，同输送站测试界面的伺服电动机转速，这里不再赘述。

（四）主站 FX$_{3U}$ 型 PLC 与触摸屏（TPC7062KS）之间 RS‑485 通信的设置

对于 YL‑335B 自动化生产线，触摸屏与主站 FX$_{3U}$ 型 PLC 之间的通信除了前面介绍的通过编程口实现外，还可以通过串口以 RS‑485 通信实现，下面将介绍相关内容。

1. 触摸屏（TPC7062KS）与三菱 FX$_{3U}$ 型 PLC 之间 RS‑485 通信的接线

当主站 FX$_{3U}$‑48MT PLC 与触摸屏之间通过 RS‑485 通信时，在联机运行状态下，主站 PLC 左侧需连接通信用特殊适配器 FX$_{3U}$‑485ADP。TPC7062KS 和 FX$_{3U}$ PLC 之间 RS‑485 通信的接线如图 6-63 所示。

图 6-63　TPC7062KS 与 FX$_{3U}$ PLC 之间 RS‑485 通信的接线

注：TPC 端采用 9 针 D 型母头：引脚 7 为黄色线和绿色线，引脚 8 为红色线和蓝色线。

通信用特殊适配器 FX$_{3U}$‑485ADP 端：SDA 为黄色线；RDA 为绿色线；SDB 为红色线；RDB 为蓝色线。

建议：采用 5 芯屏蔽线，长度约为 2m。

2. 触摸屏和 PLC 通信软件的设置

（1）触摸屏的设置

1）组态硬件。在 MCGS 工作台对话框，单击"设备窗口"图标，再单击"设备组态"按钮，弹出"设备组态"对话框，单击工具栏上的"设备工具箱"图标 🔧，便进入图 6-19 所示"设备工具箱"对话框。

在"设备工具箱"对话框单击"设备管理"按钮，便进入图 6-18 所示"设备管理"对话框。在该对话框左侧可选设备下的所有设备栏，单击"PLC"前的"+"，再单击"三菱"前面的"+"，然后单击"三菱 FX 系列串口"前面的"+"，找到"🔲 三菱_FX 系列串口"，并双击添加到设备工具箱里，在所有设备栏的通用设备中，找到"🔲 通用串口父设备"，并双击添加到设备工具箱里，在"设备工具箱"对话框分别双击"🔲 通用串口父设备"和"三菱_ FX 系列串口",最后组态后的父设备与子设备如图 6-64 所示。

图 6-64　设备组态

2）修改父设备的参数。在图 6-64 中，双击"通用串口父设备 0 - ［通用串口父设备］"，弹出"通用串口设备属性编辑"对话框，修改后的父设备参数如图 6-65 所示。

图 6-65　修改通用串口父设备的参数

说明：串口端口号应选 COM2，原因见表 6-7。

表 6-7　串口端口号与引脚定义对照关系表

接　　口	PIN	引 脚 定 义
COM1	2	RS‒232RXD
	3	RS‒232TXD
	5	GND
COM2	7	RS‒485 +
	8	RS‒485 ‒

3）修改子设备的参数。在图 6-64 中，双击"设备 0‑［三菱 FX_ 系列串口］"，弹出"设备编辑"对话框，修改后子设备的参数如图 6-66 所示。

（2）PLC 的设置　打开 GX Developer 软件，进入编程界面，选择左侧的工程数据列表栏，如图 6-67 所示。双击"PLC 参数"，弹出"FX 参数设置"对话框，修改通信设置，如图 6-68 所示。

设备属性名	设备属性值
［内部属性］	设置设备内部属性
采集优化	1‑优化
设备名称	设备0
设备注释	三菱_FX系列串口
初始工作状态	1‑启动
最小采集周期(ms)	100
设备地址	0
通信等待时间	200
快速采集次数	0
协议格式	0‑协议1
是否校验	1‑求校验
PLC类型	4‑FX2N

图 6-66　修改子设备的参数

图 6-67　工程数据列表

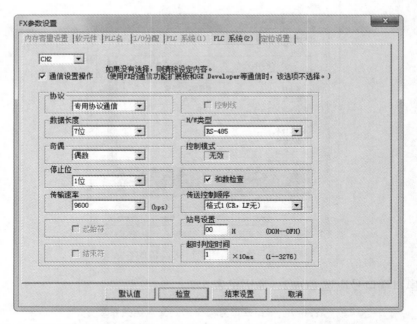

图 6-68　触摸屏与 FX₃U 系列 PLC 进行通信时 FX 参数设置

在完成上述相关参数的设置后，触摸屏就可以通过 RS‑485 与 PLC 进行通信了。这里需要说明的是前面介绍的设备连接，所有设备通道应设置在"设备 0‑［三菱 FX_ 系列串口］"下。

（五）编制和调试 PLC 程序

YL‑335B 是一个分布式控制的自动化生产线，在设计它的整体控制程序时，应首先从它的系统性着手，通过组建网络，规划通信数据，使系统组织起来。然后根据各工作单元的工艺任务，分别编制各工作站的控制程序。

1. 规划通信数据

通过分析任务书要求可以看到，网络中各站点需要交换的信息量并不大，可采用模式1的刷新方式。各站通信所需的数据见表6-8～表6-12。这些数据位分别由各站PLC程序写入，全部数据为 $N:N$ 网络所有站点共享。

表6-8 输送单元（0#站）数据定义

输送单元位地址和字地址	数据定义	备 注
M1000	全线运行	
M1001	输送站复位中	
M1002	全线急停	
M1004	系统就绪	
M1005	HMI联机	
M1006	请求供料	
M1007	允许装配	
M1008	允许加工	
M1009	允许分拣	
D0	最高频率设定	

表6-9 供料单元（1#站）数据定义

供料单元位地址	数据定义	备 注
M1064	供料联机	
M1065	初始状态	
M1066	供料运行	
M1067	供料信号	
M1068	料不足报警	
M1069	缺料报警	

表6-10 加工单元（2#站）数据定义

加工单元位地址	数据定义	备 注
M1128	加工联机	
M1129	初始状态	
M1130	加工运行	
M1131	加工完成	
M1132	加工站急停	

表 6-11　装配单元（3#站）数据定义

装配单元位地址	数据定义	备　注
M1192	装配联机	
M1193	初始状态	
M1194	装配运行	
M1195	装配完成	
M1196	芯体不足报警	
M1197	芯体没有报警	

表 6-12　分拣单元（4#站）数据定义

分拣单元位地址	数据定义	备　注
M1256	分拣联机	
M1257	初始状态	
M1258	分拣运行	
M1259	分拣完成	

　　用于通信的数值数据只有一个，即来自触摸屏的频率指令数据传送到输送单元后，由输送单元发送到网络上，供分拣单元使用。该数据被写入到字数据存储区的 D1002 单元内。

　　2. 从站单元控制程序的编制

　　YL‐335B 各工作站在单站运行时的编程思路在前面各情境中均作了介绍。在联机运行情况下，由工作任务书规定的各从站工艺过程是基本固定的，原单站程序中工艺控制程序基本变动不大。在单站程序的基础上修改、编制联机运行程序，实现上并不太困难。下面首先以供料单元的联机编程为例说明编程思路。

　　联机运行情况下的主要变动：一是在运行条件上有所不同，主令信号来自系统通过网络下传的信号；二是各工作站之间通过网络不断交换信号，由此确定各站的程序流向和运行条件。

　　对于前者，首先须明确工作站当前的工作方式，以此确定当前有效的主令信号。工作任务书明确地规定了工作方式切换的条件，目的是避免误操作的发生，确保系统可靠运行。工作方式切换条件的逻辑判断在上电初始化（M8002 ON）后立即进行。实现的梯形图程序如图 6-69 所示。

　　接下来的工作与前面单站时类似，即：①进行初始状态检查，判别工作站是否准备就绪；②若准备就绪，则收到全线运行信号或本站起动信号后投入运行状态；③在运行状态下，不断监视停止命令是否到来，一旦到来立即置位停止信号，待工作站的工艺过程完成一个工作周期后，停止工作。梯形图程序如图 6-70 所示。

　　下一步便进入工作站的工艺控制过程，即从初始步 S0 开始的步进顺序控制过程。这一步进程序与前面单站情况基本相同，只是增加了通过共享位元件（M1066）向系统报告本站工作状态的程序，梯形图程序如图 6-71 所示。

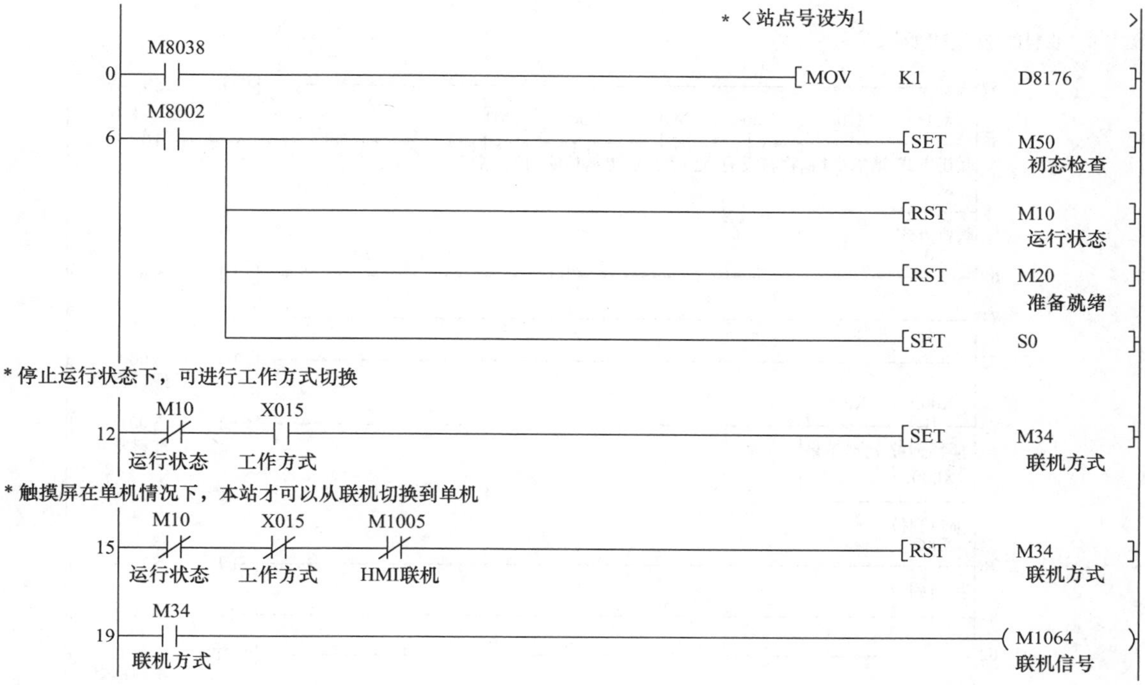

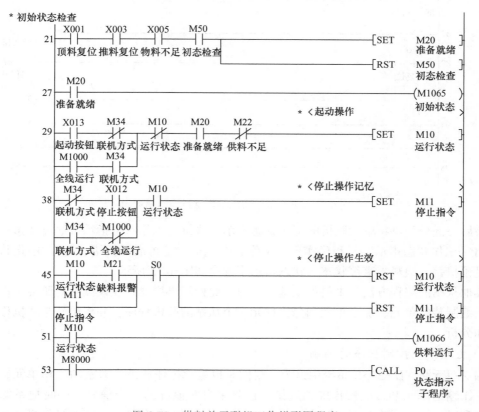

图 6-69　工作站初始化和工作方式确定梯形图程序

图 6-70　供料单元联机工作梯形图程序

* 供料部分程序开始

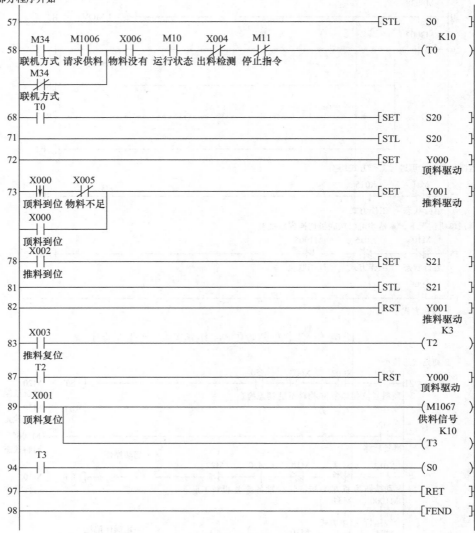

图 6-71　供料单元联机工作供料控制梯形图

最后一部分为供料单元联机的工作状态指示。联机的工作状态指示可通过在每一扫描周期调用"工作状态指示"子程序实现，工作状态包括：是否准备就绪、运行/停止状态、工件不足预报警、缺料报警等状态。状态指示子程序如图 6-72 所示。

其他从站的编程方法与供料单元基本类似，此处不再详述。建议读者对照各工作站单站程序，编制装配单元、加工单元和分拣单元三个从站的联机程序，并将单站与联机程序加以比较和分析。

3. 主站单元控制程序的编制

输送单元是 YL-335B 系统中最为重要同时也是承担任务最为繁重的工作单元。主要体现在：①输送单元 PLC 与触摸屏相连接，接收来自触摸屏的主令信号，同时把系统状态信息回馈到触摸屏；②作为网络的主站，要进行大量的网络信息处理；③通过触摸屏实现本单

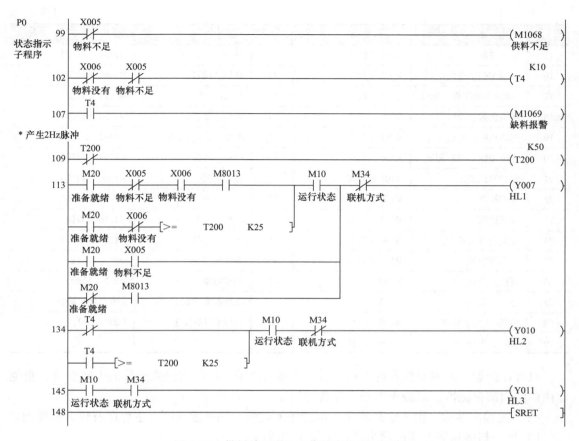

图 6-72　供料单元联机工作状态指示子程序

元的机械手装置单步动作测试、回原点测试及传送工件的功能测试，联机方式下的工艺生产任务与单站运行时略有差异。因此，把输送单元的单站控制程序修改为联机控制，工作量要大一些。下面着重讨论编程中应予以注意的问题和有关编程思路。

（1）内存的配置　为了使程序更为清晰合理，编写程序前应尽可能详细地规划所需使用的内存。前面已经规划了供网络变量使用的内存、存储区的地址范围。在人机界面组态中，也规划了人机界面与PLC的连接变量的设备通道，整理成表格形式，见表6-13。

表 6-13　人机界面与 PLC 连接变量的设备通道

序号	连接变量	通道名称	序号	连接变量	通道名称
1	原点指示	X000（只读）	8	夹紧状态	X011（只读）
2	下降状态	X003（只读）	9	运行模式	X027（只读）
3	提升状态	X004（只读）	10	越程故障_ 输送	M007（只读）
4	左旋状态	X005（只读）	11	运行_ 输送	M010（只读）
5	右旋状态	X006（只读）	12	单机/全线_ 输送	M034（只读）
6	伸出状态	X007（只读）	13	单机/全线_ 全线	M035（只读）
7	缩回状态	X010（只读）	14	初始状态	M51（只读）

（续）

序号	连接变量	通道名称	序号	连接变量	通道名称
15	停止按钮_ 全线	M061 （只写）	30	料不足_ 供料	M1068 （只读）
16	起动按钮_ 全线	M062 （只写）	31	缺料_ 供料	M1069 （只读）
17	单机/全线切换_ 全线	M063 （读写）	32	单机/全线_ 加工	M1128 （只读）
18	网络正常_ 全线	M070 （只读）	33	运行_ 加工	M1130 （只读）
19	网络故障_ 全线	M071 （只读）	34	单机/全线_ 装配	M1192 （只读）
20	复位按钮_ 单站测试	M100 （只写）	35	运行_ 装配	M1194 （只读）
21	起动测试按钮	M101 （只写）	36	芯体不足_ 装配	M1196 （只读）
22	伸缩控制	M102 （只写）	37	芯体没有_ 装配	M1197 （只读）
23	升降控制	M103 （只写）	38	单机/全线_ 分拣	M1256 （只读）
24	夹紧与放松控制	M104 （只写）	39	运行_ 分拣	M1258 （只读）
25	左右旋控制	M105 （只写）	40	频率输出	D40 （只读）
26	运行_ 全线	M1000 （只读）	41	伺服电动机转速	D202 （只读）
27	急停_ 输送	M1002 （只读）	42	变频器频率设定	D1002 （只写）
28	单机/全线_ 供料	M1064 （只读）	43	机械手当前位置	D2000 （只读）
29	运行_ 供料	M1066 （只读）			

　　只有在配置了上面所提及的存储器后，才能考虑编程中所需用到的其他中间变量。避免非法访问内部存储器，是编程中必须注意的问题。

　　（2）主程序结构　由于输送单元承担的任务较多，联机运行时，主程序有较大的变动。

　　1）每一扫描周期都调用网络读写子程序和通信子程序。

　　2）完成系统工作方式的逻辑判断，除了输送单元本身要处于联机方式外，所有从站都必须处于联机方式。

　　3）联机方式下，在初始状态检查中，系统准备就绪的条件，除输送单元本身要就绪外，所有从站均应准备就绪。因此，初态检查复位子程序中，除了完成输送单元本站初始状态检查和复位操作外，还要通过网络读取各从站准备就绪信息。

　　4）总体来说，整体运行过程仍是按初态检查→准备就绪，等待起动→投入运行等几个阶段逐步进行的，但阶段的开始或结束的条件则发生变化。

　　5）为了实现急停功能，程序主体控制部分需要放在主控指令中执行，即放在MC（主控）和MCR（主控复位）指令间。当顺控指令断开时，顺控内部的元件保持现状的有：累计定时器、计数器、用置位和复位指令驱动的元件；变成断开的元件有：非累计定时器、用OUT指令驱动的元件。以上是主程序的编程思路。其主程序如图6-73a～e所示。

　　（3）主站运行控制程序部分的结构　输送单元联机的工艺过程与单站过程仅略有不同，控制程序需修改之处并不多。主要有如下几点：

　　1）输送单元在单机方式下（见学习情境五），传送功能测试程序在初始步就开始执行机械手往供料单元物料台抓取工件，而联机方式下，初始步的操作应为：通过网络向供料单元请求供料，收到供料单元供料完成信号后，如果没有停止指令，则转移至下一步（S20步）即执行抓取工件，其梯形图程序如图6-74所示。

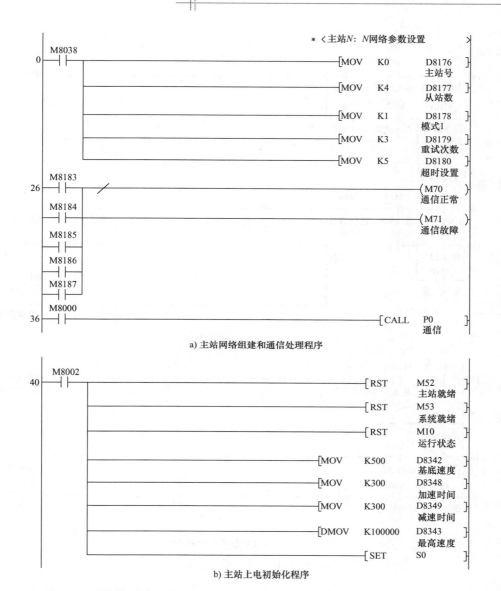

a) 主站网络组建和通信处理程序

b) 主站上电初始化程序

c) 主站初始状态检查程序

图6-73　联机方式主站主程序

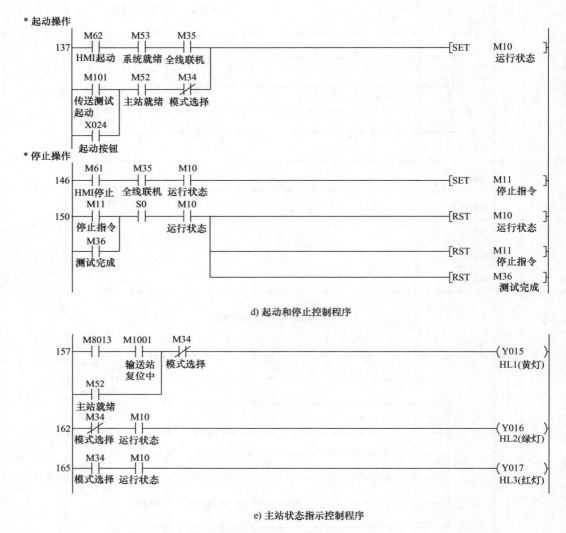

d) 起动和停止控制程序

e) 主站状态指示控制程序

图 6-73　联机方式主站主程序（续）

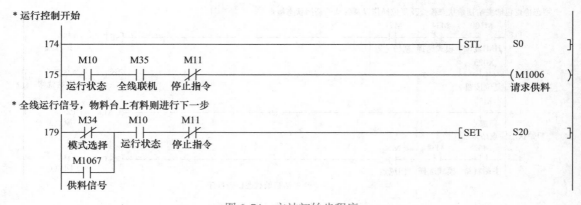

图 6-74　主站初始步程序

2）单站运行时，机械手往加工单元放下工件，等待2s取回工件，而联机方式下，取回工件的条件是收到来自网络的加工完成信号。装配单元的情况与此相同。

3）单站运行时，测试过程结束即退出运行状态。联机方式下，到达供料单元，如果没有停止指令，系统延时1s后则进入下一周期。

至此，在学习情境五传送功能测试过程流程图（图5-39）基础上修改的运行控制过程流程图如图6-75所示。

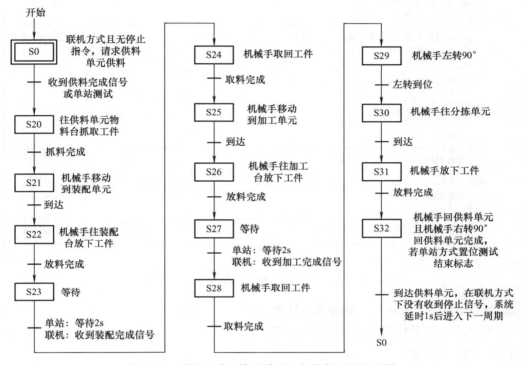

图6-75　联机方式下输送单元运行控制过程流程图

（4）子程序部分　输送单元在联机运行方式下，其子程序部分包括：通信子程序、机械手单步动作测试子程序、回原点子程序、抓料子程序和放料子程序。其中回原点子程序、抓料子程序和放料子程序与输送单元单机运行完全相同，在此不再赘述。这里主要介绍通信子程序及机械手单步动作测试子程序的编程。

通信子程序的功能包括从站报警信号处理、转发（从站间、HMI）以及向HMI提供输送站机械手当前位置信息。主程序在每一扫描周期都调用这一子程序，其子程序如图6-76所示。

1）报警信号处理、转发包括：

① 供料单元工件不足和工件没有的报警信号转发往装配单元，为警示灯工作提供信息。

② 处理供料单元"工件没有"或装配站"芯体没有"的报警信号。

③ 向HMI提供网络正常/故障信息。

2）向HMI提供输送单元机械手当前位置信息，由脉冲累计数除于100得到。

① 在每一扫描周期把以脉冲数表示的当前位置转换为长度信息（mm），转发给HMI的连接变量D2000。

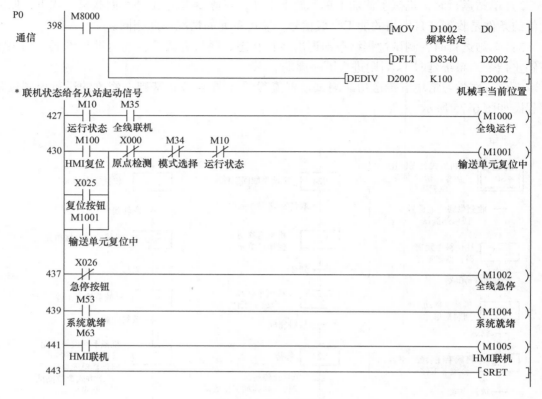

图 6-76　通信子程序

② 每当返回原点完成后，脉冲累计数被清零。

3）机械手单步动作测试子程序如图 6-77 所示。

（六）问题与思考

1）在系统联机控制的工作任务中，各工作单元在单站运行模式与全线运行模式下，其工艺控制过程基本相同，实施的重点在于系统整体控制的组织过程。

但在实际情况中，自动化生产线各工作单元在单站运行模式与全线运行模式下的控制过程要求可能并不相同。例如某些工作单元在单站运行模式时仅用于调试及维护等。如果在单站运行模式与全线运行模式下的控制要求不相同，工作程序应如何编制？试设计一个工作单元加以实现。

2）自动化生产线在实际运行中，可能由于一些难以预测的因素而死机或失控，如通信网络由于干扰而发生故障、传感器故障、环境因素的变化等。在编制系统程序时，除尽可能全面考虑各种因素，找出对策外，还应考虑出现失控状态时安全退出或复位的问题。试考虑在联机方式下输送单元出现失控时的处理措施。

3）若急停开关按下时机械手装置正在向某一目标点移动，急停复位后如果要求输送单元机械手装置先返回原点位置，然后再向原目标点运动，则程序应如何编制？

4）在全线运行模式下，若要求输送单元与加工单元合并用一台 PLC 控制，则合并后的控制程序应该如何编制？

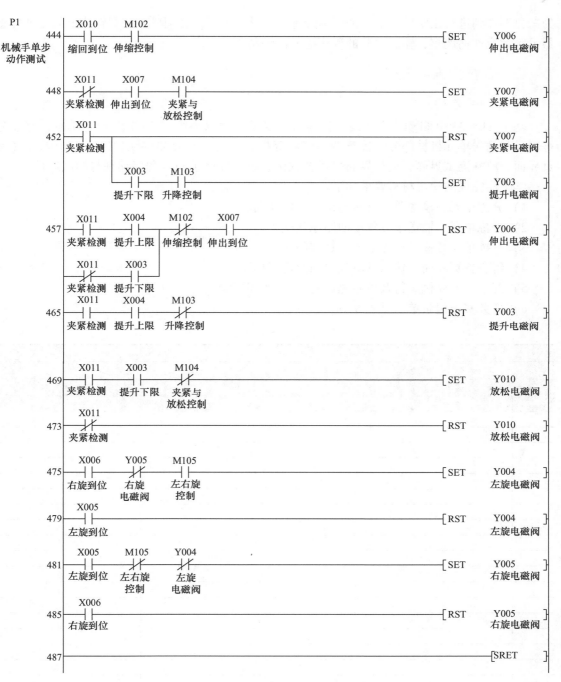

图6-77　机械手单步动作测试子程序

5）在全线运行模式下，当供料单元推出的工件为金属工件时，输送单元机械手装置直接将其送至分拣单元，若为塑料工件则进行正常的装配、加工和分拣过程。此时，供料单元和输送单元的程序应如何编制？

6）在全线运行模式下，若供料单元提供的黑色工件在装配单元被检出后，无需装配直接由输送单元机械手装置抓取并送至废料回收盒（废料回收盒在距离原点960mm处），若为白色工件则进行正常的装配→加工→分拣。这种情况下,装配单元装配料斗上的光纤传感器灵敏度应如何调整,输送单元的程序应如何编制?

五、任务实施与考核

(一) 任务实施

基于 YL-335B 自动化生产线联机运行,要求学生以小组(2~3 人)为单位,完成分拣单元和输送单元机械部分、传感器、气路等拆装,电气部分的接线,组态三个画面(首页界面、单站测试界面、运行界面)以及联机状态下各单元 PLC 程序编制与调试运行。

学生应完成的学习材料要求如下:

1) 分拣单元、输送单元拆装与调试工作计划。
2) 分拣单元、输送单元气动回路原理图。
3) 分拣单元、输送单元 PLC I/O 接线图。
4) 组态首页界面、输送站测试界面及运行界面。
5) 五个单元联机运行及单站测试的 PLC 梯形图程序。
6) 任务实施记录单,见表 6-14。

表 6-14 任务实施记录单

课 程 名 称	自动化生产线拆装与调试		
学习情境六	YL-335B 自动化生产线联机调试		
实 施 方 式	学生集中时间独立完成,教师检查指导		
序号	实 施 过 程	出现的问题	解决的方法
实施总结			
班级	组号		姓名
指导教师签字		日期	

（二）任务考核

填写任务实施考核评价表，见表6-15。

表6-15 任务考核评价表

课程名称			自动化生产线拆装与调试			
学习情境六			YL-335B自动化生产线联机调试			
评价项目	内容	配分	要　求	互评	教师评价	综合评价
实施过程	机械部分拆装与调整	16分	能正确使用拆装工具，完成机械部分的拆装，机械部分动作顺畅协调，紧固件无松动，辅助件安装到位			
	气路部分拆装与连接	7分	气动系统拆装正确，气动元件安装紧固，气路连接正确，无漏气现象，气缸运行顺畅平稳，动作速度合理			
	电气部分拆装与接线	7分	PLC拆装正确，接线规范整齐，接线符合工艺要求（接线端口的导线应套上标号管，且标注规范，PLC侧所有端子接线必须采用压接方式），接线端子连接牢固，无松动现象，电气接线满足原理图要求			
功能测试	首页界面、单站测试界面组态	5分	首页界面、输送站测试界面组态正确			
	触摸屏控制单站测试	5分	能利用单站测试界面控制输送站单步测试和传送测试			
	手动单站测试	10分	供料单元、加工单元、装配单元及分拣单元能按控制要求正确动作			
	运行界面组态与全线运行	10分	运行界面组态正确，能按控制要求全线运行			
团队协作职业素养	分工与配合	5分	任务分配合理，分工明确，配合紧密			
	职业素养	5分	注重安全操作，工具及器件摆放整齐			
任务书及成果清单的填写	任务书	10分	搜集信息，引导问题回答正确			
	工作计划	3分	计划步骤安排合理，时间安排合理			
	材料清单	2分	材料齐全			
	气动回路图	3分	气动回路原理图绘制正确、规范			
	I/O接线图	4分	I/O接线图绘制正确，符号规范			
	梯形图	4分	程序正确			
	调试运行记录单	4分	气动回路调试及整体运行调试过程记录完整、真实			
总评						
班级			姓名		组号	组长签字
指导教师签字				日期		

231

附　录

附录 A　2015 年全国高职院校技能大赛"自动化生产线安装与调试"工作任务书

一、竞赛设备说明

YL-335B 自动化生产线由供料、装配、加工、分拣及输送 5 个工作单元组成。其中，加工与输送、供料与装配、分拣单元各用一台 PLC 承担其控制任务，3 台 PLC 之间通过 RS-485 串行通信的方式实现互联，构成分布式的控制系统。

系统自动运行时，其主令工作信号主要由连接到系统主站（加工-输送站）PLC 的触摸屏人机界面提供，主站与各从站之间通过网络交换信息。整个系统的主要工作状态除了在人机界面上显示外，还须由连接到主站的警示灯显示起动、运行、停止、报警等状态。

二、工作过程概述

1）将来自供料单元的白色或黑色杯形工件送往装配单元完成白色、黑色或金属芯件的嵌入装配，然后送往加工单元，经过压紧加工工序，所获得的成品工件送往分拣单元进行分拣。

2）在分拣单元检测区检出图 A-1 所示的有效成品工件，根据客户指定的成品搭配要求在工位一、工位二和工位三上打包输出一定数量的套件（具体数量由客户指定）。

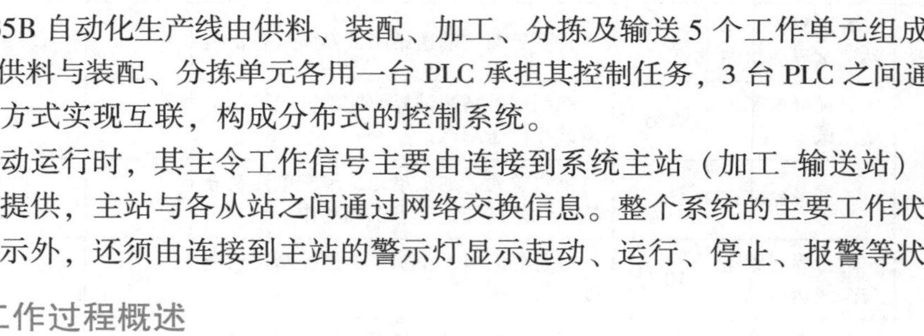

白套黑色芯　　　白套金属芯　　　黑套白色芯　　　黑套金属芯

图 A-1　有效成品工件

3）在分拣单元检测区检出的白套白色芯和黑套黑色芯工件是无效成品，应回送到进料口，由输送单元的机械手装置抓取送往工件回收盒。

4）当套件数达到客户指定数量时，系统停止工作。

三、需要完成的工作任务

（一）自动化生产线设备部件安装、气路连接及调整

根据供料状况和工作目标要求，YL-335B 自动化生产线各工作单元在工作台面上的布局如图 A-2 所示。请首先完成生产线各工作单元的部分装配工作，然后把这些工作单元安装在 YL-335B 的工作桌面上，图中，长度单位为 mm，要求安装误差不大于 1mm。安装时请注意，输送单元直线运动机构的参考点位置（系统原点）在原点传感器中心线处，供料单元出料台中心线也与原点传感器中心线重合。

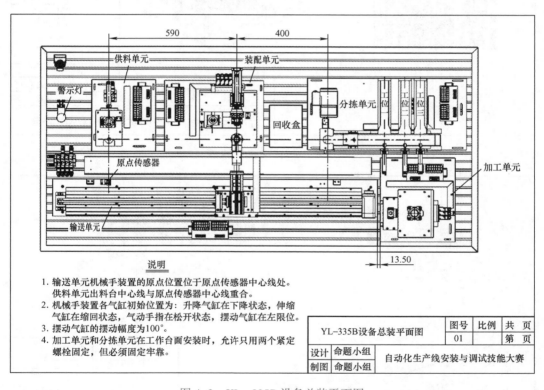

图 A-2　YL-335B 设备总装平面图

各工作单元装置侧部分的装配要求如下：

1）根据图 A-3 和图 A-4，完成加工和分拣两单元装置侧部件的安装和调整以及工作单元在工作台面上的定位。然后根据两单元工作的工艺要求完成它们的气路连接，并调整气路，确保各气缸运行顺畅和平稳。

2）输送单元直线导轨底板已经安装在工作台面上，请根据图 A-5 继续完成装置侧部分的机械部件安装和调整的工作，再根据该单元工作的工艺要求完成其气路连接，气路连接完成后请进一步调整气路，确保各气缸运行顺畅和平稳。

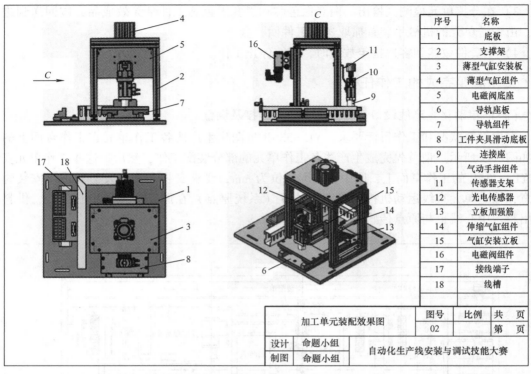

序号	名称
1	底板
2	支撑架
3	薄型气缸安装板
4	薄型气缸组件
5	电磁阀底座
6	导轨座板
7	导轨组件
8	工件夹具滑动底板
9	连接座
10	气动手指组件
11	传感器支架
12	光电传感器
13	立板加强筋
14	伸缩气缸组件
15	气缸安装立板
16	电磁阀组件
17	接线端子
18	线槽

加工单元装配效果图		图号	比例	共　页
		02		第　页
设计	命题小组	自动化生产线安装与调试技能大赛		
制图	命题小组			

图 A-3　加工单元装配效果图

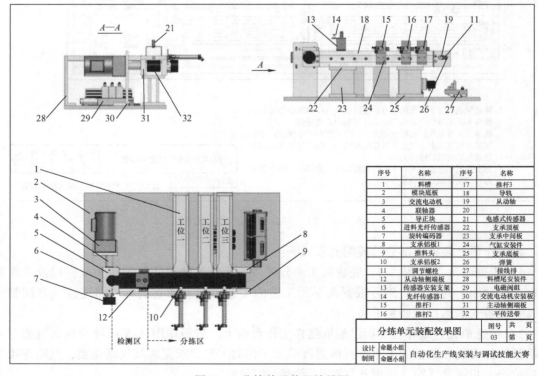

序号	名称	序号	名称
1	料槽	17	推杆3
2	模块底板	18	导轨
3	交流电动机	19	从动轴
4	联轴器	20	
5	导正块	21	电感式传感器
6	进料光纤传感器	22	支承顶板
7	旋转编码器	23	支承中间板
8	支承铝板1	24	气缸安装件
9	推料头	25	支承底板
10	支承铝板2	26	弹簧
11	调节螺栓	27	接线排
12	从动轴端板	28	料槽尾安装件
13	传感器安装支架	29	电磁阀组
14	光纤传感器1	30	交流电动机安装板
15	推杆1	31	主动轴侧端板
16	推杆2	32	平传送带

分拣单元装配效果图		图号	共　页
		03	第　页
设计	命题小组	自动化生产线安装与调试技能大赛	
制图	命题小组		

图 A-4　分拣单元装配效果图

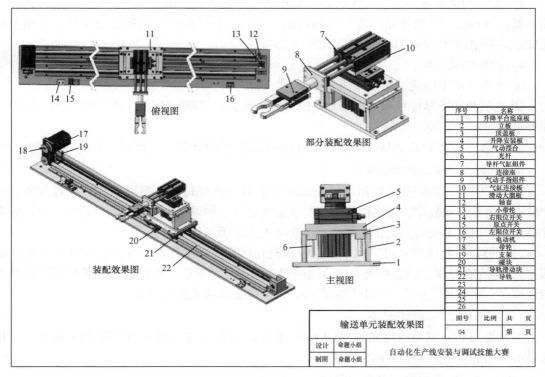

序号	名称
1	升降平台底座板
2	立板
3	顶盖板
4	升降安装板
5	气动摆合
6	光杆
7	导杆气缸组件
8	连接座
9	气动手指组件
10	气缸连接板
11	滑动大溜板
12	轴套
13	小带轮
14	右限位开关
15	原点开关
16	左限位开关
17	电动机
18	带轮
19	支架
20	碰块
21	导轨滑动块
22	导轨
23	
24	
25	
26	

输送单元装配效果图	图号	比例	共 页
	04		第 页

| 设计 | 命题小组 | 自动化生产线安装与调试技能大赛 |
| 制图 | 命题小组 | |

俯视图

部分装配效果图

装配效果图

主视图

图 A-5　输送单元装配效果图

其中机械手装置各气缸初始位置为：升降气缸处于下降状态，伸缩气缸处于缩回状态，气动手指处于松开状态，摆动气缸在左限位位置。

3）装配单元和供料单元的装置侧部分机械部件安装、气路连接工作已完成，请将这两个工作单元安装到工作台面上，然后进一步加以校核并调整气路，确保各气缸运行顺畅和平稳。

（二）电路设计和电路连接

1）供料单元和装配单元合用一台 PLC 实现电气控制（使用设备出厂时控制装配单元的 PLC 为控制器），为满足 I/O 点需求，增加一块数字量扩展模块。

① 采用 S7－200 系列时，扩展模块为 EM 223（8 点输入；8 点继电器输出）。

② 采用 S7－200 SMART 系列时，扩展模块为 EM DR16（8 点输入；8 点继电器输出）。

③ 采用 FX$_{3U}$ 系列时，扩展模块为 FX$_{2N}$－8ER（4 点输入；4 点继电器输出）。

④ 采用汇川 H$_{2U}$－XP 系列时，没有增加扩展模块。

供料-装配站的电气接线已经完成。请根据实际接线核查确定 PLC 的 I/O 分配，作为程序编制的依据。

2）设计分拣单元的电气控制电路。变频器的控制，要求主要采用通信实现。其中，PLC 采用 FX$_{3U}$ 系列时，通过 FX$_{3U}$－485ADP 通信扩展模块实现 RS－485 通信；采用西门子 S7－200 或 S7－200 SMART 系列时，应采用 USS 协议实现 RS－485 通信，PLC 上的模拟量 I/O 端子无需连接；采用 H$_{2U}$－XP 系列时，使用 MODBUS－RTU 协议。电路连接完成后应根据运行要求设定变频器有关参数。

3)加工和输送单元合用一台 PLC 作为控制器（使用设备出厂时控制输送单元的 PLC 为控制器）。设计加工-输送站的电气控制电路，并根据所设计的电路图连接电路。电路连接完成后应根据运行要求设定伺服驱动器有关参数。

4）设计注意事项：

① 所设计的电路应满足工作任务要求。

② 电气制图图形符号和文字符号的使用应满足 JB/T 2739—2008[一]和 JB/T 2740—2008[二]的要求。

③ 所有连接到 PLC 侧接线端口的 I/O 信号线应套上标号管，标号的编制自行确定。

（三）部分设备的故障检查及排除

1）本生产线的供料-装配站已经完成设备安装和电气接线，但可能存在硬件故障，请您检查并排除这些故障，使之能按工作要求正常运行。如果您无法排除硬件故障，允许放弃此项工作，由技术支持人员排除故障，但您将失去这项工作的得分。

2）供料-装配站 PLC 已下载了根据手动模式运行要求编制的程序（不包含指示灯控制部分），但存在错误，请您检查并排除这些程序错误。如果您无法排除该软件错误，可清除错误程序，自行按工作要求编制控制程序，但将失去这项工作的得分。

（四）各站 PLC 网络连接

本系统的 PLC 网络指定加工-输送站作为系统主站。请根据您所选用的 PLC 类型，选择合适的网络通信方式并完成网络连接。

（五）连接触摸屏并组态用户界面

触摸屏应连接到系统中主站（加工-输送站）PLC 的相应接口。在 TPC7062KK 人机界面上组态画面，要求用户界面包括首页界面、手动调试界面、客户登录界面和系统运行界面4 个主界面。

手动调试、客户登录和系统运行等界面的组态要求将在后面阐述手动模式和自动模式的工作任务时一并说明，此处仅说明首页界面的组态要求。首页界面是起动界面，供参考的画面如图 A-6 所示。界面上各按钮的功能如下：

1）"复位"按钮：当主站的工作模式选择开关 SA 置于手动模式时（手动模式指示灯亮），具有操作员组权限的用户触摸此按钮，将向主站 PLC 发出设备复位信号，复位期间"主站就绪"指示灯闪烁，直到复位完成变成常亮。

2）"手动调试"按钮：当 SA 在手动模式位置且主站已经准备就绪时，具有操作员组权限的用户可触摸该按钮进入手动调试界面。

3）"客户登录"按钮：属于客户组成员的用户，可触摸此按钮进入客户登录界面，在该界面完成账户登录和领料设定后，若设备状态满足要求，可切换到系统运行界面。

（六）编制及调试 PLC 程序

系统的工作模式分为手动模式和自动模式。系统上电后，无论何种工作模式，都必须首先完成主站复位操作后才能进行。

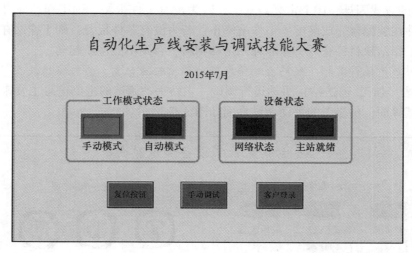

图 A-6　首页界面

1. 主站复位操作过程

上电前应使机械手置于直线导轨中间位置，上电后人机界面在首页界面。触摸复位按钮发出设备复位命令后，主站 PLC 将执行复位程序，首先检查各气缸是否在初始位置，使不在初始位置的气缸返回初始位置，然后驱动机械手装置移动到原点位置，移动速度可自行设定。当主站各气缸已处于初始位置，机械手装置原点已确认且移动到原点位置时，向人机界面发送主站就绪信息。

2. 手动模式

本系统的手动模式要求各工作站操作人员相互配合，撤开网络通信来组织生产线的工作过程。手动运行时，各站的工作模式选择开关 SA 应置于手动模式。

（1）从站手动运行的工作要求

1）各从站手动运行时，应配置一个按钮控制设备的起动/停止，另一按钮用以模拟主站的工作指令（请求供料、请求装配、分拣可起动等），启动各站自身工艺过程，即供料单元工件供给、装配单元工件装配、分拣单元工件传送、检测以及分拣的功能。

2）供料-装配站手动运行起动后，如果装配单元回转台上的左料盘内没有芯件，就执行下料操作；如果左料盘内有芯件，而右料盘内没有芯件，则执行回转台回转操作。

3）分拣站手动运行时，变频器运行的频率和减速（下降）时间有两档设定，由急停开关 QS 实现：当 QS 为抬起状态时要求运行频率为 20Hz，减速时间为 0.4s；按下状态时运行频率为 36Hz，减速时间为 1s。设备运行时可以在任何时刻切换，但应在下一工作周期开始时才生效。

4）各从站按钮指示灯模块的指示灯状态显示要求如下：

①设备上电和气源接通后，若设备准备好，则"正常工作"指示灯 HL1 常亮。否则，该指示灯以 1Hz 频率闪烁。

②手动运行起动后，"设备运行"指示灯 HL2 常亮。

③供料-装配站在运行中发生物料不足（工件或芯件）预报警时，HL1 和 HL3 以 1Hz 的频率闪烁，HL2 常亮，工作站继续运行；在运行中发生没有物料报警时，HL2 和 HL3 以

亮2s、灭1s的方式闪烁，HL1常亮。其中，若为没有工件报警，则工作站应继续运行，直到最后的工件在装配台完成装配，工作站停止；若为没有芯件报警，则工作站在完成本次装配后停止。工作站缺料停止后，除非补充足够物料，否则不能重新起动。

注：装配单元缺料是指：缺料检测传感器动作，回转台左、右料盘均没有芯件。

（2）主站（加工-输送站）手动运行调试　主站手动调试的主令信号主要来源于人机界面的手动调试界面，供参考的手动调试界面如图A-7所示。

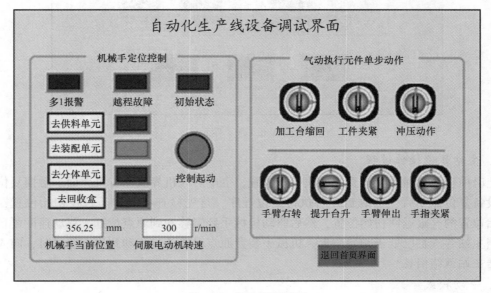

图A-7　手动调试界面

手动调试界面包括机械手定位控制和气动执行元件单步动作两个区域。请参照该画面完成手动调试界面的组态和PLC控制程序编写，实现机械手装置在各工作单元抓取、放下和传送工件的功能。该功能通过交替执行气动执行元件单步动作和机械手移动到目标站点的操作来实现。

1）气动执行元件单步动作。通过界面上"气动执行元件单步动作"框内开关构件，提供本站各气缸的单步动作指令，实现机械手装置在各工作单元抓取和放下工件的功能。

注意：该框内的开关构件应选用有明显档位区别、便于观察其状态的开关构件。此外，您的组态程序应确保在机械手装置移动期间，不能操作各气缸的单步开关使气缸动作；当机械手装置的手臂伸缩气缸在伸出状态时，装置不能移动。

2）机械手定位控制。

① 在机械手定位控制框内应设置4个目标站点（供料、装配、分拣以及回收盒）的选择标签，触摸任一标签，相应的目标站点被选择，标签的文字和边框均呈红色。如果该测试尚未开始，再次触摸该标签，则该项选择将复位。

② 如果某目标站点被选择是唯一的，触摸"控制起动"按钮，PLC程序将控制伺服系统运行，执行驱动机械手装置定位到目标站点工作台的操作（机械手装置的移动速度应不小于300mm/s），此时该选择标签旁的指示灯将被点亮，表示该项定位在进行中；定位完成后，标签旁的指示灯熄灭，选择标签也自动复位。

③ 定位过程中，界面上应实时显示输送站机械手当前位置和伺服电动机当前给定的转速（机械手当前位置为装置相对于系统原点的坐标，单位为 mm，显示精度为 0.01mm；伺服电动机当前给定的转速的单位为 r/min，用正负号指示旋转的方向，此显示值应与伺服驱动器前面板 7 段 LED 所显示的"位置指令速度"相一致）。

④ 调试界面上应设置"多 1 报警"指示灯。如果触摸了 2 个或 2 个以上的目标站点选择标签，将发生多 1 报警，"多 1 报警"指示灯将快速闪烁。此时应复位定位尚未开始的选择标签，使报警消除。

（3）生产线的手动调试　进行生产线手动调试，请 2 名选手配合操作，完成生产线的完整工作过程。手动调试评估时，分拣站工件的分拣原则，只考虑待分拣工件是嵌入金属、白色或黑色芯件的白色工件，其他工件认作无效工件。从 1#出料槽应推出嵌入金属芯件的工件；从 2#出料槽应推出嵌入白色芯件的工件；从 3#出料槽应推出嵌入黑色芯件的工件。无效工件在检测区被检出后，回送至进料口，由主站机械手装置抓取送往工件回收盒。当手动测试完毕，加工-输送站返回到初始状态时，可返回首页界面。

3. 正常情况下系统的自动模式

（1）客户登录界面的组态要求　系统自动模式时人机界面须首先切换到客户登录界面，该界面主要包括账户登录区域、领料设定区域以及进入运行界面的切换操作三部分。供参考的客户登录界面如图 A-8 所示。

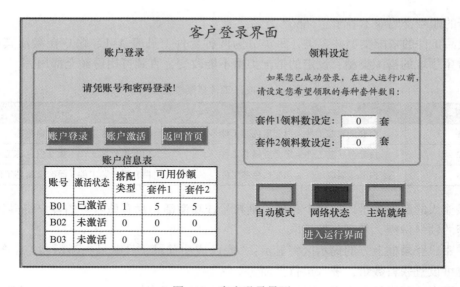

图 A-8　客户登录界面

1）账户登录区域。本工作任务考虑有三个领料账户的情况。账号分别为 B01、B02、B03，初始密码均为"6666"。注意：密码为初始值时，账号为未激活状态，其可用份额为 0；这时账户须以初始密码登录，成功后修改密码，设定希望领取的成品搭配类型，使账号在激活状态，从而得到每种套件各 5 套的领料份额（见图 A-8 中账户信息表）。账户登录的步骤如下：

① 进入客户登录界面后，首先在账户登录提示区显示"请凭账号和密码登录！"，触摸

239

"账户登录"按钮，将弹出的图 A-9a 所示的账户登录子窗口，分别输入账号和密码后触摸"账户登录"按钮。如输入有错，则界面上应弹出图 A-9b 所示的提示子窗口，触摸其"确定"按钮使其消失，用户可重新输入。如输入正确则登录成功，对账号未激活账户，上方的提示区将显示："您的账号尚未激活，请单击账号激活按钮，修改密码，选择成品工件的搭配类型，使账号激活，您才有领料份额。"。

② 激活账号的操作。为了使账号激活，您需要在界面上设置"账号激活"按钮。触摸此按钮，界面上弹出修改密码子窗口，如图 A-9c 所示，账户可在此子窗口上输入新的账号密码并设定希望领取的成品搭配类型。

a) 账户登录子窗口　　　　b) 输入错误提示子窗口　　　　c) 修改密码子窗口

图 A-9　账户登录

- 新的账号密码应不等于"6666"。
- 成品工件的搭配类型共 3 类，每类分为两种套件，见表 A-1。账户在激活其账号时，应设定希望领取的搭配类型，设定的搭配类型不能改变，直到可用份额全部用完。

表 A-1　成品工件搭配类型

类 型 序 号	套 件 1	套 件 2
1	白套金属芯工件 + 白套黑色芯工件	黑套金属芯工件 + 黑套白色芯工件
2	白套金属芯工件 + 黑套金属芯工件	白套黑色芯工件 + 黑套白色芯工件
3	白套金属芯工件 + 黑套白色芯工件	白套黑色芯工件 + 黑套金属芯工件

如果输入的数据满足以上两个条件，则账号成功激活，拥有该账号的客户将得到每种套件各 5 套的领料份额，并可分批领取。

这时账户登录框上方的提示区将显示："您已成功登录，且账号在激活状态，您可返回首页，也可设置领料数量，进入运行界面。"。

框内下方的账户信息表中，对应账号的激活状态将变为用红色字表示的"已激活"；搭配类型栏将显示账户所设定的搭配类型；可用份额栏套件 1 和套件 2 数均为 5 套。

2) 领料设定区域。已经成功登录且账号已激活的账户，如果希望进入运行界面领料，则应分别设置搭配类型所对应的两种套件的领料套数（均为 0 ~ 可用套数）。注意：两种套件的领料套数输入框中所输入的数值不能超出当前可用套数，否则应被钳位在该可用套数上。例如，账号激活后第 1 次领料，套件 1（或套件 2）最多只能领 5 套，若输入 6 套，则输入框的数值应能自动修改为 5 套。

3) 进入运行界面的切换操作。已经成功登录且账号已激活的账户，完成领料设定后，如果工作模式在自动模式、系统网络无故障、主站已经准备就绪，可触摸"进入运行界面"按钮，切换到运行界面。

（2）系统运行界面的组态要求 供参考的系统运行界面如图 A-10 所示，界面可分为主、从站主要状态显示，分拣站变频器参数设置和实时显示，领料账户数据设定和领料完成状况显示，系统起动操作、运行状态和主要故障状态显示 4 个区域。

其中，输送单元机械手当前位置、伺服给定转速的组态要求与手动调试界面的要求相同；分拣站变频器参数设置和实时显示组态要求如下：

1）界面上可设定变频器输出频率和下降时间参数，输出频率设定为 20～36Hz（整数），默认为 25Hz；下降时间设定为 0.4～1.0s，默认为 0.5s。

2）界面上应实时显示变频器实际输出频率当前值和下降时间参数当前值，精度分别为 0.1Hz 和 0.1s。

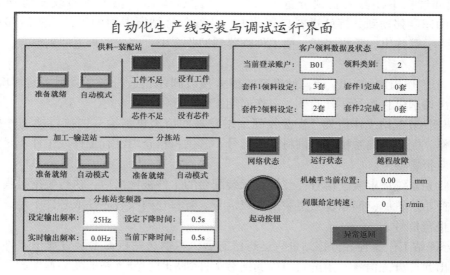

图 A-10 系统运行界面

（3）系统的起动 自动模式下，系统起动的条件是网络通信正常、各工作站准备就绪。

1）网络通信正常时，"网络状态"指示灯亮，故障时闪烁。

2）准备就绪的条件是：

① 各工作站的工作方式转换开关均置于自动模式。

② 主站在初始状态，即主站各气缸均处于初始位置，机械手装置在原点位置。

③ 供料单元在初始状态，即各个气缸均处于初始位置，料仓内有足够的工件。

④ 装配单元在初始状态，即各个气缸均处于初始位置，料仓内有足够的芯件。

⑤ 分拣站在初始状态，即各个气缸均处于初始位置，传送带电动机在停止状态。

仅当以上几个条件均满足时，才可触摸人机界面上的起动按钮起动系统。系统起动后，人机界面上"运行状态"指示灯常亮，表示系统在自动模式下运行。

（4）正常运行过程 系统正常运行情况下，运行的主令信号均来源于系统主站。同时，各从站应将本站运行中有关的状态信息发回主站。各从站接收到系统发来的起动信号时，即进入运行状态。当起动信号被复位时，工作站退出运行状态。

1）加工-输送站的工艺工作流程。

① 系统起动后，主站即向供料-装配站发出请求供料指令，接收到供料完成的应答信号后，机械手装置抓取供料单元出料台上的工件。

② 抓取动作完成后，伺服电动机驱动机械手装置以不小于350mm/s的速度移动到装配单元的装配台正前方，把工件放到装配台上，操作完成后发出请求装配信号。

③ 接收到装配完成信号后，机械手抓取已装配工件。抓取动作完成后，伺服电动机驱动机械手装置移动到分拣站进料口中心线对应坐标的位置，然后手臂右摆到100°右限位位置，把工件放到加工单元加工台上。机械手装置的运动速度要求与②相同。

④ 加工完成后，机械手抓取已加工工件。然后左转到左限位位置，把工件放到分拣单元的进料口上。放下动作完成后，机械手装置以不小于350mm/s的速度返回到原点位置，一个工作周期结束。

⑤ 返回过程中，若接收到分拣站发来的"工件退回"信号，即改变运动方向，以400mm/s的速度移动到分拣站进料口正前方，抓取分拣站所退回的工件，然后移动至工件回收盒处，手臂伸出、手指张开，使工件跌落到回收盒中；完成后再返回到原点，一个工作周期结束。

⑥ 一个工作周期结束1s后，如果系统尚未接收到停止运行指令，则主站再次向供料-装配站发出请求供料信号，开始下一工作周期工作。

2）供料-装配站工作流程。当接收到主站发来的请求供料信号，执行把工件推到出料台上的操作。完成后向系统发出供料完成信号。若供料料仓内没有工件或工件不足，则向系统发出相应报警信号。

当接收到系统请求装配信号，装配单元装配台的工件被检出后，执行装配过程。装配机械手返回初始位置后，向系统发出装配完成信号。若料仓内没有芯件或芯件不足，则向系统发出相应报警信号。

3）分拣站工作流程。分拣站进入运行状态后，当输送站机械手装置放下工件、缩回到位后，发出允许分拣信号，当进料口检测到有工件到来时，分拣站的变频器即起动，驱动传动电动机把工件带入分拣区进行分拣。成品工件的分拣原则如下：

① 控制程序应根据账户设定的搭配类型和两种套件领料数，完成两种套件输出到三个工位的任务。

② 控制程序应确保输出任务完成后，三个工位上都没有剩余的工件。

③ 各工位装入套件的种类没有限制，例如工位一正在装入属于套件1的工件，当装满1套打包清空后，也允许装入属于套件2的工件；工位二和工位三亦然。

④ 如果传送带送来的工件同时满足两个工位以至三个工位的推入条件，则各工位装入工件的优先权请自行确定。

⑤ 每当一套套件分拣完成后，应向系统发送该套件的种类，在系统运行界面上统计各种套件的领料完成状况。

⑥ 如果传送带送来的成品工件均不满足三个工位装入条件，或该工件是无效工件（黑套黑色芯工件或白套白色芯工件），分拣站应向主站发出"工件退回"信号，并将该工件回送至进料口，由机械手装置抓取该工件送往工件回收盒。

（5）系统的正常停止 如果各工位已完成的两种套件的领料总数均达到本次登录账户

所设定的领料设定值，本次领料任务完成。界面上"运行状态"指示灯闪烁，延时2s后系统停止，"运行状态"指示灯熄灭。停止后3s，运行界面自动返回首页界面。

4. 运行过程中发生供料故障的处理

如果发生来自供料或装配单元的物料（工件或芯件）不足的预报警信号或缺料报警信号，则系统动作如下：

1）如果发生物料不足的预报警，则仅警示灯发出预警信号，系统继续工作。

2）如果发生缺料报警，警示灯将发出报警信号。

3）若缺料报警信号来自供料单元，且供料单元物料台上已推出工件，则系统继续运行，直至该工作周期任务完成，系统将停止工作，除非使料仓加满足够工件，否则系统不能再起动。

4）若缺料报警信号来自装配单元，则系统继续运行到本工作周期任务完成后停止工作，除非使料仓加满足够芯件，否则系统不能再起动。

5）系统由于缺料报警而停止后，若缺料故障无法解除，可触摸运行界面上"异常返回"按钮返回首页界面，但本轮领料任务中尚未完成的套件装入部分将被放弃。

5. 运行停止后的重起动

运行停止返回首页界面后，则前次系统运行界面上的账户有关数据应保存。如果该账户再次登录并进入系统运行界面，须接着前次记录继续运行，直到可用的领料份额全部完成。

注意：您编写的程序和组态的界面，必须确保系统在多次重启时的可靠性和稳定性，包括运行停止返回首页界面后，系统停电退出工作，再次上电后的重启。

6. 警示灯的系统工作状态显示要求

1）主站上电后，如果复位尚未完成，则绿色警示灯闪烁（1Hz），复位完成后绿色警示灯常亮，其余两灯熄灭状态。

2）系统在自动模式下运行起动后，绿、橙、红三个警示灯逐个点亮，时间间隔为1s，当三个灯全部点亮1s后，全部熄灭1s，然后全部点亮1s，再全部熄灭1s后又重新从绿色警示灯开始不断重复。

3）如果发生物料（工件或芯件）不足的预报警信号，红色警示灯以1Hz的频率闪烁，绿色和橙色警示灯保持常亮，系统继续工作。

4）如果发生没有物料的报警信号，红色警示灯以亮1s、灭0.5s的方式闪烁，橙色警示灯熄灭，绿色警示灯保持常亮。

四、注意事项

1）选手应在360min内完成工作任务。

2）选手提交最终的PLC程序和组态文件，存放在"D：\2015自动线\XX"文件夹下（XX：工位号）。选手的试卷和答卷用工位号标识，不得写上姓名或与身份有关的信息（竞赛时每组发放2套试题、1份答卷及1张电路框图，竞赛结束时一并收回）。

3）比赛中如选手认定器件有故障可提出更换，经裁判测定器件完好时每次扣3分，器件确实损坏每更换一次补时5min。

4）由于错误接线等原因引起PLC、伺服电动机及驱动器、变频器和直流电源损坏，取消竞赛资格。

附录 B 2016 年安徽省高职院校技能大赛"自动化生产线安装与调试"工作任务书

一、竞赛设备及工艺过程描述

YL－335B 自动化生产线用作一条成品自动分拣生产线,由供料、装配、分拣和输送等 4 个工作单元组成,其中,供料与输送单元、装配单元及分拣单元各用一台 PLC 承担其控制任务,3 台 PLC 之间通过 RS－485 串行通信的方式实现互联,构成分布式的控制系统。

系统全线运行时,其主令工作信号由连接到系统主站 PLC 的触摸屏人机界面提供,主站与各从站之间通过网络交换信息。整个系统除了在人机界面上显示主要工作状态外,还需由安装在装配单元的警示灯显示起动、停止、报警等状态。

成品自动分拣生产线的工作目标如下:生产线的供料单元提供一批白套金属芯、白套黑色芯或黑套白色芯成品工件,如图 B-1 所示,假设它们的重量分别为:白套黑色芯工件 20g,黑套白色芯工件 30g,白套金属芯工件 50g。料仓提供的工件中还混杂着尚未进行芯件装配的非成品工件。

| 白套黑色芯 | 黑套白色芯 | 白套金属芯 |

图 B-1 成品工件

成品自动分拣生产线模拟一台按成品总重量装箱的设备,即:把成品工件直接送往分拣单元,然后分拣到工位一和工位二中,当某工位推入的成品累计重量达到装箱规定的重量 100g 时,打包完成一次装箱任务。对于尚未进行芯件装配的非成品工件则首先送往装配单元进行芯件装配,然后送往分拣单元进行成品分送。

二、需要完成的工作任务

(一)自动化生产线设备部件安装、气路连接及调整

根据供料状况和工作目标要求,YL－335B 自动化生产线各工作单元在工作台面上的布局如图 B-2 所示。请首先完成生产线各工作单元的部分装配工作,然后把这些工作单元安装在 YL－335B 的工作桌面上。安装时请注意,输送单元直线运动机构的参考点位置在原点传感器中心线处,且供料单元出料台中心线与之重合,这一位置也称为系统原点。各工作单元装置侧部分的装配要求如下:

1)根据图 B-3,完成输送单元装置侧部分部件的安装和调整以及工作单元在工作台面上的定位。然后完成它们的气路连接,并调整气路,确保各气缸运行顺畅和平稳。注意:机械手装置各气缸的初始位置为:升降气缸处于下降状态,伸缩气缸处于缩回状态,摆动气缸处于左转到位状态,气动手指处于松开状态。

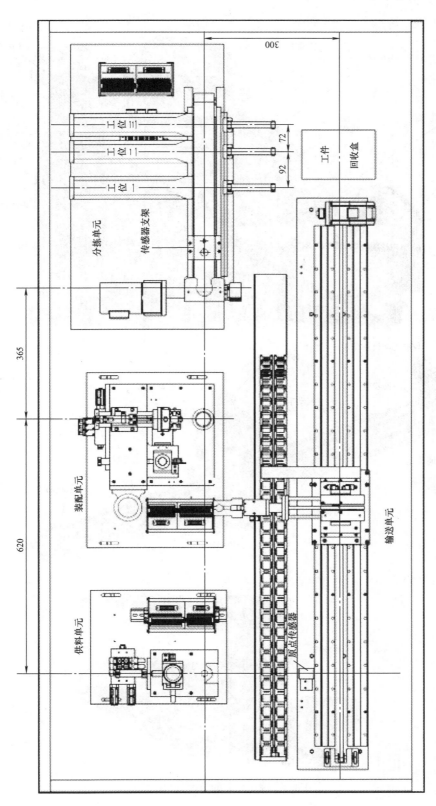

图B-2 YL-335B自动化生产线工作单元布局图

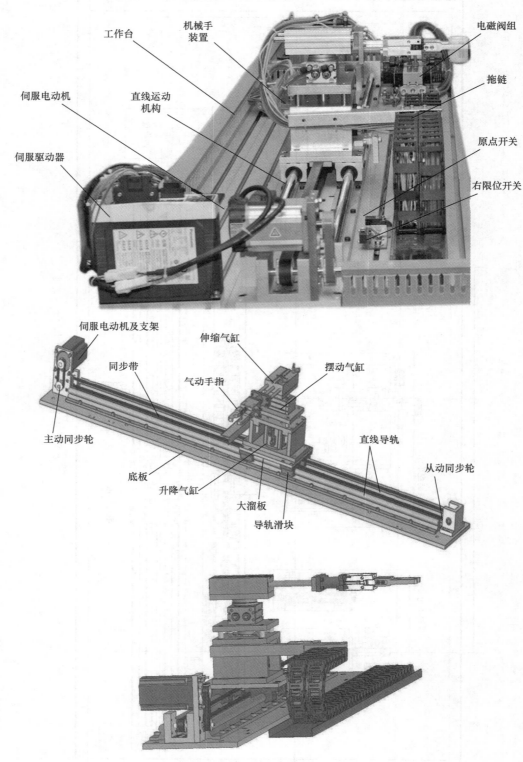

图 B-3　输送单元的装配效果图

2）根据图 B-4，完成分拣单元装置侧部分的机械部件安装和调整的工作，再根据该单元工作的工艺要求完成其气路连接，并调整气路，确保各气缸运行顺畅和平稳。

3）供料和装配单元的装置侧部分机械部件安装、气路连接工作已完成，请将供料、装配单元安装到工作台面上，并进行定位。然后进一步加以校核并调整两工作单元气路，确保各气缸运行顺畅和平稳。

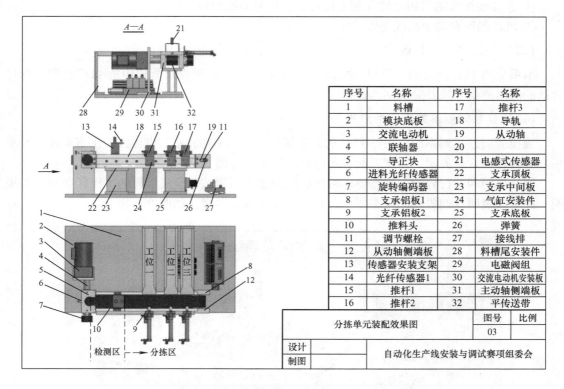

图 B-4　分拣单元装配效果图

（二）电路设计和电路连接

1）装配单元的电气接线已经完成。请根据实际接线核查确定工作站 PLC 的 I/O 分配，作为程序编制的依据。

2）请完成分拣单元装置侧电气接线。PLC 侧电气接线已完成，请根据实际接线核查确定工作站 PLC 的 I/O 分配，作为程序编制的依据。应根据运行要求设置变频器有关参数（其中：上升时间或加速时间指定为 0.3s；下降时间或减速时间指定为 0.8s）。

3）设计和连接供料-输送站的控制电路。请根据工作任务的要求，结合你选用的 PLC 系列，在图样上绘制供料-输送单元的电气控制电路，并根据所设计的电路图连接电路，然后再根据运行要求设定伺服驱动器有关参数。

设计注意事项：

① 所设计的电路应满足工作任务要求。

② 电气制图图形符号和文字符号的使用应满足 JB/T 2739—2008⊖ 和 JB/T 2740—2008⊖ 的要求。

4）说明：

① 电路和气路连接应布局合理、绑扎工艺工整美观。

② 电线连接时必须用冷压端子，电线金属材料不外露，冷压端子金属部分不外露。

③ 连接到接线端口的导线应套上标号管，标号的编制自行确定。

④ PLC 侧所有端子接线必须采用压接方式。

（三）各站 PLC 网络连接

本系统的 PLC 网络指定供料-输送站作为系统主站。请根据您所选用的 PLC 类型，选择合适的网络通信方式并完成网络连接。

（四）连接触摸屏并组态用户界面

触摸屏应连接到系统中主站 PLC 的相应接口。在 TPC7062K 人机界面上组态画面，要求用户界面包括欢迎界面、测试界面和运行界面三个主界面。

测试界面和运行界面的组态要求将在后面阐述单站测试和全线运行的工作任务时一并说明，此处仅说明欢迎界面的组态要求。欢迎界面是起动界面，如图 B-5 所示。

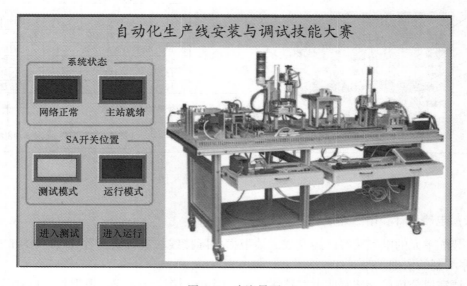

图 B-5　欢迎界面

界面上的人机界面切换操作框内，设置有显示主站按钮指示灯模块上的工作方式转换开关 SA 位置的 2 盏指示灯。当 SA 在测试模式时，"测试模式"指示灯亮，这时具有操作员权限的用户可触摸"进入测试"按钮进入测试界面。SA 在运行模式位置时，"运行模式"指示灯亮，要求如下 2 个条件均满足时才能触摸"进入运行"按钮进入运行界面。

⊖ 已被 JB/T 2739—2015 替代。

⊖ 已被 JB/T 2740—2015 替代。

1）系统网络正常。

2）供料–输送站各气缸在初始位置，且机械手装置在原点位置，这时供料–输送站准备就绪，界面上指示灯点亮。

（五）编制及调试 PLC 程序

系统的工作模式分为单站测试模式和全线运行模式。

1．单站测试模式

仅要求进行供料–输送和分拣站单站测试，装配站不要求此项测试。单站测试时，各站的工作方式转换开关 SA 应置于"测试模式"位置。

（1）供料–输送站单站测试要求　系统每次上电时，都要进行供料–输送站的单站测试。单站测试的主令信号主要来源于图 B-6 所示人机界面的测试界面。测试步骤如下：

1）工作站上电后的复位操作。供料–输送站上电前应使机械手置于直线导轨中间位置，上电后按下测试界面上的"复位起动"按钮，设备将执行复位程序，复位程序应该包含以下两部分：

① 各气缸复位。首先检查工作站各气缸是否在初始位置，使不在初始位置的气缸返回初始位置。

② 直线运动机构复位。各气缸在初始位置的情况下，驱动机械手装置移动到原点位置，移动速度可自行设定。直线运动机构复位过程中，测试界面中对应的"原点确认"指示灯闪烁，复位完成后保持常亮。

在整个复位过程中，测试界面的"初始状态"指示灯闪烁，直到工作站各气缸均在初始位置，抓取机械手装置移动到原点位置，该指示灯变为常亮。

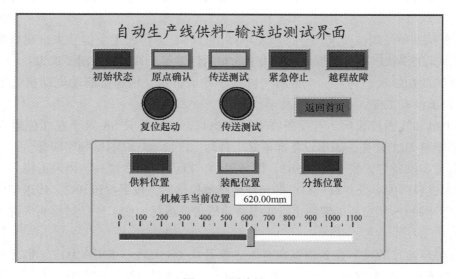

图 B-6　测试界面

2）传送工件测试。若供料–输送站各个气缸满足初始位置要求，且供料料仓内有足够的待装配工件，则按钮指示灯模块的指示灯 HL1 常亮，表示设备准备好。否则，该指示灯以 1Hz 频率闪烁。

若设备准备好，触摸测试界面的"传送测试"按钮，供料-输送站进入传送测试阶段，指示灯 HL2 常亮。测试步骤为：

① 传送测试开始，供料单元推出一个工件到出料台上。

② 机械手装置执行在供料单元出料台抓取工件，然后向装配站运动，把工件送到装配站装配台上；2s 后重新取回装配台上的工件向分拣站运动，到达后手臂伸出，将工件放入分拣站进料口中心处；2s 后重新取回，然后右转 90°，手臂伸出将工件扔到"废品收集盒"中；完成后手臂缩回，左转 90°，返回到工作原点，完成传送测试任务。

③ 传送测试的目标是检查设备的安装质量及各工作站的定位精度。进行传送测试时机械手装置的运动速度应不小于 350mm/s。在人机界面上应用滑动输入器构件显示机械手装置当前位置，并在机械手当前位置文本框内显示当前位置的具体数值（精确到 0.01mm）。当机械手装置停止在装配站和分拣站位置时，相应指示灯被点亮并保持。

3）运行的安全及可靠性测试。

① 紧急停车处理：如果在测试过程中出现异常情况，可按下急停开关，装置应立即停止工作。急停复位后，装置应从急停前的断点开始继续运行。

② 越程故障处理：机械手装置移动时，如果发生左或右限位开关动作的越程故障，伺服电动机应立即停车，并且必须在断开伺服驱动器电源再上电后故障才有可能复位。

若该越程故障为误动作引起，则应在伺服系统重新上电使伺服报警信号复位前，按一下 SB1 按钮予以确认，从而使伺服报警信号被复位时在测试界面弹出相应的提示框，提示"该越程故障为误动作，可以继续运行！"。触摸提示框内的"确定"按钮，发出继续运行信号，然后提示框消失。PLC 接收到人机界面发来的继续运行信号时，应采取恰当的措施使系统能正常运行。

（2）分拣站单站测试要求　分拣单元单站运行时，工作的主令信号来自现场的按钮指示灯模块，其工作状态用按钮指示灯模块上的指示灯显示。具体的控制要求为：

1）系统的初始状态为：三个推料气缸处于缩回位置，传送带驱动电动机处于停止状态，进料口上没有工件。

设备上电和气源接通后，若设备在上述初始状态，且开关 SA 置于左面位置（断开状态），则指示灯 HL1 常亮，表示设备准备好。否则，该指示灯以 1Hz 频率闪烁。

2）若设备准备好，按下按钮 SB1，设备起动，指示灯 HL2 常亮。当人工将一个待分拣工件放置到进料口中心处并被进料口的光纤传感器检出后，按下按钮 SB2，传送带电动机起动。以急停开关 QS 状态所确定的运行频率驱动传送带运行，使工件经过检测区进入分拣区进行分拣。

3）变频器运行的频率有 2 档设定，由急停开关 QS 实现：当 QS 为抬起状态时要求为 20Hz，为按下状态时为 30Hz。系统运行时可以在任何时刻切换频率，但应在下一工作周期开始时才生效。

4）分拣要求：从 1#出料槽应推出白套金属芯工件；从 2#出料槽应推出黑套白色芯工件；从 3#出料槽应推出白套黑色芯工件。

5）工件应在相应出料槽中心处停止，然后被推出。当推料气缸复位后，如果没有停止信号输入，当再有待分拣工件放置到进料口上并按下按钮 SB2 时，分拣单元又开始下一周期工作。

6）在运行过程中若再次按下 SB1，则发出停止运行指令，系统在完成本周期分拣工作后停止，指示灯 HL2 熄灭。

2. 正常情况下系统全线运行模式

系统全线运行模式时人机界面需切换到运行界面，供参考的运行界面如图 B-7 所示。

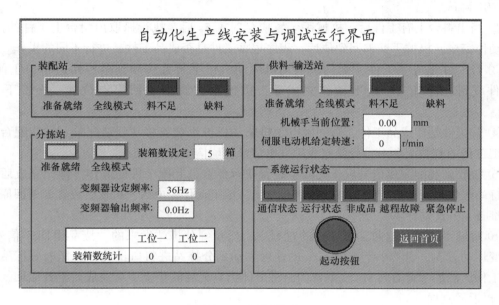

图 B-7　运行界面

图 B-7 显示的是系统投入运行前的运行界面。用户需在运行前设定需领取的成品装箱数、分拣站变频器的运行频率。其中成品装箱数可设定为 3~5 箱，默认值为 5 箱；变频器的运行频率设定范围为 20~36Hz 的整数值，默认值为 36Hz。

（1）系统的起动　全线运行模式下，系统起动的条件是网络通信正常、各工作站准备就绪。

1）网络通信正常时"通信状态"指示灯亮，故障时闪烁，仅网络通信正常时系统才能起动。

2）准备就绪的条件是：

① 各工作站的工作方式转换开关均置于全线模式。

② 供料-输送站在初始状态，供料单元料仓内有足够的工件。

③ 装配单元料仓内有足够的芯件，各个气缸均处于初始位置。

④ 分拣单元在初始状态，即各个气缸均处于初始位置，传送带电动机在停止状态。

仅当以上条件满足时，才可触摸人机界面上的起动按钮起动系统。系统起动后，人机界面上"运行状态"指示灯常亮。并且各从站的指示灯 HL3 常亮，表示系统在全线模式下运行。

（2）正常运行过程　系统正常运行情况下，运行的主令信号均来源于系统主站。

1）各从站接收到系统发来的起动信号时，即进入运行状态。当起动信号被复位时，工作站退出运行状态。

2）供料-输送站的工艺工作流程。

① 系统起动后，供料单元执行把工件推到出料台上的操作。若供料料仓内没有工件或工件不足，则向系统发出报警或预警信号。推到出料台上的工件是成品工件还是待装配工件由操作人员判断，如果是待装配工件，则操作人员应在机械手抓取工件缩回到位前，人工按按钮 SB1 确认。

② 当出料台上有工件后，机械手装置应延时 1.5s 后，执行抓取出料台上工件的操作。抓取动作完成，机械手臂缩回到位后，程序根据工件是否成品工件，进行不同的操作。

③ 若工件是成品工件，则伺服电动机驱动机械手装置移动到分拣站进料口正前方，把工件放到进料口上。放下动作完成后，机械手装置即返回原点位置，准备下一次动作。

④ 若工件是非成品工件，则伺服电动机驱动机械手装置移动到装配单元的装配台正前方，把工件放到装配台上。操作完成后发出请求装配信号。

⑤ 接收到装配完成信号后，机械手装置执行抓取已装配工件的操作。操作完成后移动到分拣站进料口正前方，把工件放到进料口上。放下动作完成后，机械手装置即返回原点位置，准备下一次动作。

⑥ 机械手装置在返回工作原点的过程中，接收到分拣站发来的"废品退回"信号时，即改变运动方向，以不小于 400mm/s 的速度移动到分拣站进料口正前方，抓取分拣站所退回的工件，然后手臂右转 90°，手臂伸出将工件扔到废品收集盒中；完成后手臂缩回，左转 90°，再返回到原点。

⑦ 如果系统尚未接收到停止运行指令，则供料单元再次推出工件，开始下一轮的传送过程。

⑧ 除非特别声明，机械手装置的移动速度均指定为不小于 350mm/s。运行过程中运行界面上应实时显示输送站机械手当前位置和伺服电动机给定转速（机械手当前位置为装置相对于工作原点的坐标，单位为 mm，显示精度为 0.01mm；伺服电动机给定转速的单位为 r/min，用正负号指示旋转的方向，此显示值应与伺服驱动器前面板 7 段 LED 所显示的"位置指令速度"相一致）。

3）分拣站进入运行状态后，当输送站机械手装置放下工件且缩回到位时，分拣站的变频器即起动（变频器的输出频率在运行界面设定，设置范围为 20～36Hz），驱动传动电动机把工件带入分拣区。界面上应实时显示变频器的实际输出频率（精确到 0.1Hz）。

分拣站须完成按规定的成品总重量装箱的任务，装箱数由用户设定。控制程序应确保装箱任务完成后，工位一和工位二上都没有剩余的工件。在满足这一前提下，工件是否应在某工位（工位一、工位二）被推入，将取决于该工件重量、工位上现已装入工件的累计重量、装箱的容量（每次装箱不超过 3 个工件）、工位推入的优先权等因素。

① 当工件均满足工位一和工位二装入条件时，在两个工位装入累计重量相同的情况下，优先分送工位一；两个工位累计重量不同时，优先分送累计重量较小的工位。

② 不符合工位一和工位二装入条件的工件在工位三推入作回收用。

③ 如果在非成品工件的装配中出现白套白色芯或黑套黑色芯或黑套金属芯等不匹配工件时，应向系统发出"废件退回"信息，并将这些工件退回到进料口后电动机停止，由输送单元机械手装置抓取送往废品收集盒。

④ 某工位推入的成品累计重量达到100g时，用10s完成一次装箱打包操作，人工清除工位上的工件。

⑤ 当两工位（工位一和工位二）已完成的总装箱数量达到用户设定值时，装箱任务完成，分拣站应向系统发出装箱完成信号。

⑥ 界面中的装箱统计表应在运行过程中动态记录、显示两工位当前完成的装箱数。

4）装配站的工艺工作流程。

① 进入运行状态后，如果装配单元回转台上的左料盘内没有芯件，就执行下料操作；如果左料盘内有芯件，而右料盘内没有芯件，则执行回转台回转操作。

② 如果回转台上的右料盘内有芯件、装配台上有待装配工件且接收到系统发来的装配请求指令，则开始执行装配过程。执行装配机械手抓取芯件，放入待装配工件中的操作。装入动作完成后，向系统发出装配完成信号。

③ 完成装配任务后，装配机械手应返回初始位置，等待下一次装配。

（3）系统的停止

1）如果工位一和工位二已完成的装箱总数达到用户设定值，则装箱任务完成。系统统计到任务完成后，界面上"运行状态"指示灯闪烁。当机械手装置返回原点后，供料单元不再执行推料操作，系统停止，"运行状态"指示灯熄灭。

2）系统停止后，可触摸界面上的"返回首页"按钮，切换到首页界面；也可在停止后3s，自动返回首页。当前账户有关的数据应被清除。

（4）系统的暂停 若系统运行中按下输送站的急停开关，各工作站应立即暂停运行，急停开关复位后，各工作站接着断点前的工作继续运行。暂停期间，用户可重新设置变频器的运行频率。

3. 全线运行模式下供料异常的处理

如果发生来自供料或装配单元的"工件不足够"的预报警信号或"工件没有"的报警信号，则系统动作如下：

1）如果发生"工件不足够"的预报警信号，则红色警示灯以1Hz的频率闪烁，绿色和橙色警示灯保持常亮。系统继续工作。

2）如果发生"工件没有"的报警信号，则红色警示灯以亮1s、灭0.5s的方式闪烁，橙色警示灯熄灭，绿色警示灯保持常亮。

3）若"工件没有"的报警信号来自供料单元，且供料单元物料台上已推出工件，则系统继续运行，直至完成该工作周期尚未完成的工作。当该工作周期工作结束时，系统将停止工作，除非"工件没有"的报警信号消失，系统将不能再起动。

4）若"工件没有"的报警信号来自装配单元，且装配单元回转台上已落下芯件，则系统继续运行，直至完成该工作周期尚未完成的工作。当该工作周期工作结束时，系统将停止工作，除非"工件没有"的报警信号消失，系统将不能再起动。

附录 C　三菱通用 FR－E700 系列变频器参数一览表

功能	参数 / 关联参数	名　称	单位	初始值	范围	内　容	参数复制	参数清除	参数全部清除
手动转矩提升 V·F	0◎	转矩提升	0.1%	6%/4%/3%*	0～30%	0Hz 时的输出电压以%设定 *根据容量不同而不同（6%：0.75kW 以下；4%：1.5～3.7kW；3%：5.5kW、7.5kW）	○	○	○
	46	第 2 转矩提升	0.1%	9999	0～30%	RT 信号为 ON 时的转矩提升	○	○	○
					9999	无第 2 转矩提升			
上下限频率	1◎	上限频率	0.01Hz	120Hz	0～120Hz	输出频率的上限	○	○	○
	2◎	下限频率	0.01Hz	0Hz	0～120Hz	输出频率的下限	○	○	○
	18	高速上限频率	0.01Hz	120Hz	120～400Hz	在 120Hz 以上运行时设定	○	○	○
基准频率、电压 V·F	3◎	基准频率	0.01Hz	50Hz	0～400Hz	电动机的额定频率（50Hz/60Hz）	○	○	○
	19	基准频率电压	0.1V	9999	0～1000V	基准电压	○	○	○
					8888	电源电压的 95%			
					9999	与电源电压一样			
	47	第2V/F（基准频率）	0.01Hz	9999	0～400Hz	RT 信号为 ON 时的基准频率	○	○	○
					9999	第 2V/F 无效			
通过多段速设定运行	4◎	多段速设定（高速）	0.01Hz	50Hz	0～400Hz	RH－ON 时的频率	○	○	○
	5◎	多段速设定（中速）	0.01Hz	30Hz	0～400Hz	RM－ON 时的频率	○	○	○
	6◎	多段速设定（低速）	0.01Hz	10Hz	0～400Hz	RL－ON 时的频率	○	○	○
	24～27	多段速设定（4 速～7 速）	0.01Hz	9999	0～400Hz、9999	可以用 RH、RM、RL、REX 信号的组合来设定 4 速～15 速的频率 9999：不选择	○	○	○
	232～239	多段速设定（8 速～15 速）	0.01Hz	9999	0～400Hz、9999				
加减速时间的设定	7◎	加速时间	0.1/0.01s	5/10s*	0～3600/360s	电动机加速时间 *根据变频器容量不同而不同（3.7kW 以下/5.5kW、7.5kW）	○	○	○
	8◎	减速时间	0.1/0.01s	5/10s*	0～3600/360s	电动机减速时间 *根据变频器容量不同而不同（3.7kW 以下/5.5kW、7.5kW）	○	○	○
	20	加减速基准频率	0.01Hz	50Hz	1～400Hz	成为加减速时间基准的频率 加减速时间在停止～P.20 间的频率变化时间	○	○	○
	21	加减速时间单位	1	0	0	单位：0.1s 范围：0～3600s	○	○	○
					1	单位：0.01s 范围：0～360s	可以改变加减速时间的设定单位与设定范围		
	44	第 2 加减速时间	0.1/0.01s	5/10s*	0～3600/360s	RT 信号为 ON 时的加减速时间 *根据变频器容量不同而不同（3.7kW 以下/5.5kW、7.5kW）	○	○	○

（续）

功能	参数 关联 参数	名　称	单位	初始值	范围	内　容	参数 复制	参数 清除	参数 全部 清除
电动机的 过热保护 （定子过 电流保护)	45	第2减速时间	0.1/ 0.01s	9999	0～3600/360s	RT 信号为 ON 时的减速时间	○	○	○
					9999	加速时间＝减速时间			
	147	加减速时间切换 频率	0.01Hz	9999	0～400Hz	P.44、P.45 的加减速时间的自 动切换为有效的频率	○	○	○
					9999	无功能			
	9◎	定子过电流保护	0.01A	变频器 额定 电流*	0～500A	设定电动机的额定电流 ＊对于 0.75kW 以下的产品， 应设定为变频器额定电流的85%	○	○	○
	51	第2定子过电流保护	0.01A	9999	0～500A	RT 信号为 ON 时有效 设定电动机的额定电流	○	○	○
					9999	第2定子过电流保护无效			
直流制动 预备励磁	10	直流制动动作频率	0.01Hz	3Hz	0～120Hz	直流制动的动作频率	○	○	○
	11	直流制动动作时间	0.1s	0.5s	0	无直流制动	○	○	○
					0.1～10s	直流制动的动作时间			
	12	直流制动动作电压	0.1%	4%	0	无直流制动	○	○	○
					0.1%～30%	直流制动电压（转矩）			
起动频率	13	起动频率	0.01Hz	0.5Hz	0～60Hz	起动时频率	○	○	○
	571	起动时维持时间	0.1s	9999	0.0～10.0s	P.13 起动频率的维持时间	○	○	○
					9999	起动时的维持功能无效			
适合用途 的 V/F 曲线 V·F	14	适用负载选择	1	0	0	用于恒转矩负载	○	○	○
					1	用于低转矩负载			
					2	恒转矩升降用 · 反转时提升0%			
					3	· 正转时提升0%			
点动运行	15	点动频率	0.01Hz	5Hz	0～400Hz	点动运行时的频率	○	○	○
	16	点动加减速时间	0.1/ 0.01s	0.5s	0～3600/ 360s	点动运行时的加减速时间 加减速时间是指加、减速到 P.20 加减速基准频率中设定的频 率（初始值为 50Hz）的时间， 加减速时间不能分别设定	○	○	○
输出停止 信号（MRS） 的逻辑选择	17	MRS 输入选择	1	0	0	常开输入	○	○	○
					2	常闭输入（b 触点输入规格)			
					4	外部端子：常闭输入（b 触点 输入端子) 通信：常开输入			
—	18	请参照 P.1、P.2							
	19	请参照 P.3							
	20、21	请参照 P.7、P.8							
失速防止 动作	22	失速防止动作水平	0.1%	150%	0	失速防止动作无效	○	○	○
					0.1%～200%	失速防止动作开始的电流值			
	23	倍速时失速防止动 作水平补偿系数	0.1%	9999	0～200%	可降低额定频率以上的高速运 行时的失速动作水平	○	○	○

（续）

功能	参数 关联参数	名 称	单位	初始值	范围	内 容	参数复制	参数清除	参数全部清除
					9999	一律 P. 22			
	48	第 2 失速防止动作水平	0.1%	9999	0	第 2 失速防止动作无效	○	○	○
					0.1%～200%	第 2 失速防止动作水平			
					9999	与 P. 22 同一水平			
	66	失速防止动作水平降低开始频率	0.01Hz	50Hz	0～400Hz	失速动作水平开始降低时的频率	○	○	○
	156	失速防止动作选择	1	0	0～31 100、101	根据加减速的状态选择是否防止失速	○	○	○
	157	OL 信号输出延时	0.1s	0s	0～25s	失速防止动作时输出的 OL 信号开始输出的时间	○	○	○
					9999	无 OL 信号输出			
	277	失速防止电流切换	1	0	0	输出电流超过限制水平时，通过限制输出频率来限制电流限制水平，以变频器额定电流为基准	○	○	○
					1	输出转矩超过限制水平时，通过限制输出频率来限制转矩限制水平，以电动机额定转矩为基准			
—	24～27	请参照 P. 4～P. 6							
加减速曲线	29	加减速曲线选择	1	0	0	直线加减速	○	○	○
					1	S 曲线加减速 A			
					2	S 曲线加减速 B			
再生单元的选择	30	再生制动功能选择	1	0	0	无再生功能、制动单元（FR－BU2）、高功率因数变流器（FR－HC）、电源再生共通变流器（FR－CV）	○	○	○
					1	高频度用制动电阻器（FR－ABR）			
					2	高功率因数变流器（FR－HC）（选择瞬时停电再起动时）			
	70	特殊再生制动使用率	0.1%	0%	0～30%	使用高频度用制动电阻器（FR－ABR）时的制动器使用率	○	○	
避免机械共振点（频率跳变）	31	频率跳变 1A	0.01Hz	9999	0～400Hz、9999		○	○	○
	32	频率跳变 1B	0.01Hz	9999	0～400Hz、9999	1A～1B、2A～2B、3A～3B 跳变时的频率 9999：功能无效	○	○	○
	33	频率跳变 2A	0.01Hz	9999	0～400Hz、9999		○	○	○
	34	频率跳变 2B	0.01Hz	9999	0～400Hz、9999		○	○	○
	35	频率跳变 3A	0.01Hz	9999	0～400Hz、9999		○	○	○

（续）

功能	参数关联参数	名　称	单位	初始值	范围	内　容	参数复制	参数清除	参数全部清除
	36	频率跳变3B	0.01Hz	9999	0～400Hz、9999		○	○	○
转速显示	37	转速显示	0.001	0	0	频率的显示及设定	○	○	○
					0.01～9998	50Hz运行时的机械速度			
RUN键旋转方向的选择	40	RUN键旋转方向的选择	1	0	0	正转	○	○	○
					1	反转			
输出频率和电动机转数的检测（SU、FU信号）	41	频率到达动作范围	0.1%	10%	0～100%	SU信号为ON时的水平	○	○	○
	42	输出频率检测	0.01Hz	6Hz	0～400Hz	FU信号为ON时的频率	○	○	○
	43	反转时输出频率检测	0.01Hz	9999	0～400Hz	反转时FU信号为ON时的频率	○	○	○
					9999	与P.42的设定值一致			
—	44、45	请参照P.7、P.8							
	46	请参照P.0							
	47	请参照P.3							
	48	请参照P.22							
	51	请参照P.9							
DU/PU监视内容的变更累计监视值的清除	52	DU/PU主显示数据选择	1	0	0～5、7～12、14、20、23～25、52～57、61、62、100	选择操作面板和参数单元所显示的监视器、输出到端子AM的监视器 0：输出频率（P.52） 1：输出频率（P.158） 2：输出电流（P.158） 3：输出电压（P.158） 5：频率设定值 7：电动机转矩 8：变流器输出电压 9：再生制动器使用率 10：定子过电流保护负载率 11：输出电流峰值 12：变流器输出电压峰值 14：输出电力 20：累计通电时间（P.52） 21：基准电压输出（P.158） 23：实际运行时间（P.52） 24：电动机负载率 25：累计电力（P.52） 52：PID目标值 53：PID测量值 54：PID偏差（P.52） 55：输入/输出端子状态（P.52） 56：选件输入端子状态（P.52） 57：选件输出端子状态（P.52） 61：电动机过电流保护负载率	○	○	○
	158	AM端子功能选择	1	1	1～3、5、7～12、14、21、24、52、53、61、62		○	○	○

（续）

功能	参数关联参数	名 称	单位	初始值	范围	内 容	参数复制	参数清除	参数全部清除
DU/PU 监视内容的变更 累计监视值的清除						62：变频器过电流保护负载率 100：停止中设定频率、运行中输出频率（P.52）			
	170	累计电度表清零	1	9999	0	累计电度表监视器清零时设定为"0"	○	×	○
					10	通信监视情况下的上限值在0~9999kWh 范围内设定			
					9999	通信监视情况下的上限值在0~65535kWh 范围内设定			
	171	实际运行时间清零	1	9999	0、9999	运行时间监视器清零时设定为"0" 设定9999时不会清零	×	×	×
	268	监视器小数位选择	1	9999	0	用整数值显示	○	○	○
					1	显示到小数点后1位			
					9999	无功能			
	563	累计通电时间次数	1	0	(0~65535)	通电时间监视器显示超过65535h后的次数（仅读取）	×	×	×
	564	累计运转时间次数	1	0	(0~65535)	运行时间监视器显示超过65535h后的次数（仅读取）	×	×	×
从端子AM输出的监视基准	55	频率监视基准	0.01Hz	50Hz	0~400Hz	输出频率监视值输出到端子AM时的最大值	○	○	○
	56	电流监视基准	0.01A	变频器额定电流	0~500A	输出电流监视值输出到端子AM时的最大值	○	○	○
瞬时停电再起动动作/非强制驱动功能（高速起步）	57	再起动自由运行时间	0.1s	9999	0	1.5kW 以下：1s 2.2~7.5kW：2s	○	○	○
					0.1~5s	瞬时停电到复电后由变频器引导再起动的等待时间			
					9999	不进行再起动			
	58	再起动上升时间	0.1s	1s	0~60s	再起动时的电压上升时间	○	○	○
	30	再生制动功能选择	1	0	0、1	MRS(X10)ON→OFF 时、由起动频率起动	○	○	○
					2	MRS(X10)ON→OFF 时、再起动动作			
	162	瞬时停电再起动动作选择	1	1	0	有频率搜索	○	○	○
					1	无频率搜索（减电压方式）			
					10	每次起动时频率搜索			
					11	每次起动时的减电压方式			
	165	再起动失速防止动作水平	0.1%	150%	0~200%	将变频器额定电流设为100%，设定再起动动作时的失速防止动作水平	○	○	○

注：瞬时停电再起动动作选择一栏内容说明：使用频率搜索时，对接线长度有限制（参照三菱通用变频器 FR‑E700 使用手册第9页）

（续）

功能	参数 关联 参数	名 称	单位	初始值	范围	内 容		参数 复制	参数 清除	参数 全部 清除
	298	频率搜索增益	1	9999	0~32767	通过 V/F 控制实施了离线自动调谐时，将设定电动机常数（R1）以及瞬时停电再起动的频率搜索所必需的频率搜索增益		○	×	○
					9999	使用三菱电动机（SF-JR、SF-HRCA）常数				
	299	再起动时的旋转方向检测选择	1	0	0	无旋转方向检测		○	○	○
					1	有旋转方向检测				
					9999	P.78=0 时，有旋转方向检测 P.78=1、2 时，无旋转方向检测				
	611	再起动时的加速时间	0.1s	9999	0~3600s	再起动时到达设定频率的加速时间		○	○	○
					9999	再起动时的加速时间为通常的加速时间（P.7等）				
遥控设定功能	59	遥控功能选择	1	0	0	RH、RM、RL信号功能	频率设定记忆功能	○	○	○
						多段速设定				
					1	遥控设定	有			
					2	遥控设定	无			
					3	遥控设定	无（用STF/STR-OFF来清除遥控设定频率）			
节能控制选择 V/F	60	节能控制选择	1	0	0	通常运行模式		○	○	○
					9	佳励磁控制模式				
自动加减速	61	基准电流	0.01A	9999	0~500A	以设定值（电动机额定电流）为基准		○	○	○
					9999	以变频器额定电流为基准				
	62	加速时基准值	1%	9999	0~200%	以设定值为限制值		○	○	○
					9999	以150%为限制值				
	63	减速时基准值	1%	9999	0~200%	以设定值为限制值		○	○	○
					9999	以150%为限制值				
	292	自动加减速	1	0	0	通常模式		○	○	○
					1	最短加减速模式	无制动器			

（续）

功能	参数 关联 参数	名 称	单位	初始值	范围	内 容		参数 复制	参数 清除	参数 全部 清除
					11	有制动器				
					7	制动器顺控模式1				
					8	制动器顺控模式2				
	293	加减速个别动作选择模式	1	0	0	对于最短加减速模式的加速、减速均计算加减速时间		○	○	○
					1	仅对最短加减速模式的加速时间进行计算				
					2	仅对最短加减速模式的减速时间进行计算				
报警发生时的再试功能	65	再试选择	1	0	0~5	再试报警的选择		○	○	○
	67	报警发生时的再试次数	1	0	0	无再试动作		○	○	○
					1~10	报警发生时的再试次数 再试动作中不进行异常输出				
					101~110	报警发生时的再试次数（设定值－100为再试次数） 再试动作中进行异常输出				
	68	再试等待时间	0.1s	1s	0.1~360s	报警发生到再试之间的等待时间		○	○	○
	69	再试次数显示和消除	1	0	0	清除再试后再起动成功的次数		○	○	○
―	66	请参照P.22、P.23								
	67~69	请参照P.65								
	70	请参照P.30								
电动机的选择（适用电动机）	71	适用电动机			0	适合标准电动机的热特性		○	○	○
					1	适合三菱恒转矩电动机的热特性				
					40	三菱高效率电动机（SF－HR）的热特性				
					50	三菱恒转矩电动机（SF－HRCA）的热特性				
					3	标准电动机	选择"离线自动调谐设定"			
					13	恒转矩电动机				
					23	三菱标准电动机（SF－JR 4P 1.5kW以下）				
					43	三菱高效率电动机（SF－HR）				
					53	三菱恒转矩电动机（SF－HRCA）				
					4	标准电动机	可以进行自动调谐数据读取以及变更设定			
					14	恒转矩电动机				
					24	三菱标准电动机（SF－JR 4P 1.5kW以下）				
					44	三菱高效率电动机（SF－HR）				
					54	三菱恒转矩电动机（SF－HRCA）				

（续）

功能	参数/关联参数	名　称	单位	初始值	范围	内　容			参数复制	参数清除	参数全部清除
电动机的选择（适用电动机）	71	适用电动机			5	标准电动机	星形接线可以进行电动机常数的直接输入		○	○	○
					15	恒转矩电动机					
					6	标准电动机	三角形接线可以进行电动机常数的直接输入				
					16	恒转矩电动机					
	450	第 2 适用电动机	1	9999	0	适合标准电动机的热特性			○	○	○
					1	适合三菱恒转矩电动机的热特性					
					9999	第 2 电动机无效〔第 1 电动机（P.71）的热特性〕					
载波频率和 Soft-PWM 选择	72	PWM 频率选择	1	1	0 ~ 15	PWM 载波频率设定值以〔kHz〕为单位 0 表示 0.7kHz，15 表示 14.5kHz			○	○	○
	240	Soft - PWM 动作选择	1	1	0	Soft - PWM 无效			○	○	○
					1	P.72 为 0 ~ 5 时，Soft - PWM 有效					
模拟量输入选择	73	模拟量输入选择	1	1		端子 2 输入	极性可逆		○	×	○
					0	0 ~ 10V	无				
					1	0 ~ 5V					
					10	0 ~ 10V	有				
					11	0 ~ 5V					
	267	端子 4 输入选择	1	0	0	端子 4 输入 4 ~ 20mA			○	×	○
					1	端子 4 输入 0 ~ 5V					
					2	端子 4 输入 0 ~ 10V					
模拟量输入的响应性或噪声消除	74	输入滤波时间常数	1	1	0 ~ 8	对于模拟量输入的 1 次延迟滤波器，时间常数设定值越大过滤效果越明显			○	○	○
复位选择、PU 脱离检测	75	复位选择/PU 脱离检测/PU 停止选择	1	14	0 ~ 3、14 ~ 17	复位输入接纳选择、PU（FR - PU04 - CH/FR - PU07）接头脱离检测功能选择、PU 停止功能选择、初始值为常时可复位、无 PU 脱离检测、有 PU 停止功能			○	×	×
防止参数值被意外改写	77	参数写入选择	1	0	0	仅限于停止时可以写入			○	○	○
					1	不可写入参数					
					2	可以在所有运行模式中不受运行状态限制地写入参数					
电机的反转防止	78	反转防止选择	1	0	0	正转和反转均可			○	○	○
					1	不可反转					
					2	不可正转					
运行模式的选择	79◎	运行模式选择	1	0	0	外部/PU 切换模式			○	○	○
					1	PU 运行模式固定					
					2	外部运行模式固定					

（续）

功能	参数 关联参数	名　称	单位	初始值	范围	内　容	参数复制	参数清除	参数全部清除
运行模式的选择	79◎	运行模式选择	1	0	3	外部/PU 组合运行模式 1	○	○	○
					4	外部/PU 组合运行模式 2			
					6	切换模式			
					7	外部运行模式（PU 运行互锁）			
	340	通信启动模式选择	1	0	0	根据 P.79 的设定	○	○	○
					1	以网络运行模式启动			
					10	以网络运行模式启动 可通过操作面板切换 PU 运行模式与网络运行模式			
控制方法 先进磁通 通用磁通	80	电动机容量	0.01kW	9999	0.1~15kW	适用电动机容量	○	○	○
					9999	V/F 控制			
	81	电动机极数	1	9999	2、4、6、8、10	设定电动机极数	○	○	○
					9999	V/F 控制			
	89	速度控制增益（先进磁通矢量）	0.1%	9999	0~200%	在先进磁通矢量控制时，调整由负载变动造成的电动机速度变动，基准为 100%	○	×	○
					9999	P.71 中设定的电动机所对应的增益			
	800	控制方法选择	1	20	20	先进磁通矢量控制	设定为 P.80、P.81≠"9999"时	○	○	○
					30	通用磁通矢量控制			
离线自动调谐	82	电动机励磁电流	0.01A *	9999	0~500A *	调谐数据（通过离线自动调谐测量到的值会自动设定） *根据 P.71 的设定值不同而不同［请参照 E700 使用手册（应用篇）第 4 章］	○	×	○
					9999	使用三菱电动机（SF－JR、SF－HR、SF－JRCA、SF－HRCA）常数			
	83	电动机额定电压	0.1V	400V	0~1000V	电动机额定电压（V）	○	○	○
	84	电动机额定频率	0.01Hz	50Hz	10~120Hz	电动机额定频率（Hz）	○	○	○
	90	电动机常数（R1）	0.001Ω *	9999	0~50Ω *、9999	调谐数据（通过离线自动调谐测量到的值会自动设定） *根据 P.71 的设定值不同而不同（请参照 E700 使用手册（应用篇）第 4 章） 9999：使用三菱电动机（SF－JR、SF－HR、SF－JRCA、SF－HRCA）常数	○	×	○
	91	电动机常数（R2）	0.001Ω *	9999			○	×	○

（续）

功能	参数 关联参数	名　称	单位	初始值	范围	内　容	参数复制	参数清除	参数全部清除
离线自动调谐	92	电动机常数（L1）	0.1mH *	9999	0～1000mH *、9999	调谐数据（通过离线自动调谐测量到的值会自动设定） *根据 P.71 的设定值不同而不同［请参照 E700 使用手册（应用篇）第4章］	○	×	○
	93	电动机常数（L2）	0.1mH *	9999		9999：使用三菱电动机（SF－JR、SF－HR、SF－JRCA、SF－HRCA）常数	○	×	○
	94	电动机常数（X）	0.1% *	9999	0～100% *	调谐数据（通过离线自动调谐测量到的值会自动设定） *根据 P.71 的设定值不同而不同［请参照 E700 使用手册（应用篇）第4章］	○	×	○
					9999	9999：使用三菱电动机（SF－JR、SF－HR、SF－JRCA、SF－HRCA）常数			
	96	自动调谐设定/状态	1	0	0	不实施离线自动调谐	○	×	○
					1	先进磁通矢量控制用 离线自动调谐时电动机不运转（所有电动机常数）			
					11	通用磁通矢量控制用 离线自动调谐时电动机不运转［仅电动机常数（R1）］			
					21	V/F 控制用离线自动调谐［瞬时停电再起动（有频率搜索时间）］［请参照 E700 使用手册（应用篇）第4章］			
	859	转矩电流	0.01A *	9999	0～500A *	调谐数据（通过离线自动调谐测量到的值会自动设定） *根据 P.71 的设定值不同而不同［请参照 E700 使用手册（应用篇）第4章］	○	×	○
					9999	9999：使用三菱电动机（SF－JR、SF－HR、SF－JRCA、SF－HRCA）常数			
—	89	请参照 P.81							
	90～94	请参照 P.82～P.84							
	96	请参照 P.82～P.84							
通信初值设定	117	PU 通信站号	1	0	0～31 (0～247)	变频器站号指定 1 台个人计算机连接多台变频器时要设定变频器的站号 当 P.549 = "1"（Modbus－RTU协议）时设定范围为括号内的数值	○	○	○

（续）

功能	关联参数	名　称	单位	初始值	范围	内　容	参数复制	参数清除	参数全部清除
通信初始设定	118	PU 通信速率	1	192	48、96、192、384	通信速率 通信速率为设定值×100（例如，如果设定值是 192，则通信速率为 19200bit/s）	○	○	○
	119	PU 通信停止位长	1	1	0	停止位长：1bit；数据长：8bit	○	○	○
					1	停止位长：2bit；数据长：8bit			
					10	停止位长：1bit；数据长：7bit			
					11	停止位长：2bit；数据长：7bit			
	120	PU 通信奇偶校验	1	2	0	无奇偶校验（Modbus－RTU 时，停止位长：2bit）	○	○	○
					1	奇校验（Modbus－RTU 时，停止位长：1bit）			
					2	偶校验（Modbus－RTU 时，停止位长：1bit）			
	121	PU 通信再试次数	1	1	0～10	发生数据接收错误时的再试次数容许值 连续发生错误次数超过容许值时，变频器将通过 E. PUE（计算机链接）/E. ESR（Modbus－RTU）报警并停止	○	○	○
					9999	即使发生通信错误变频器也不会报警并停止			
	122	PU 通信校验时间间隔	0.1s	0	0	可进行 RS－485 通信 但是，有操作权的运行模式启动的瞬间将发生通信错误（E. PUE）	○	○	○
					0.1～999.8s	通信校验（断线检测）时间间隔 无通信状态超过容许时间以上时，变频器将报警并停止（根据 P. 502）			
					9999	不进行通信检测（断线检测）			
	123	PU 通信等待时间设定	1	9999	0～150ms	设定向变频器发出数据后信息返回的等待时间	○	○	○
					9999	用通信数据进行设定			
	124	PU 通信有无 CR/LF 选择	1	1	0	无 CR、LF	○	○	○
					1	有 CR			
					2	有 CR、LF			
	342	通信 EEPROM 写入选择	1	0	0	通过通信写入参数时，写入到 EEPROM、RAM	○	○	○
					1	通过通信写入参数时，写入到 RAM			
	343	通信错误计数	1	0	—	显示 Modbus－RTU 通信时的通信错误次数（仅读取） 只在选择 Modbus－RTU 协议时显示	×	×	×
	502	通信异常时停止模式选择	1	0	0、3	通信异常发生时的变频器动作选择：自由运行停止	○	○	○
					1、2	减速停止			

（续）

功能	参数 关联 参数	名　称	单位	初始值	范围	内　　容		参数 复制	参数 清除	参数 全部 清除
通信初始 设定	549	协议选择	1	0	0	三菱变频器 （计算机链接） 协议	变更设定后 请复位（切断 电源后再供给 电源），变更的 设定在复位后 起作用	○	○	○
					1	Modbus－RTU 协议				
模拟量输入 频率的变更， 电压，电流 输入，频率 的调整 （校正）	125◎	端子 2 频率设定增 益频率	0.01Hz	50Hz	0～400Hz	端子 2 输入增益（最大）的 频率		○	×	○
	126◎	端子 4 频率设定增 益频率	0.01Hz	50Hz	0～400Hz	端子 4 输入增益（最大）的 频率		○	×	○
	241	模拟输入显示单位 切换	1	0	0	% 单位	模拟量输入显 示单位的选择	○	×	○
					1	V/mA 单位				
	C2 (902)	端子 2 频率设定偏 置频率	0.01Hz	0Hz	0～400Hz	端子 2 输入偏置侧的频率		○	×	○
	C3 (902)	端子 2 频率设定 偏置	0.1%	0%	0～300%	端子 2 输入偏置侧电压（电 流）的%换算值		○	×	○
	C4 (903)	端子 2 频率设定 增益	0.1%	100%	0～300%	端子 2 输入增益侧电压（电 流）的%换算值		○	×	○
	C5 (904)	端子 4 频率设定偏 置频率	0.01Hz	0Hz	0～400Hz	端子 4 输入偏置侧的频率		○	×	○
	C6 (904)	端子 4 频率设定 偏置	0.1%	20%	0～300%	端子 4 输入偏置侧电流（电 压）的%换算值		○	×	○
	C7 (905)	端子 4 频率设定 增益	0.1%	100%	0～300%	端子 4 输入增益侧电流（电 压）的%换算值		○	×	○
	C22 (922) ～ C25 (923)	生产厂家设定用参数。请不要设定								
PID 控制/ 储线器 控制	127	PID 控制自动切换 频率	0.01Hz	9999	0～400Hz	自动切换到 PID 控制的频率		○	○	○
					9999	无 PID 控制自动切换功能				
	128	PID 动作选择	1	0	0	PID 控制无效		○	○	○
					20	PID 负作用	测量值输入 （端子4） 目标值（端子 2 或 P.133）			
					21	PID 正作用				
					40～43	储线器控制				
					50	PID 负作用	偏差值信号 输入 （LON WORKS 通信、CC－Link 通信）			
					51	PID 正作用				
					60	PID 负作用	测定值、目标 值输入（LON WORKS 通信、 CC－Link 通信）			
					61	PID 正作用				

（续）

功能	参数 关联参数	名　称	单位	初始值	范围	内　　容	参数复制	参数清除	参数全部清除
PID 控制/ 储线器控制	129	PID 比例带	0.1%	100%	0.1% ~ 1000%	比例带狭窄（参数的设定值小）时，测量值的微小变化可以带来大的操作量变化 随比例带的变小，响应灵敏度（增益）会变得更好，但可能会引起振动等、降低稳定性 增益 $K_p = 1/$比例带	○	○	○
					9999	无比例控制			
	130	PID 积分时间	0.1s	1s	0.1 ~ 3600s	在偏差步进输入时，仅在积分（I）动作中得到与比例（P）动作相同的操作量所需要的时间（T_i） 随着积分时间变小，到达目标值的速度会加快，但是容易发生振动现象	○	○	○
					9999	无积分控制			
	131	PID 上限	0.1%	9999	0 ~ 100%	上限值 反馈量超过设定值的情况下输出 FUP 信号 测量值（端子4）的最大输入（20mA/5V/10V）相当于100%	○	○	○
					9999	无功能			
	132	PID 下限	0.1%	9999	0 ~ 100%	下限值 测定值低于设定值范围的情况下输出 FDN 信号 测量值（端子4）的最大输入（20mA/5V/10V）相当于100%	○	○	○
					9999	无功能			
	133	PID 动作目标值	0.01%	9999	0 ~ 100%	PID 控制时的目标值	○	○	○
					9999	PID 控制｜端子2输入电压为目标值 储线器控制｜固定于50%			
	134	PID 微分时间	0.01s	9999	0.01 ~ 10.00s	在偏差指示灯输入时，仅得到比例动作（P）的操作量所需要的时间（T_d） 随微分时间的增大，对偏差变化的反应也越大	○	○	○
					9999	无微分控制			
	44	第2加减速时间	0.1/ 0.01s	5/10s *	0 ~ 3600/ 360s	储线器控制时，变成主速度的加速时间第2加减速时间无效 *根据变频器容量不同而不同（3.7kW 以下/5.5kW、7.5kW）	○	○	○
	45	第2减速时间	0.1/ 0.01s	9999	0 ~ 3600/ 360s、9999	储线器控制时，变成主速度的减速时间/第2减速时间无效	○	○	○

（续）

功能	参数 关联参数	名　称	单位	初始值	范围	内　容		参数复制	参数清除	参数全部清除
参数单元的显示语言选择	145	PU 显示语言切换	1	1		FR－PU07	FR－PU04－CH	○	×	×
					0	日语	英语			
					1	英语	中文			
					2	德语				
					3	法语				
					4	西班牙语	英语			
					5	意大利语				
					6	瑞典语				
					7	芬兰语				
—	146	生产厂家设定用参数。请不要设定								
—	147	请参照 P. 7、P. 8								
输出电流的检测（Y12 信号），零电流的检测（Y13 信号）	150	输出电流检测水平	0.1%	150%	0～200%	输出电流检测水平 变频器的额定电流为100%		○	○	○
	151	输出电流检测信号延迟时间	0.1s	0s	0～10s	输出电流检测时间 从输出电流超出设定值到输出电流检测信号（Y12）开始输出为止的时间		○	○	○
	152	零电流检测水平	0.1%	5%	0～200%	零电流检测水平 变频器额定电流为100%		○	○	○
	153	零电流检测时间	0.01s	0.5s	0～1s	从输出电流 P. 152 降低到设定值以下到输出零电流检测信号（Y13）为止的时间		○	○	○
—	156、157	请参照 P. 22								
	158	请参照 P. 52								
用户参数组功能	160◎	用户参数组读取选择	1	0	0	显示所有参数		○	○	○
					1	只显示注册到用户参数组的参数				
					9999	只显示简单模式的参数				
	172	用户参数组注册数显示/一次性删除	1	0	（0～16）	显示注册到用户参数组的参数数量（仅读取）		○	×	×
					9999	将注册到用户参数组的参数一次性删除				
	173	用户参数组注册	1	9999	0～999、9999	注册到用户参数组的参数编号 读取值任何时候都是"9999"		×	×	×
	174	用户参数组删除	1	9999	0～999、9999	从用户参数组删除的参数编号 读取值任何时候都是"9999"		×	×	×
操作面板的动作选择	161	频率设定/键盘锁定操作选择	1	0	0	M 旋钮频率设定模式	键盘锁定模式无效	○	×	○
					1	M 旋钮电位器模式				
					10	M 旋钮频率设定模式	键盘锁定有效			
					11	M 旋钮电位器模式				

（续）

功能	参数 关联 参数	名　称	单位	初始值	范围	内　容	参数 复制	参数 清除	参数 全部 清除
—	162、165	请参照 P.57							
	168、169	生产厂家设定用参数。请不要设定							
	170、171	请参照 P.52							
	172～174	请参照 P.160							
输入端子的 功能分配	178	STF 端子功能选择	1	60	0～5、7、 8、10、12、 14～16、18、 24、25、60、 62、65～67、 9999	0：低速运行指令 1：中速运行指令 2：高速运行指令 3：第 2 功能选择 4：端子 4 输入选择 5：点动运行选择 7：外部热敏继电器输入 8：15 速选择 10：变频器运行许可信号 （FR－HC/FR－CV 连接） 12：PU 运行外部互锁 14：PID 控制有效端子 15：制动器开放完成信号 16：PU－外部运行切换 18：V/F 切换 24：输出停止 25：启动自保持选择 60：正转指令［只能分配给 STF 端子（P.178）］ 61：反转指令［只能分配给 STR 端子（P.179）］ 62：变频器复位 65：PU－NET 运行切换 66：外部－网络运行切换 67：指令权切换 9999：无功能	○	×	○
	179	STR 端子功能选择	1	61	0～5、7、 8、10、12、 14～16、18、 24、25、61、 62、65～67、 9999		○	×	○
	180	RL 端子功能选择	1	0	0～5、7、 8、10、12、 14～16、18、 24、25、62、 65～67、 9999		○	×	○
	181	RM 端子功能选择	1	1			○	×	○
	182	RH 端子功能选择	1	2			○	×	○
	183	MRS 端子功能选择	1	24			○	×	○
	184	RES 端子功能选择	1	62			○	×	○
输出端子 的功能分配	190	RUN 端子功能选择	1	0	0、1、3、 4、7、8、 11～16、 20、25、 26、46、 47、64、 90、91、 93、95、 96、98、 99、100、 101、103、 104、107、		○	×	○

（续）

功能	参数 关联 参数	名　　称	单位	初始值	范围	内　　容	参数 复制	参数 清除	参数 全部 清除
输出端子的功能分配	191	FU 端子功能选择	1	4	108、111 ~ 116、120、125、126、146、147、164、190、191、193、195、196、198、199、9999	0、100：变频器运行中 1、101：频率到达 3、103：过负载警报 4、104：输出频率检测 7、107：再生制动预报警 8、108：定子过电流保护预报警 11、111：变频器运行准备完毕	○	×	○
	192	ABC 端子功能选择	1	99	0、1、3、4、7、8、11 ~ 16、20、25、26、46、47、64、90、91、95、96、98、99、100、101、103、104、107、108、111 ~ 116、120、125、126、146、147、164、190、191、195、196、198、199、9999	12、112：输出电流检测 13、113：零电流检测 14、114：PID 下限 15、115：PID 上限 16、116：PID 正反转动作输出 20、120：制动器开放请求 25、125：风扇故障输出 26、126：散热片过热预报警 46、146：停电减速中（保持到解除） 47、147：PID 控制动作中 64、164：再试中 90、190：寿命警报 91、191：异常输出 3（电源切断信号） 93、193：电流平均值监视信号 95、195：维修时钟信号 96、196：远程输出 98、198：轻故障输出 99、199：异常输出 9999、 -：无功能 0 ~ 99：正逻辑；100 ~ 199：负逻辑	○	×	○
	232 ~ 239	请参照 P. 4 ~ P. 6							
—	240	请参照 P. 72							
	241	请参照 P. 125、P. 126							
延长冷却风扇的寿命	244	冷却风扇的动作选择	1	1	0	在电源 ON 的状态下冷却风扇起动 冷却风扇 ON - OFF 控制无效（电源 ON 的状态下总是 ON）	○	○	○
					1	冷却风扇 ON - OFF 控制有效 变频器运行过程中始终为 ON，停止时监视变频器的状态，根据温度的高低为 ON 或 OFF			

（续）

功能	参数 关联 参数	名　称	单位	初始值	范围	内　　容		参数 复制	参数 清除	参数 全部 清除
转差补偿 通用磁通 V／F	245	额定转差	0.01%	9999	0~50%	电动机额定转差		○	○	○
					9999	无转差补偿				
	246	转差补偿时间常数	0.01s	0.5s	0.01~10s	转差补偿的响应时间 值设定越小响应速度越快，但负载惯性越大越容易发生再生过电压（E.OV□）错误		○	○	○
	247	恒功率区域转差补偿选择	1	9999	0	恒功率区域（比P.3中设定的频率还高的频率领域）中不进行转差补偿		○	○	○
						9999	恒功率区域的转差补偿			
接地检测	249	起动时接地检测的有无	1	1	0	无接地检测		○	○	○
					1	有接地检测				
电动机停止方法和起动信号的选择	250	停止选择	0.1s	9999	0~100s	起动信号OFF、经过设定的时间后以自由运行停止	STF信号：正转起动；STR信号：反转起动	○	○	○
					1000~1100s	起动信号OFF、经过（P.250-1000)s后以自由运行停止	STF信号：起动信号；STR信号：正转、反转信号			
					9999	起动信号OFF后减速停止	STF信号：正转起动；STR信号：反转起动			
					8888		STF信号：起动信号；STR信号：正转、反转信号			
输入输出断相保护选择	251	输出断相保护选择	1	1	0	无输出断相保护		○	○	○
					1	有输出断相保护				
	872	输入断相保护选择	1	1	0	无输入断相保护		○	○	○
					1	有输入断相保护				
显示变频器零件的寿命	255	寿命报警状态显示	1	0	(0~15)	显示控制电路电容器、主电路电容器、冷却风扇、浪涌电流抑制电路的各元件的寿命是否到达报警输出水平（仅读取）		×	×	×
	256	浪涌电流抑制电路寿命显示	1%	100%	(0~100%)	显示浪涌电流抑制电路的老化程度（仅读取）		×	×	×
	257	控制电路电容器寿命显示	1%	100%	(0~100%)	显示控制电路电容器的老化程度（仅读取）		×	×	×
	258	主电路电容器寿命显示	1%	100%	(0~100%)	显示主电路电容器的老化程度（仅读取），显示通过P.259实施测量的值		×	×	×
	259	测定主电路电容器寿命	1	0	0、1	设定为"1"，并把电源OFF，开始测量主电路电容器的寿命 再次接通电源后P.259的设定值变成"3"时测定完毕 在P.258中读取劣化程度		○	○	○

（续）

功能	参数 关联 参数	名　称	单位	初始值	范围	内　容	参数 复制	参数 清除	参数 全部 清除
发生掉电时的运行	261	掉电停止方式选择	1	0	0	自由运行停止 电压不足或发生掉电时切断输出	○	○	○
					1	电压不足或发生掉电时减速停止			
					2	电压不足或发生掉电时减速停止 掉电减速中复电的情况下进行再加速			
―	267	请参照 P.73							
	268	请参照 P.52							
	269	厂家设定用参数，请勿自行设定							
挡块定位控制 先进磁通 通讯磁通	270	挡块定位控制选择	1	0	0	无挡块定位控制	○	○	○
					1	挡块定位控制			
	275	挡块定位励磁电流低速倍率	0.1%	9999	0～300%	挡块定位控制时的力（保持转矩）的大小通常为 130%～180%	○	○	○
					9999	无补偿			
	276	挡块定位时 PWM 载波频率	1	9999	0～9	挡块定位控制时 PWM 载波频率（输出频率 3Hz 以下为有效）	○	○	○
					9999	根据 P.72PWM 频率选择的设定			
―	277	请参照 P.22							
制动器顺控功能 先进磁通 通讯磁通	278	制动开启频率	0.01Hz	3Hz	0～30Hz	设定电动机的额定转差频率 +1.0Hz 左右，仅 P.278≤P.282 时可以设定	○	○	○
	279	制动开启电流	0.1%	130%	0～200%	设定值过低的话，会造成起动时易于滑落，所以一般设定在 50%～90% 左右 以变频器额定电流为 100%	○	○	○
	280	制动开启电流检测时间	0.1s	0.3s	0～2s	一般设定为 0.1～0.3s 左右	○	○	○
	281	制动操作开始时间	0.1s	0.3s	0～5s	P.292＝7：设定制动器缓解之前的机械延迟时间 P.292＝8：设定制动器缓解之前的机械延迟时间 +（0.1～0.2s）左右	○	○	○
	282	制动操作频率	0.01Hz	6Hz	0～30Hz	使制动器开放请求信号（BOF）为 OFF 的频率 一般设定为 P.278 的设定值 +（3～4Hz），仅 P.282≥P.278 时可以设定	○	○	○
	283	制动操作停止时间	0.1s	0.3s	0～5s	P.292＝7：设定制动器关闭之前的机械延迟时间 +0.1s P.292＝8：设定制动器关闭之前的机械延迟时间 +（0.2～0.3s）左右	○	○	○
	292	自动加减速	1	0	0、1、7、8、11	设定值为"7、8"时，制动器顺控功能有效			
偏差控制 先进磁通	286	增益偏差	0.1%	0%	0	偏差控制无效	○	○	○
					0.1%～100%	对应电动机额定频率的额定转矩时的垂下量			
	287	滤波器偏差时定值	0.01s	0.3s	0～1s	转矩分电流所用一次延迟滤波器的时间常数	○	○	○

（续）

功能	参数 关联 参数	名　称	单位	初始值	范围	内　容		参数 复制	参数 清除	参数 全部 清除
—	292、293	请参照 P.61								
通过 M 旋钮 设定频率 变化量	295	频率变化量设定	0.01	0	0	无效		○	○	○
					0.01、0.10、 1.00、10.00	通过 M 旋钮变更设定频率时的 最小变化幅度				
—	298、299	请参照 P.57								
通信运行 指令权 与通信速率 指令权	338	通信运行指令权	1	0	0	运行指令权通信		○	○	○
					1	运行指令权外部				
	339	通信速率指令权	1	0	0	速度指令权通信		○	○	○
					1	速度指令权外部（通信方式的 频率设定无效，外部方式的端子 2 的设定有效）				
					2	速度指令权外部（通信方式的 频率设定有效，外部方式的端子 2 的设定无效）				
	550	网络模式操作权 选择	1	9999	0	通信选件有效		○	○	○
					2	PU 接口有效				
					9999	通信选件自动识别 通常情况下 PU 接口有效。通信 选件被安装后，通信选件有效				
	551	PU 模式操作权 选择	1	9999	2	PU 运行模式操作权由 PU 接口执行		○	○	○
					3	PU 运行模式操作权由 USB 接口 执行				
					4	PU 运行模式操作权由操作面板 执行				
					9999	USB 连接、PU07 连接自动识别 优先顺序：USB＞PU07＞操作面板				
—	340	请参照 P.79								
—	342、343	请参照 P.117～P.124								
—	450	请参照 P.71								
远程输出 功能 （REM 信号）	495	远程输出选择	1	0	0	电源 OFF 时清 除远程输出内容	变频器复位时 清除远程输出 内容	○	○	○
					1	电源 OFF 时保 持远程输出内容				
					10	电源 OFF 时清 除远程输出内容	变频器复位时 保持远程输出 内容			
					11	电源 OFF 时保 持远程输出内容				
	496	远程输出内容 1	1	0	0～4095	可以进行输出端子的 ON/OFF		×	×	×
	497	远程输出内容 2	1	0	0～4095			×	×	×
—	502	请参照 P.124								
部件的 维护	503	维护定时器	1	0	0(1～9998)	变频器的累计通电时间以 100h 为单位显示（仅读取） 写入设定值"0"时累计通电 时间被清除		×	×	×

（续）

功能	参数 关联 参数	名　称	单位	初始值	范围	内　容	参数 复制	参数 清除	参数 全部 清除
部件的 维护	504	维护定时器报警输 出设定时间	1	9999	0～9998	设定到维护定时器报警信号 （Y95）输出为止的时间	○	×	○
					9999	无功能			
使用了 USB 通信的 变频器的 安装	547	USB 通信站号	1	0	0～31	变频器站号指定	○	○	○
	548	USB 通信检查时间 间隔	0.1s	9999	0	可进行 USB 通信 设为 PU 运行模式时报警停止 （E. USB）	○	○	○
					0.1～999.8s	通信检查时间间隔			
					9999	无通信检查			
	551	请参照 P. 338、P. 339							
—	549	请参照 P. 117～P. 124							
	550、551	请参照 P. 338、P. 339							
电流平均值 监视信号	555	电流平均时间	0.1s	1s	0.1～1.0s	开始位输出中（1s）平均电流 所需要的时间	○	○	○
	556	数据输出屏蔽时间	0.1s	0s	0.0～20.0s	不获取过渡状态数据的时间 （屏蔽时间）	○	○	○
	557	电流平均值监视信 号基准输出电流	0.01A	变频器 额定电流	0～500A	输出电流平均值信号输出的基 准（100%）	○	○	○
—	563、564	请参照 P. 52							
	571	请参照 P. 13							
	611	请参照 P. 57							
	645	请参照 C1（901）							
缓和机械 共振	653	速度滤波控制	0.1%	0	0～200%	减少转矩变动、缓和机械共振 引起的振动	○	○	○
—	665	请参照 P. 882							
—	800	请参照 P. 80							
—	859	请参照 P. 84							
—	872	请参照 P. 251							
再生回避 功能	882	再生回避动作选择	1	0	0	再生回避功能无效	○	○	○
					1	再生回避功能始终有效			
					2	仅在恒速运行时，再生回避功 能有效			
	883	再生回避动作水平	0.1V	DC 780V	300～800V	再生回避动作的母线电压水平 如果将母线电压水平设定低 了，则不容易发生过电压错误， 但实际减速时间会延长 将设定值设为高于电源电压× $\sqrt{2}$ 的值	○	○	○

（续）

功能	参数 关联参数	名　称	单位	初始值	范围	内　容	参数复制	参数清除	参数全部清除
再生回避功能	885	再生回避补偿频率限制值	0.01Hz	6Hz	0~10Hz	再生回避功能启动时上升的频率的限制值	○	○	○
					9999	频率限制无效			
	886	再生回避电压增益	0.1%	100%	0~200%	再生回避动作时的响应性 将 P.886 的设定值设定得大一些，对母线电压变化的响应会变好，但输出频率可能会变得不稳定 如果将 P.886 的设定值设定得小一些，仍旧无法抑制振动时，请将 P.665 的设定值再设定得小一些	○	○	○
	665	再生回避频率增益	0.1%	100%	0~200%		○	○	○
自由参数	888	自由参数1	1	9999	0~9999	可自由使用的参数 安装多个变频器时可以给每个变频器设定不同的固定数字，这样有利于维护和管理 关闭变频器电源仍保持内容	○	×	×
	889	自由参数2	1	9999	0~9999		○	×	×
端子 AM 输出的调整（校正）	C1（901）	AM端子校正	—	—	—	校正接在端子 AM 上的模拟仪表的标度	○	×	○
	645	AM端子OV调整	1	1000	970~1200	模拟量输出为零时的仪表刻度校正	○	×	○
—	C2(901)~ C7(905) C22(922)~ C25(923)	请参照 P.125、P.126							
操作面板的蜂鸣器音控制	990	PU蜂鸣器音控制	1	1	0	无蜂鸣器音	○	○	○
					1	有蜂鸣器音			
PU 对比度调整	991	PU对比度调整	1	58	0~63	参数单元（FR－PU04－CH/FR－PU07）的 LCD 对比度调整 0：弱 ↓ 63：强	○	×	○
被清除参数、初始值变更清单	P.CL	参数清除	1	0	0、1	设定为"1"时，除了校正用参数外的参数将恢复到初始值			
	ALLC	参数全部清除	1	0	0、1	设定为"1"时，所有的参数都恢复到初始值			
	Er.CL	报警历史清除	1	0	0、1	设定为"1"时，将清除过去8次的报警历史			
	P.CH	初始值变更清单	—	—	—	显示并设定初始值变更后的参数			

注：1. 表中有"○"标记的参数是简单模式参数。

　　2. ▬V/F▬表示 V/F 控制、▬先进磁通▬表示先进磁通矢量控制。

　　3. ▬通用磁通▬表示通用磁通矢量控制（无标记的功能表示所有控制都有效）。

　　4. "参数复制""参数清除""参数全部清除"栏中的"○"表示可以，"×"表示不可以。

　　5. （）内为使用参数单元（FR－PU04－CH/FR－PU07）时的参数编号。

附录 D　松下 A5 驱动器参数和模式设定

表 D-1　参数的构成

参数号码		分 类 名	种 类
分　类	号　码[1]		
0	00 ~ 17	基本设定	基本设定关联参数
1	00 ~ 27	增益调整	增益调整关联参数
2	00 ~ 23	振动抑制功能	振动抑制关联参数
3	00 ~ 29	速度、转矩控制、全闭环控制	速度、转矩、全闭环关联参数
4	00 ~ 44	I/F 监视器设定	接口监视器关联参数
5	00 ~ 35	扩展设定	扩展设定关联参数
6	00 ~ 39	特殊设定	特殊设定关联参数

注：1. 参数号码用 PrX. YY（X：分类、YY：NO.）进行标号。
　　2. 有关参数的详情，请参照《Panasonic 使用说明书（综合篇）交流伺服电动机·驱动器 MINAS A5 系列》P. 4-4
　　　　「参数详情」。
① 号码处将加入 2 位数字。

表 D-2　关联模式

符　合	控 制 模 式	P0. 01 的设定值
P	位置控制	0
S	速度控制	1
T	转矩控制	2
F	全闭环控制	6
P/S	位置（第1）·速度（第2）控制	3①
P/T	位置（第1）·转矩（第2）控制	4①
S/T	位置（第1）·转矩（第2）控制	5①

注：转换前后 10ms 内请勿输入指令。
① 设定为 3、4、5 的复合模式时，通过控制模式转换输入（C - MODE）可选择第 1、第 2 中的一个。C - MODE 接通
　时，选择第 1 模式，C - MODE 短路时，选择第 2 模式。

表 D-3　分类 0 基本设定

参数号码		名　称	设定范围	标准出厂设定		单位	属性		关 联 模 式			
分类	号码			A, B 型　C 型　D, E, F 型			INI	RO	P	S	T	F
0	00	旋转方向设定	0 ~ 1	0		—	○		P	S	T	F
0	01	控制模式设定	0 ~ 6	0		—	○		P	S	T	F
0	02	设定实时自动调整	0 ~ 6	1		—			P	S	T	F
0	03	实时自动调整机器刚性设置	0 ~ 31	13	11	—			P	S	T	F
0	04	惯量比	0 ~ 10000	250		%			P	S	T	F
0	05	指令脉冲输入选择	0 ~ 1	0		—	○		P			F
0	06	指令脉冲极性设置	0 ~ 1	0		—	○		P			F
0	07	指令脉冲输入模式设置	0 ~ 3	1		—	○		P			F
0	08	电动机每旋转 1 转的指令脉冲数	0 ~ 2^{20}	10000		pulse	○		P			F
0	09	第 1 指令分倍频分子	0 ~ 2^{30}	0		—			P			F
0	10	指令分倍频分母	0 ~ 2^{30}	10000		—			P			F
0	11	电动机每旋转 1 转的输出脉冲数	1 ~ 262144	2500		p/r	○		P	S	T	F
0	12	脉冲输出逻辑反转	0 ~ 3	0		—	○		P	S	T	F
0	13	第 1 转矩限制	0 ~ 500	500①		%			P	S	T	F
0	14	位置偏差过大设置	0 ~ 2^{27}	100000		指令单位			P		T	F
0	15	绝对式编码器设定	0 ~ 2	1		—	○		P	S	T	F
0	16	再生放电电阻外置选择	0 ~ 3	3	0	—	○		P	S	T	F
0	17	外置再生放电电阻负载率选择	0 ~ 4	0		—	○		P	S	T	F

注：1. "属性"列，"INI"表示需要重新打开电源；"RO"表示只读。表 D-5 ~ 表 D-9 同。
　　2. "关联模式"列，"P"表示位置控制；"S"表示速度控制；"T"表示转矩控制；"F"表示全闭环控制。表 D-5 ~
　　　　表 D-9 同。
① 标准出厂设定值根据驱动器与电动机的组合不同而不同。请参照松下伺服电动机 A5 手册 P. 2 - 49 "转矩限位设定"。

表 D-4　分类 1 增益调整

参数号码		名　　称	设定范围	标准出厂设定			单位	属性		关 联 模 式			
分类	号码			A,B型	C型	D,E,F型		INI	RO	P	S	T	F
1	00①	第 1 位置环增益	0～30000	480		320	0.1/s			P	S	T	F
1	01①	第 1 速度环增益	1～32767	270		180	0.1Hz			P	S	T	F
1	02①	第 1 速度环积分时间常数	1～10000	210		310	0.1ms			P	S	T	F
1	03	第 1 速度检测滤波器	0～5	0			—			P	S	T	F
1	04	第 1 转矩滤波器	0～2500	84		126	0.01ms			P	S	T	F
1	05①	第 2 位置环增益	0～30000	570		380	0.1/s			P	S	T	F
1	06①	第 2 速度环增益	1～32767	270		180	0.1Hz			P	S	T	F
1	07①	第 2 速度环积分时间常数	1～10000	10000			0.1ms			P	S	T	F
1	08	第 2 速度检测滤波器	0～5	0			—			P	S	T	F
1	09①	第 2 转矩滤波器	0～2500	84		126	0.01ms			P	S	T	F
1	10①	速度前馈时间常数增益	0～1000	300			0.10%			P	S	T	F
1	11①	前馈滤波器时间常数滤波器	1～6400	50			0.01ms			P	S	T	F
1	12①	转矩前馈增益	0～1000	0			0.10%			P	S	T	F
1	13①	转矩前馈滤波器	0～6400	0			0.01ms			P	S	T	F
1	14	第 2 增益设置	0～1	1			—			P	S	T	F
1	15	位置控制切换模式	0～10	0			—			P	S	T	F
1	16①	位置控制切换延迟时间	0～10000	50			0.1ms			P	S	T	F
1	17	位置控制切换等级	0～20000	50			—			P	S	T	F
1	18	位置控制切换时磁滞	0～20000	33			—			P	S	T	F
1	19①	位置增益切换时间	0～10000	33			0.1ms			P	S	T	F
1	20	速度控制切换模式	0～5	0			—			P	S	T	F
1	21①	速度控制切换延迟时间	0～10000	0			0.1ms			P	S	T	F
1	22	速度控制切换等级	0～20000	0			—			P	S	T	F
1	23	速度控制切换时滞后	0～20000	0			—			P	S	T	F
1	24	转矩控制切换模式	0～3	0			—			P	S	T	F
1	25①	转矩控制切换延迟时间	0～10000	0			0.1ms			P	S	T	F
1	26	转矩控制切换等级	0～20000	0			—			P	S	T	F
1	27	转矩控制切换时滞后	0～20000	0			—			P	S	T	F

① 若用设置支援软件"PANATERM"进行设定，则设定单位的位数发生变化，请注意。

表 D-5　分类 2 振动抑制功能

参数号码		名　称	设定范围	标准出厂设定			单位	属性		关 联 模 式			
分类	号码			A,B 型	C 型	D,E,F 型		INI	RO	P	S	T	F
2	00	自适应滤波器模式设定	0～4	0			—			P	S	T	F
2	01	第 1 陷波频率	50～5000	5000			Hz			P	S	T	F
2	02	第 1 陷波宽度选择	0～20	2			—			P	S	T	F
2	03	第 1 陷波深度选择	0～99	0			—			P	S	T	F
2	04	第 2 陷波频率	50～5000	5000			Hz			P	S	T	F
2	05	第 2 陷波宽度选择	0～20	2			—			P	S	T	F
2	06	第 2 陷波深度选择	0～99	0			—			P	S	T	F
2	07	第 3 陷波频率	50～5000	5000			Hz			P	S	T	F
2	08	第 3 陷波宽度选择	0～20	2			—			P	S	T	F
2	09	第 3 陷波深度选择	0～99	0			—			P	S	T	F
2	10	第 4 陷波频率	50～5000	5000			Hz			P	S	T	F
2	11	第 4 陷波宽度选择	0～20	2			—			P	S	T	F
2	12	第 4 陷波深度选择	0～99	0			—			P	S	T	F
2	13	减振滤波器切换模式	0～3	0			—			P	S	T	F
2	14[①]	第 1 减振频率	0～2000	0			0.1Hz			P	S	T	F
2	15[①]	第 1 减振滤波器设定	0～1000	0			0.1Hz			P	S	T	F
2	16[①]	第 2 减振频率	0～2000	0			0.1Hz			P	S	T	F
2	17[①]	第 2 减振滤波器设定	0～1000	0			0.1Hz			P	S	T	F
2	18[①]	第 3 减振频率	0～2000	0			0.1Hz			P	S	T	F
2	19[①]	第 3 减振滤波器设定	0～1000	0			0.1Hz			P	S	T	F
2	20[①]	第 4 减振频率	0～2000	0			0.1Hz			P	S	T	F
2	21[①]	第 4 减振滤波器设定	0～1000	0			0.1Hz			P	S	T	F
2	22[①]	位置指令平滑滤波器	0～10000	0			0.1ms			P	S	T	F
2	23[①]	位置指令 FIR 滤波器	0～10000	0			0.1ms			P	S	T	F

① 若用设置支援软件 "PANATERM" 进行设定，则设定单位的位数发生变化，请注意。

表 D-6　分类 3 速度・转矩控制・全闭环控制

参数号码		名　　称	设定范围	标准出厂设定			单位	属性		关联模式			
分类	号码			A,B型	C型	D,E,F型		INI	RO	P	S	T	F
3	00	速度设置内外切换	0~3		0		—			P	S	T	F
3	01	速度指令方向指定选择	0~1		0		—			P	S	T	F
3	02	速度指令输入增益	10~2000		500		(r/min)/V			P	S	T	F
3	03	速度指令输入反转	0~1		1		—			P	S	T	F
3	04	速度设置第 1 速	−20000~20000		0		r/min			P	S	T	F
3	05	速度设置第 2 速	−20000~20000		0		r/min			P	S	T	F
3	06	速度设置第 3 速	−20000~20000		0		r/min			P	S	T	F
3	07	速度设置第 4 速	−20000~20000		0		r/min			P	S	T	F
3	08	速度设置第 5 速	−20000~20000		0		r/min			P	S	T	F
3	09	速度设置第 6 速	−20000~20000		0		r/min			P	S	T	F
3	10	速度设置第 7 速	−20000~20000		0		r/min			P	S	T	F
3	11	速度设置第 8 速	−20000~20000		0		r/min			P	S	T	F
3	12	加速时间设置	0~10000		0		ms/(1000r/min)			P	S	T	F
3	13	减速时间设置	0~10000		0		ms/(1000r/min)			P	S	T	F
3	14	S 字加减速时间设置	0~1000		0		ms			P	S	T	F
3	15	零速箝位机能选择	0~3		0		—			P	S	T	F
3	16	零速箝位等级	10~20000		30		r/min			P	S	T	F
3	17	转矩指令选择	0~2		0		—			P	S	T	F
3	18	转矩指令方向指定选择	0~1		0		—			P	S	T	F
3	19[①]	转矩指令输入增益	10~100		30		0.1V/100%			P	S	T	F
3	20	转矩指令输入转换	0~1		0		—			P	S	T	F
3	21	速度限制值 1	0~20000		0		r/min			P	S	T	F
3	22	速度限制值 2	0~20000		0		r/min			P	S	T	F
3	23	外部光栅尺类型选择	0~2		0		—	○		P	S	T	F
3	24	外部光栅尺分频分子	$0~2^{20}$		0		—	○		P	S	T	F
3	25	外部光栅尺分频分母	$1~2^{20}$		10000		—	○		P	S	T	F
3	26	外部光栅尺方向转换	0~1		0		—	○		P	S	T	F
3	27	外部光栅尺 Z 相断线检测无效	0~1		0		—	○		P	S	T	F
3	28	混合偏差过大设定	$1~2^{27}$		16000		指令单位	○		P	S	T	F
3	29	混合控制偏差清除设定	0~100		0		旋转	○		P	S	T	F

① 若用设置支援软件 "PANATERM" 进行设定，则设定单位的位数发生变化，请注意。

表 D-7　分类 I/F 监视器设定

参数号码		名　称	设定范围	标准出厂设定			单位	属性		关联模式			
分类	号码			A,B型	C型	D,E,F型		INI	RO	P	S	T	F
4	00	SI1 输入选择	0 ~ 00FFFFFFh	8553090			—	○		P	S	T	F
4	01	SI2 输入选择	0 ~ 00FFFFFFh	8487297			—	○		P	S	T	F
4	02	SI3 输入选择	0 ~ 00FFFFFFh	9539850			—	○		P	S	T	F
4	03	SI4 输入选择	0 ~ 00FFFFFFh	394758			—	○		P	S	T	F
4	04	SI5 输入选择	0 ~ 00FFFFFFh	4108			—	○		P	S	T	F
4	05	SI6 输入选择	0 ~ 00FFFFFFh	197379			—	○		P	S	T	F
4	06	SI7 输入选择	0 ~ 00FFFFFFh	3847			—	○		P	S	T	F
4	07	SI8 输入选择	0 ~ 00FFFFFFh	263172			—	○		P	S	T	F
4	08	SI9 输入选择	0 ~ 00FFFFFFh	328965			—	○		P	S	T	F
4	09	SI10 输入选择	0 ~ 00FFFFFFh	3720			—	○		P	S	T	F
4	10	SO1 输出选择	0 ~ 00FFFFFFh	197379			—	○		P	S	T	F
4	11	SO2 输出选择	0 ~ 00FFFFFFh	131586			—	○		P	S	T	F
4	12	SO3 输出选择	0 ~ 00FFFFFFh	65793			—	○		P	S	T	F
4	13	SO4 输出选择	0 ~ 00FFFFFFh	328964			—	○		P	S	T	F
4	14	SO5 输出选择	0 ~ 00FFFFFFh	460551			—	○		P	S	T	F
4	15	SO6 输出选择	0 ~ 00FFFFFFh	394758			—	○		P	S	T	F
4	16	模拟监视器 1 类型	0 ~ 21	0			—			P	S	T	F

（续）

参数号码		名 称	设定范围	标准出厂设定			单位	属性		关 联 模 式			
分类	号码			A，B型	C型	D，E，F型		INI	RO	P	S	T	F
4	17	模拟监视器1输出增益	0～214748364		0		—			P	S	T	F
4	18	模拟监视器2类型	0～21		2		—			P	S	T	F
4	19	模拟监视器2输出增益	0～214748364		0		—			P	S	T	F
4	20	数字监视种类	0～3		0		—			P	S	T	F
4	21	模拟监视器输出设定	0～2		0		—			P	S	T	F
4	22	模拟输入1（AI1）零漂设定	−5578～5578		0		0.336mV			P	S	T	F
4	23①	模拟输入1（AI1）滤波器	0～6400		0		0.01ms			P	S	T	F
4	24①	模拟输入1(AI1)过电压设定	0～100		0		0.1V			P	S	T	F
4	25	模拟输入2（AI2）零漂设定	−342～342		0		5.86mV			P	S	T	F
4	26①	模拟输入2（AI2）滤波器	0～6400		0		0.01ms			P	S	T	F
4	27①	模拟输入2(AI2)过电压设定	0～100		0		0.1V			P	S	T	F
4	28	模拟输入3（AI3）零漂设定	−342～342		0		5.86mV			P	S	T	F
4	29①	模拟输入3（AI3）滤波器	0～6400		0		0.01ms			P	S	T	F
4	30①	模拟输入3(AI3)过电压设定	0～100		0		0.1V			P	S	T	F
4	31	定位结束范围	0～262144		10		指令单位			P	S	T	F
4	32	定位结束输出设置	0～3		0		—			P	S	T	F
4	33	INP保持时间	0～30000		0		1ms			P	S	T	F
4	34	零速度	10～20000		50		r/min			P	S	T	F
4	35	速度一致幅度	10～20000		50		r/min			P	S	T	F
4	36	到达速度	10～20000		50		r/min			P	S	T	F
4	37	停止时机械制动器动作设置	0～10000		0		1ms			P	S	T	F
4	38	动作时机械制动器动作设置	0～10000		0		1ms			P	S	T	F
4	39	制动器解除速度设定	30～3000		30		r/min	○		P	S	T	F
4	40	警告输出选择1	0～10		0		—			P	S	T	F
4	41	警告输出选择2	0～10		0		—			P	S	T	F
4	42	第2定位结束范围	0～262144		10		指令单位			P	S	T	F

① 若用设置支援软件"PANATERM"进行设定，则设定单位的位数发生变化，请注意。

表 D-8　分类 5 扩展设定

参数号码		名　称	设定范围	标准出厂设定		单位	属性		关联模式			
分类	号码			A,B型　C型	D,E,F型		INI	RO	P	S	T	F
5	00	第2指令分倍率分子	0~2³⁰	0		—			P	S	T	F
5	01	第3指令分倍率分子	0~2³⁰	0		—			P	S	T	F
5	02	第4指令分倍率分子	0~2³⁰	0		—			P	S	T	F
5	03	脉冲输出分频分母	0~262144	0		—	○		P	S	T	F
5	04	驱动禁止输入设定	0~2	1		—			P	S	T	F
5	05	驱动禁止时顺序设置	0~2	0		—			P	S	T	F
5	06	伺服关闭时顺序设置	0~9	0		—			P	S	T	F
5	07	主电源关闭时顺序设置	0~9	0		—			P	S	T	F
5	08	主电源关闭时LV触发选择	0~1	1		—			P	S	T	F
5	09	主电源关闭检测时间	70~2000	70		1ms	○		P	S	T	F
5	10	警报时顺序设置	0~7	0		—			P	S	T	F
5	11	立即停止时转矩设定	0~500	0		%			P	S	T	F
5	12	过载等级设置	0~500	0		%			P	S	T	F
5	13	过速度等级设置	0~20000	0		r/min			P	S	T	F
5	14①	电动机可动范围设定	0~1000	1		0.1转			P	S	T	F
5	15	I/F读取滤波器	0~3	0		—			P	S	T	F
5	16	警报清除输入设定	0~1	0		—			P	S	T	F
5	17	计数器清除输入模式	0~4	3		—			P	S	T	F
5	18	指令脉冲禁止输入无效设置	0~1	1		—			P	S	T	F
5	19	指令脉冲禁止输入读取设置	0~4	0		—	○		P	S	T	F
5	20	位置设定单位选择	0~1	0		—	○		P	S	T	F
5	21	转矩限制选择	0~6	1		—			P	S	T	F
5	22	第2转矩限制	0~500	500②		%			P	S	T	F
5	23	转矩限定切换设定1	0~4000	0		ms/100%			P	S	T	F
5	24	转矩限定切换设定2	0~4000	0		ms/100%			P	S	T	F
5	25	外部输入时正方向转矩限位	0~500	500②		%			P	S	T	F
5	26	外部输入时负方向转矩限位	0~500	500②		%			P	S	T	F
5	27①	模拟转矩限位输入增益	10~100	30		0.1V/100%			P	S	T	F
5	28	LED初始状态	0~35	1		—	○		P	S	T	F
5	29	RS-232通信码速率设定	0~6	2		—	○		P	S	T	F
5	30	RS-485通信码速率设定	0~6	2		—	○		P	S	T	F
5	31	轴地址	0~127	1		—	○		P	S	T	F
5	32	指令脉冲输入最大设定	250~4000	0		—	○		P	S	T	F
5	33	脉冲再生输出界限设定	0~1	0		kpulse/s	○		P	S	T	F
5	34	厂家使用	—	4		—			P	S	T	F
5	35	前面板锁定设定	0~1	0		—	○		P	S	T	F

① 若用设置支援软件"PANATERM"进行设定，则设定单位的位数发生变化，请注意。

② 标准出厂设定值根据驱动器与电动机的组合不同而不同，请参照松下伺服电动机A5手册 P.2-49"转矩限位设定"。

表 D-9　分类 6 特殊设定

参数号码		名　　称	设定范围	标准出厂设定		单位	属性		关 联 模 式			
分类	号码			A,B 型　C 型	D,E,F 型		INI	RO	P	S	T	F
6	00①	模拟转矩前馈变换增益	0 ~ 100	0		0.1V/100%			P	S	T	F
6	02	速度偏差过大设定	0 ~ 20000	0		r/min			P	S	T	F
6	04	JOG 试机指令速度	0 ~ 500	300		r/min			P	S	T	F
6	05①	位置第 3 增益有效时间	0 ~ 10000	0		0.1ms			P	S	T	F
6	06	位置第 3 增益倍率	50 ~ 1000	100		%			P	S	T	F
6	07	转矩指令加算值	− 100 ~ 100	0		%			P	S	T	F
6	08	正方向转矩补偿值	− 100 ~ 100	0		%			P	S	T	F
6	09	负方向转矩补偿值	− 100 ~ 100	0		%			P	S	T	F
6	10	功能扩展设定	0 ~ 63	0		—			P	S	T	F
6	11	电流应答设定	50 ~ 100	100		%			P	S	T	F
6	13	第 2 惯量比	0 ~ 10000	250		%			P	S	T	F
6	14	报警时立即停止时间	0 ~ 1000	200		1ms			P	S	T	F
6	15	第 2 过速度等级设置	0 ~ 20000	0		r/min			P	S	T	F
6	16	厂家使用	—	0		—			P	S	T	F
6	17	前面板参数写入选择	0 ~ 1	0		—	○		P	S	T	F
6	18①	电源打开等待时间	0 ~ 100	0		0.1s	○		P	S	T	F
6	19	编码器 Z 相设定	0 ~ 32767	0		pulse	○		P	S	T	F
6	20	外部光栅尺 Z 相设定	0 ~ 400	0		μs			P	S	T	F
6	21	串行绝对式外部光栅尺 Z 相设定	0 ~ 2²⁸	0		pulse			P	S	T	F
6	22	AB 相外部光栅尺脉冲输出方法选择	0 ~ 1	0		—	○		P	S	T	F
6	23	扰动转矩补偿增益	− 100 ~ 100	0		%			P	S	T	F
6	24①	扰动观测器滤波器	10 ~ 2500	0.53		0.01ms			P	S	T	F
6	27	警告闭锁时间选择	0 ~ 10	5		s	○		P	S	T	F
6	31	实时自动调整推定速度	0 ~ 3	1		—			P	S	T	F
6	32	实时自动调整用户设定	− 32768 ~ 32767	0		—			P	S	T	F
6	33	厂家使用	—	1000		—			P	S	T	F
6	34①	混合振动抑制增益	0 ~ 30000	0		0.1/s			P	S	T	F
6	35①	混合振动抑制滤波器	10 ~ 6400	10		0.01ms			P	S	T	F
6	37①	振动监测等级	0 ~ 1000	0		0.1%			P	S	T	F
6	38	警告掩码设定	− 32768 ~ 32767	4		—	○		P	S	T	F
6	39	厂家使用	—	0		—			P	S	T	F

① 若用设置支援软件 "PANATERM" 进行设定，则设定单位的位数发生变化，请注意。

参 考 文 献

[1] 程向娇，黄金梭. 自动化生产线的设计、运行与维护技术 [M]. 大连：大连理工大学出版社，2016.

[2] 杜丽萍. 自动化生产线安装与调试 [M]. 北京：机械工业出版社，2015.

[3] 徐沛. 自动生产线应用技术 [M]. 北京：北京邮电大学出版社，2015.

[4] 何用辉. 自动生产线应用技术 [M]. 2 版. 北京：机械工业出版社，2015.

[5] 晏华成，傅蕴端. 自动化生产线的安装与调试 [M]. 北京：电子工业出版社，2015.

[6] 宋云艳，张鑫. 自动生产线安装与调试 [M]. 北京：电子工业出版社，2012.

[7] 张同苏，徐月华. 自动化生产线安装与调试（三菱 FX 系列）[M]. 北京：中国铁道出版社，2010.

[8] 张文明，华祖银. 嵌入式组态控制技术 [M]. 2 版. 北京：中国铁道出版社，2015.

[9] 李智明. 工控组态设计与应用 [M]. 大连：大连理工大学出版社，2014.

[10] 王烈准. 可编程序控制器技术及应用 [M]. 北京：机械工业出版社，2016.

[11] 肖明耀，代建军. 三菱 FX_{3U} 系列 PLC 应用技能实训 [M]. 北京：中国电力出版社，2015.

[12] 李金城. 三菱 FX_{3U} PLC 应用基础与编程入门 [M]. 北京：电子工业出版社，2016.

[13] 李金城. PLC 模拟量与通信控制应用实践 [M]. 北京：电子工业出版社，2011.

[14] 崔龙成. 三菱电机小型可编程序控制器应用指南 [M]. 北京：机械工业出版社，2012.